国家社科基金
GUOJIA SHEKE JIJIN HOUQI ZIZHU XIANGMU
后期资助项目

清代以来黄河中游
气候变化及其社会响应

Research on Climate Change and Its Societal Response
in the Middle Yellow River since the Qing Dynasty

张 健 著

中华书局
ZHONGHUA BOOK COMPANY

图书在版编目（CIP）数据

清代以来黄河中游气候变化及其社会响应/张健著. —北京：
中华书局,2022.9
（国家社科基金后期资助项目）
ISBN 978-7-101-15831-1

Ⅰ.清…　Ⅱ.张…　Ⅲ.黄河流域-中游-气候变化-研究-清代—当代　Ⅳ.P468.2

中国版本图书馆 CIP 数据核字（2022）第 139470 号

书　　名	清代以来黄河中游气候变化及其社会响应
著　　者	张　健
丛 书 名	国家社科基金后期资助项目
责任编辑	王传龙
责任印制	管　斌
出版发行	中华书局 （北京市丰台区太平桥西里 38 号　100073） http://www.zhbc.com.cn E-mail:zhbc@zhbc.com.cn
印　　刷	三河市中晟雅豪印务有限公司
版　　次	2022 年 9 月第 1 版 2022 年 9 月第 1 次印刷
规　　格	开本/710×1000 毫米　1/16 印张 23½　插页 10　字数 340 千字
国际书号	ISBN 978-7-101-15831-1
定　　价	98.00 元

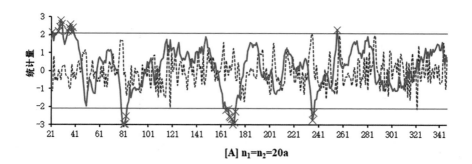

[A] $n_1=n_2=20a$

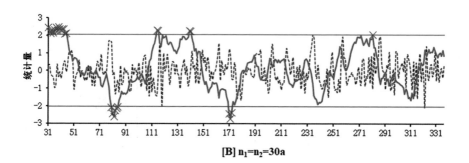

[B] $n_1=n_2=30a$

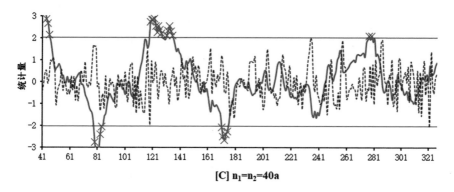

[C] $n_1=n_2=40a$

图 1-8　1644—2009 年黄河中游旱涝序列滑动 t- 检验统计量曲线
（红细实线为 t 分布 95% 自由度临界值线；黑细虚线为旱涝序列变化曲线；
蓝实粗线为 t- 检验统计量曲线；× 为突变点）

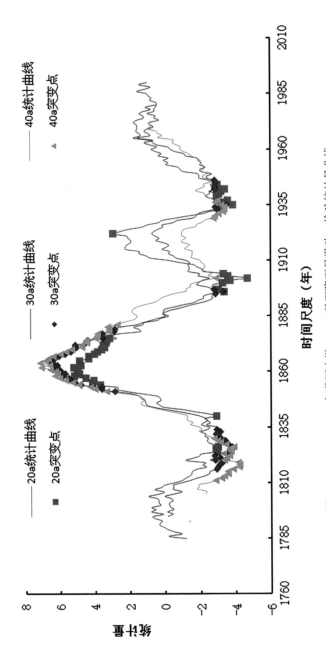

图 2-11　1765—2009 年黄河中游 5—10 月面量降雨量滑动 t- 检验统计量曲线

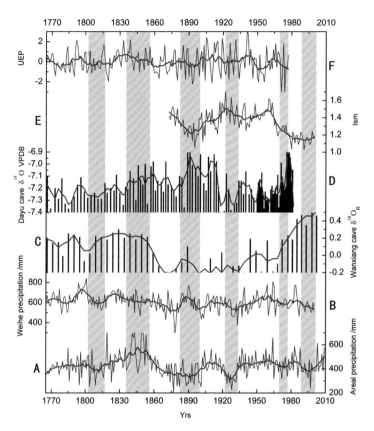

图 2-12　黄河中游面降雨量序列与其他代用指标反映降雨变化比对

（图中 A—F 曲线：A 为重建的 1765—2010 年黄河中游面降雨量序列；B 为黄河中下游地区过
去 300 年降水变化曲线（渭河区）[1]；C 为甘肃陇南武都万象洞石笋 $\delta^{18}O$ 记录值变化序列[2]；
D 为秦岭南麓汉中大鱼洞石笋 $\delta^{18}O$ 记录值变化序列[3]；E 为东亚季风强度指数（Ism）序列[4]；
F 为 Unified ENSO Proxy（UEP）序列[5]。其中细黑曲线为各序列，粗蓝曲线为 10 年滑动平均）

[1] 郑景云、郝志新、葛全胜：《黄河中下游地区过去 300 年降水变化》,《中国科学》D 辑 2005 年
　　第 8 期，第 765—774 页。
[2] Zhang, P.Z., et al.. A Test of Climate, Sun, and Culture Relationships from an 1810-Year
　　Chinese Cave Record. *Science*, 322（2008）: 940-942.
[3] L.C.Tan et al.. Summer Monsoon Precipitation Variations in Central China over the Past
　　750 Years Derived from a High-resolution Absolute-dated Stalagmite. *Palaeogeography
　　Palaeoclimatology Palaeoecology*, 280（2009）: 432-439.
[4] 郭其蕴等：《1873—2000 年东亚夏季风变化的研究》,《大气科学》2004 年第 2 期，第 206—
　　215 页。
[5] McGregor S., A. Timmermann, O.Timm. A Unified Proxy for ENSO and PDO Variability
　　since 1650. *Climate of the Past*, 2010, 6:1-17.

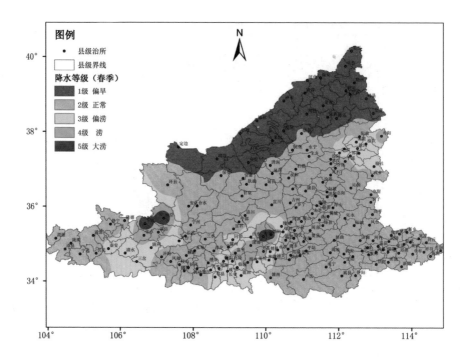

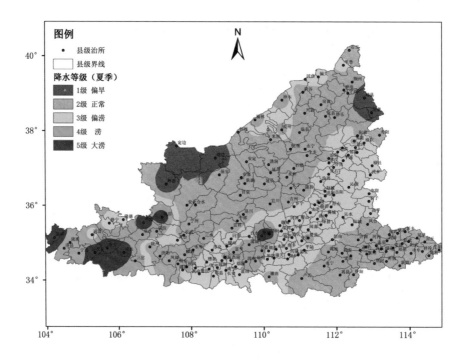

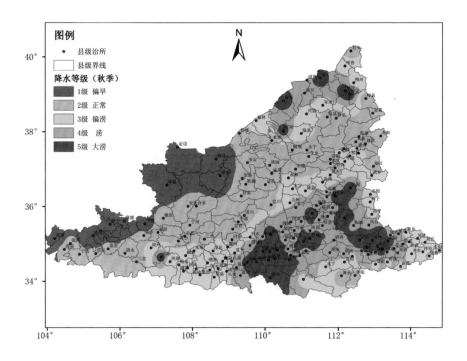

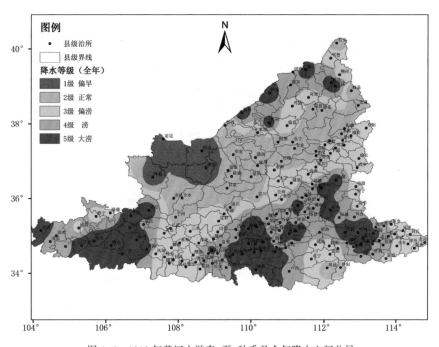

图 4-5 1819 年黄河中游春、夏、秋季及全年降水空间分异

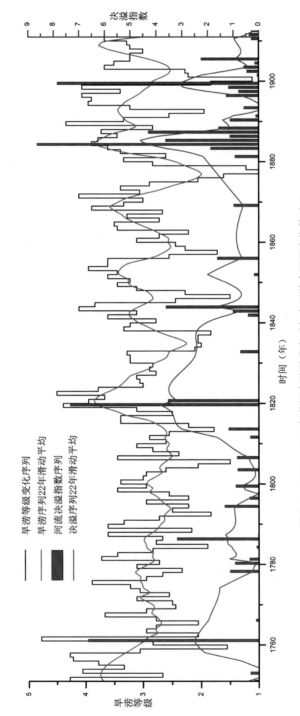

图 5-1 1751—1911 年黄河中下游旱涝序列与中下游决溢程度指数对比

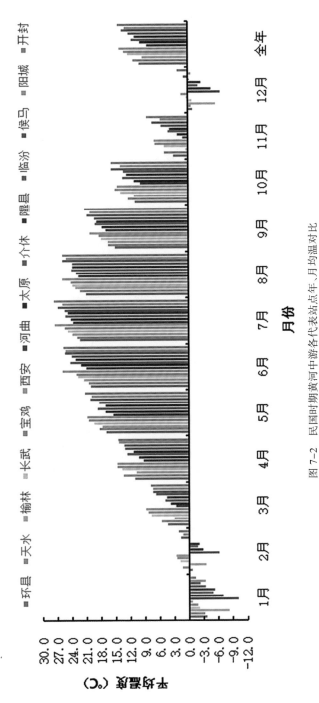

图 7-2　民国时期黄河中游各代表站点年、月均温对比

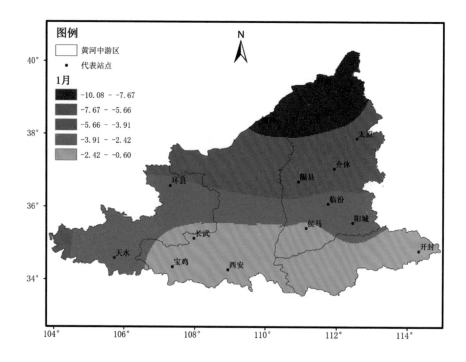

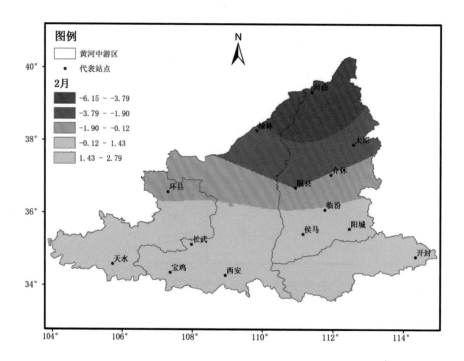

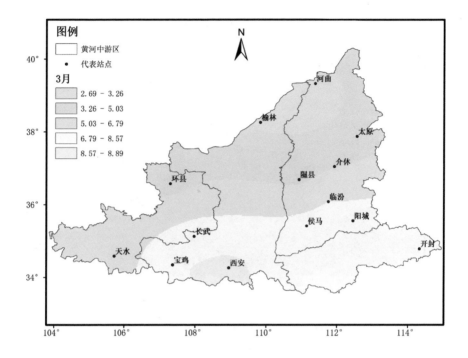

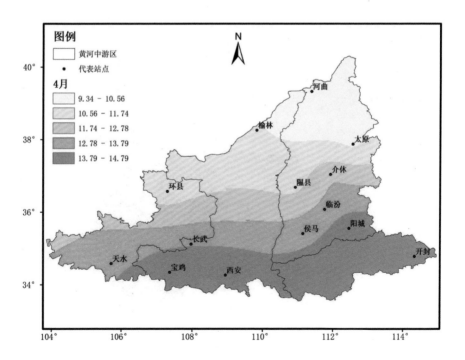

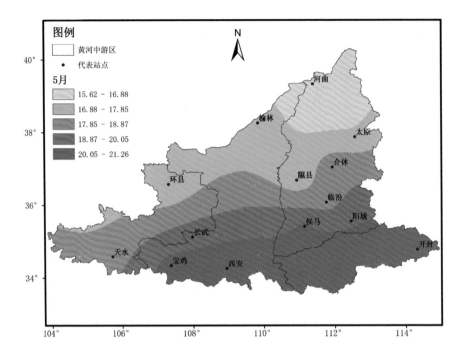

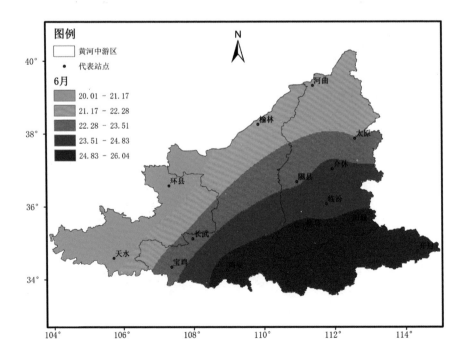

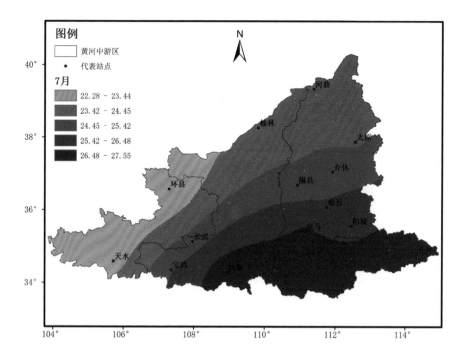

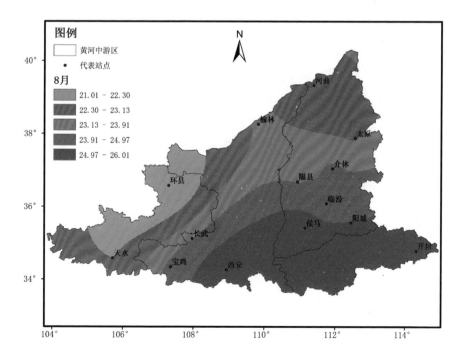

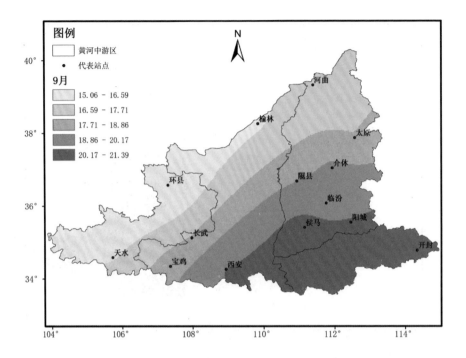

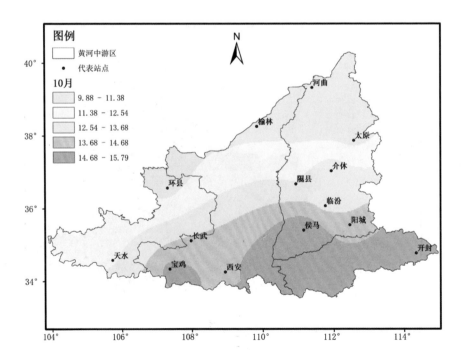

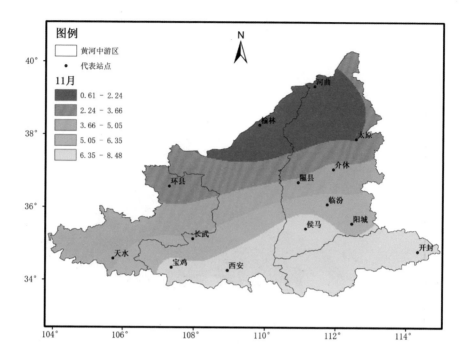

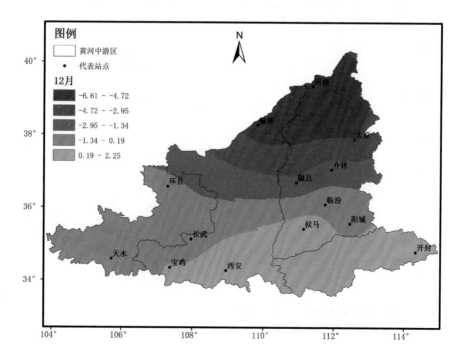

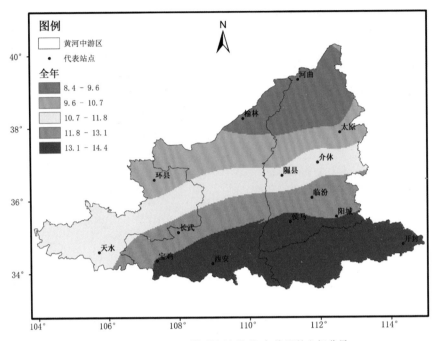

图 7-3　民国时期黄河中游月、年均温的空间分异

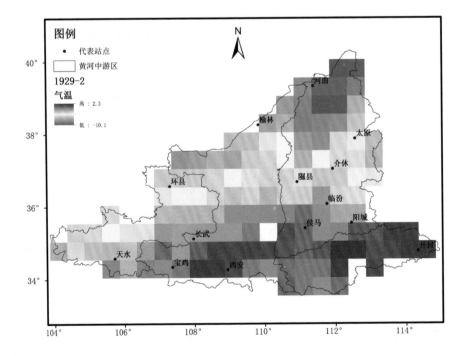

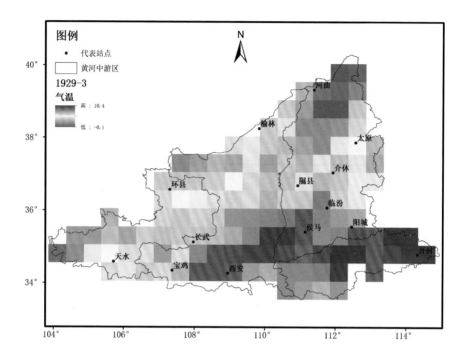

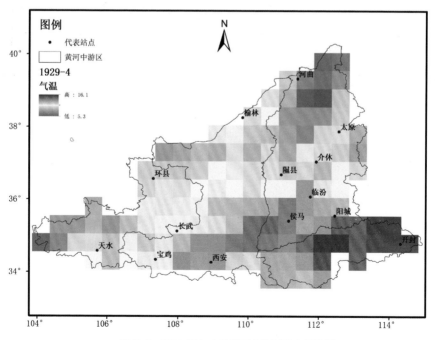

图 7-4 1929 年 2-4 月黄河中游气温空间分异

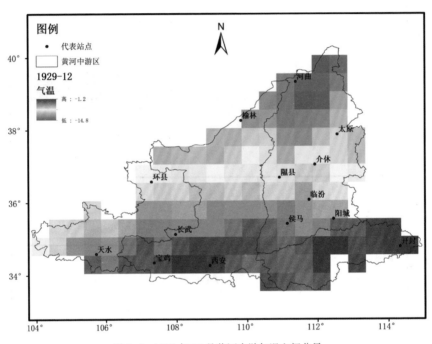

图 7-6　1929 年 12 月黄河中游气温空间分异

国家社科基金后期资助项目出版说明

后期资助项目是国家社科基金设立的一类重要项目，旨在鼓励广大社科研究者潜心治学，支持基础研究多出优秀成果。它是经过严格评审，从接近完成的科研成果中遴选立项的。为扩大后期资助项目的影响，更好地推动学术发展，促进成果转化，全国哲学社会科学工作办公室按照"统一设计、统一标识、统一版式、形成系列"的总体要求，组织出版国家社科基金后期资助项目成果。

全国哲学社会科学工作办公室

目 录

图　目

（注：标下划线者有彩插）

表　目

序

在全球气候变化问题已然成为现实社会中重要问题的当下,历史气候研究的学术价值和现实意义日益凸显。作为地球系统中的一部分,气候变化遵循着一定的规律持续进行,故今日的气候变化不仅在一定程度上沿袭了地质历史时期气候形成与发展的规律,更是历史时期气候变化的延续。因此,认识今天气候变化的规律,必须建立在对过往气候演变的准确认识基础上。而重建历史时期全球气候和环境变化的详细历史,正是理解全球气候变化规律的基石,同时也为增强人类社会对未来气候变化预测能力提供了重要的学术支撑。

然而认识历史时期气候变化规律并非易事。20世纪70年代,著名气候学家、中国科学院院士竺可桢先生在其经典之作《中国近五千年来气候变迁的初步研究》一文中,首次基于中国浩瀚的历史文献,依据不同时期研究资料的特点,科学地复原出近五千年的中国东部地区气候变化的基本规律。其中,他利用物候资料对历史时期的气候变化进行反演,成为之后数十年研究历史时期气候演变的标准范式。然而,进入新世纪后,学者们在之前的研究中所总结出的历史文献可信度和分辨率特点与规律的基础上,利用GIS技术强大的信息处理功能,将代用数据的理念引入到历史气候研究中,极大地提高了历史气候研究精度,以与现代气候变化研究相对接,因而使建立不同尺度的、连续的气候变化时间序列成为可能。这一工作当以张健的导师满志敏教授的成果最为杰出。事实上,近十几年来,由满志敏教授带领与指导的复旦大学历史气候研究团队,陆续完成了大量以梅雨、台风和极端气候为研究专题的个案研究,在为全球气候变化提供了大量的实证研究成果的同时,也为中国历史气候研究确立了新的研究范式。张健的博士论文正是满志敏教授所率领的研究团队中的重要成果。

呈现在读者手中的这部《清代以来黄河中游气候变化及其社会响应》论著是在张健的博士论文基础上修改完成的。作者利用清代档案、方志、文集中有关黄河中游地区气候和灾害的大量信息建立旱涝灾害数据库，基于该数据库中的信息，作者对清代黄河中游地区旱涝等级、降雨量变化序列进行了重建，并分析其变化特征、演化规律和时空分布特征。在此基础上，作者将之与太阳活动变化、树轮序列等进行对比分析，以判断引起清代黄河中游地区气候变化与波动的原因。不仅如此，作者还选取有代表性的极端气候事件进行个案分析，以复原其形成的气候背景，探讨它们对区域社会生活产生的影响以及社会应对方式。这一研究的目标，用作者自己的话来讲，是立足于较高分辨率的历史文献，试图复原中小空间尺度上的历史气候变化相关问题。由于作者用力甚勤，写作认真，用严谨的学术态度对待其研究，出色地达到了预期的目标。读者通过研读本书，也很容易从中领悟其研究的精妙与扎实。在此我不必赘言，仅举一例以见研究者对待学问的严肃态度及其扎实的史料处理功底。

由于中国传统社会以农为本，故正史与地方文献中对影响农业生产的旱涝灾害记载较为详细。在以往复原历史时期气候变化过程中，研究者常常根据历史文献中的旱涝灾害记载来确定降水的多寡。但在中央集权的官僚体制下，旱涝灾害的发生因为会造成地方歉收，而影响到地方官员的考评与升迁，因此地方官员往往会通过瞒报以隐匿气候灾害，以减少对其仕途的消极影响。但在另一方面，发生重大灾害后，中央根据灾情的轻重会减免地方赋税甚至发放钱粮用于地方赈灾，故也有不少地方官员虚报灾情以冒赈或贪污赈济款。这两种情况都会导致历史文献中各地灾情记载与实际发生的灾情不相符合，因而对基于历史文献记载的历史气候研究来讲，处理起来颇为棘手。但作者巧妙地解决了这一问题。他不是简单地依据文献中所记载的灾情来判定旱涝等级，而是详加考辨受灾的实际情况，细致地甄别史料记载的真伪，以确定其所指示的旱涝等级，将他对历史时候气候变化的研究建立在扎实的史料分析基础上。这样的例子在本书中不胜枚举。事实上，本书的优点不仅仅在于其出色的史料考辨能力，还在于可以得当地应用新方法、新技术支撑起对清代黄河中游地区气候变迁过程的重建工作。正是由于作者态度认真、考证精良、方法科学，因此本书不仅是一个在全球气候变化背景下的扎实的区域历史气候研究案例，而且该研究中所使用的史料解读方法和数理分析技术同样适用于其他的区域历史气候重建工作,可以启发其他学者展开同类研究。而当这样的实例研究积累到适当的数量后,就可为准确预测未来中国气候变化规律奠定坚实的学术基础。

正是基于上述原因,我希望在张健博士这一出色的研究工作带动下,未来能有更多这样扎实的研究成果面世,以推动历史气候研究的不断进步。我想这才是这一研究工作的真正学术价值所在。

张晓虹

2021 年初秋于复旦

绪　论

第一节　历史气候研究的价值和意义

一、为何要关心气候变化

气候是多年大气的统计状态,作为环境诸要素中最活跃的组成部分,人们经过多年来的科学研究和生活实践充分认识到,在环境变迁和可持续发展中,气候变化对其他要素如地形地貌、河流水文、土壤植被、生物生态等有着强烈的影响,而这些要素又是人类社会赖以生存和发展的环境基础和影响因子。

自 1850 年以来(工业化以来),人类活动的影响方式和力度显著加剧。根据全球地表温度的器测资料,最近 12 年(1995—2006 年)中,有 11 年位列最暖的 12 个年份之中。最近 100 年(1906—2005 年)的温度线性趋势为 0.74℃（0.56—0.92℃）,这一趋势大于《第三次评估报告》(TAR)给出的 0.6℃（0.4—0.8℃）的相应趋势(1901—2000 年)。积雪、海冰面积减少、海平面的逐渐上升也与变暖相一致。从 1900 年至 2005 年,在北美和南美的东部地区、北欧和亚洲北部及中亚地区降水显著增加,但在萨赫勒(Sahel)、地中海、非洲南部地区和南亚部分地区降水减少。就全球而言,自从 20 世纪 70 年代以来,受干旱影响的面积可能已经扩大。

区域气候变化对自然环境和人类环境的其他影响正在出现,过去 30 年以来,人为变暖可能在全球尺度上已对在许多自然和生物系统中观测到的变化产生了可辨别的影响。就亚洲而言,预估到 2050 年代,在中亚、南亚、东亚和东南亚地区,特别是在大的江河流域可用淡水会减少;由于来自海洋的洪水以及在某些大三角洲地区来自河流的洪水增加,海岸带地区,特别是南亚、东亚和东南亚人口众多的大三角洲地区将会面临最大的风险;气候变化会加重对自然资源和环境的压力,这与快速的城市化、工业化和经济发展有关；根据预估的水分循环变化，在东亚、南亚和东南亚，因腹泻疾病主要与洪涝和干旱相关，预计地区发病率和死亡率会上升。

由于适应和非气候驱动因子等原因，许多影响目前还尚难分辨。其中 20 世纪中期以来全球平均气温的升高很可能是由人类活动排放的温室气体造成的；若不加以有效控制，未来全球变暖将进一步加剧，预计到 21 世纪末，气温将有可能上升 1.1—6.4℃。假如未来全球平均气温升高超过 2℃阈值，人类社会可能面临多方面的灾难；基于此，需要控制人类活动产生的温室气体排放，使 2050 年大气 CO_2 浓度不超过 450ppm[1]。

实际上，受制于目前科学的认识水平，以上关于气候变暖的幅度、速率、成因和影响的研究与认识，还尚未达到如同政府间气候变化专门委员会（IPCC）所描述的确定程度，其不确定性很大，因而 IPCC 的观点是否低估了气候自然变率的贡献，而夸大了人类活动对变暖的作用，这些还存在很多争议[2]。报告中具有高可信度的仅仅是少数，多数刻意地片面强调增暖的负面作用。但在 IPCC 的积极推动下，上述论点一方面在不断成为国际社会的主流观点，甚至已被强化为国际社会应对气候变化的政治共识，这种气候变化的科学问题显然已经转化为全球政治、经济问题。因而，发达国家凭借其在气候变化研究领域所具有的相对优势，在国际气候变化事务谈判中，一直占有更多的话语权，这种话语权使得其顺势掌握了政治和经济问题上的主动权，这也就是发达国家为何有意强化气候变化的负面问题，推卸自身应对的责任，从而在一定程度上操控发展中国家的政治、经济问题。我国一贯积极参与应对气候变化国际谈判，坚持《公约》和《议定书》双轨谈判机制，坚持"共同但有区别的责任"原则[3]。那么，对于发展中国家而言，在国际社会及各国制定气候政策及处理气候变化国际事务问题上，IPCC 的这些科学认识上的不确定

---

[1] IPCC：《气候变化 2007：综合报告》，政府间气候变化专门委员会第四次评估报告第一、第二和第三工作组的报告［核心撰写组、Pachauri, R.K 和 Reisinger, A.（编辑）］，瑞士，日内瓦，2007 年，第 2—12 页。

[2] 丁仲礼等：《中国科学院"应对气候变化国际谈判的关键科学问题"项目群简介》，《中国科学院院刊》2009 年第 1 期，第 8—17 页。

[3]《中国应对气候变化的政策与行动（2011）》，http://news.xinhuanet.com/2011-11/22/c_111185426.htm.

性当然不容轻视。

二、为何要研究历史气候

2009年之前，IPCC报告几乎成为人们了解气候变化的"标准手册"。但是，当2009年11月17日多位世界顶级气候学家的邮件和文件被黑客公开，即"气候门（climate gate）"事件，其中邮件和文件显示供给IPCC撰写报告的数据，竟是一些科学家在私自操纵，变换"自然戏法"，甚至隐匿中世纪温暖期（约950—1300年）比当前温度要高的史实，从而伪造科学流程达到支持他们有关气候变化的论点的目的。随后，相继又出现喜马拉雅山冰川将在2035年全然消融的"冰川门"、气候变化将威胁到40%的亚马逊雨林的"亚马逊门"等事件。这些都使人们关注的焦点由IPCC的"标准手册"作用开始转向"质疑全球气候变暖的可信度"。骗局和隐匿无论如何操纵与掩盖，史实和事实终将会被揭露和认识，毋庸置疑，这些任务自然需要建立在严谨务实的科学研究之上。

据以往学者研究，有大量史实和事实表明，突发的环境变化重大事件在人类历史上从未间断过，对区域发展以及文明兴衰有深刻的影响。但与此同时，人类社会的发展却始终未因气候环境变化的消极影响而停住脚步[①]。当今全球气候系统是过去环境自然变化的累积结果，要正确诊断气候变化将会带来何种不确定性负面影响，以及对这些问题的科学认识和制定有针对性的应对措施，需要全面、充分的分析论证。即要得知气候当前特征、预测今后变化趋势，须清楚气候从古至今的变化过程，正如地质学常用的方法——"过去是认识现在和未来的钥匙（The past is the key to the present & future）"。认识历史上气候变化的影响和人类的响应行为，揭示历史上的温暖期所发生的气候灾害和不利影响是否增多、对世界文明是灾难还是福音，提炼人类科学应对环境变化的响应机制与积极适应措施，可为认识未来气候变化影响和应对气候变化提供诸多借鉴。虽然由于气候环境的不断变化，社会经济的不断发展，人类响应与适应能力的不断增强，过去气候环境变化对社会经济影响的史实不

---

① 方修琦、葛全胜、郑景云：《环境演变对中华文明影响研究的进展与展望》，《古地理学报》2004年第1期，第85—94页。

一定能完全重现,但过去的史实却可为人类社会适应未来气候环境变化提供重要的相似型、适应过程及应对机制方面的参考。

伴随全球生态 – 环境问题对人类社会消极影响程度的日益突出,人类生存环境的自然变化与由人类活动引起的环境变化诸问题,已受到国际学术界的普遍关注,全球变化研究(Global Change Study)的热潮正是此种情形的体现。为了应对未来的气候变化,各国政府相继成立了政府间气候变化工作委员会,国际科学界也相继提出了一系列跨学科、综合性的研究计划。如地球系统科学联盟(Earth System Science Partnership, ESSP)开展的四项研究计划[①],其总目的是促进地球系统集成研究和变化研究,以及利用这些变化进行全球可持续发展能力研究。其中,国际全球变化人文因素计划(IHDP)[②]的研究目的是增强人类对未来几十年至几百年尺度上重大变化的预测能力,国际过去全球变化计划(Past Global Changes, PAGES)是其子计划国际地圈 – 生物圈计划(IGBP)的核心研究方向之一,重点目标是重建距今 2000 年全球气候和环境变化的详细历史,时间分辨率至少为 10 年尺度,在理想的情况下,应达到年际甚至季节尺度。

当人类再次面临重大环境变化时,从历史上寻找答案不仅是必须的,而且也是一条最为现实的途径。因此,为了增强人类对未来气候和环境变化的预测与应对能力,历史气候研究也凸现出其重要的学术价值,成为了国际“气候变率与可预报性(CLIVAR)”计划的一项重要内容[③]。

[①] 四项研究计划:(1)世界气候研究计划(World Climate Research Programme, WCRP);(2)国际地圈 – 生物圈计划(International Geosphere-Biosphere Programme, IGBP);(3)国际全球变化人文因素计划(International Human Dimensions Programme on Global Environmental Change, IHDP);(4)国际生物多样性计划(An International Programme of Biodiversity Science, DIVERSITAS).

[②] IHDP 最初由国际社会科学联盟理事会(ISSC)于 1990 年发起,时称“人文因素计划”(Human Dimensions Programme, HDP)。1996 年 2 月,由国际科学联盟理事会(ICSU)与国际社会科学联盟理事会(ISSC)共同发起组织一个跨学科、非政府的国际科学计划,项目名称则由 HDP 演变为 IHDP,秘书处设在德国波恩。目前七个核心科学研究计划包括:土地利用 / 土地覆盖变化(LUCC,与 IGBP 共同发起);全球环境变化的制度因素(IDGEC);全球环境变化与人类安全(GECHS);工业转型(IT);海岸带陆海相互作用(LOICZ II);城市化与全球环境变化(Urbanization Project);全球土地计划(GLP,与 IGBP 共同发起)。

[③] Schmidt G, V. Masson-Delmotte. *The PAGES/CLIVAR Intersection: Vision for the Future.* 2009.

三、清代以来黄河中游气候变化的研究价值和意义

（一）重建历史时期全球气候和环境变化的详细历史（高分辨率时空变化图谱），是 PAGES 研究核心和目的，也是目前研究前沿和发展趋势。本研究是对清代以来黄河中游时空分辨率较高的历史文献进行系统爬梳整理，建立旱涝、降水事件变化序列，能进一步提高以史料为代用指标的过去气候变化研究精度。在这些研究工作的基础上，与相同时空尺度下的历史气候变化的自然证据（树轮、石笋等）进行比对，利用多源数据的相互补充与印证，以提高过去气候变化研究的精确度和研究成果的认可程度。

（二）通过对清代以来黄河中游气候变化的史实、特征和社会效应等进行详细解析，可以辨识气候变化过程和演变规律。分析气候变化事件对区域社会发展的影响力度，有助于认知当前重大乃至极端气候事件的历史地位，为评估气候灾害事件的可能影响提供研究案例。

（三）讨论清代以来黄河中游气候变化及其社会响应的过程、方式和特征，可为当前乃至今后灾害风险管理、人类适应区域环境变化提供经验借鉴，亦为预测未来数十年乃至百年尺度区域气候变化提供历史相似型。同时，可在一定程度上推进历史地理、黄河水利史、环境史等交叉领域中相关学术问题的研究深度。

第二节　学术史回顾

一、国外研究现状

PAGES 一直将过去 2000 年作为一个重要的时域开展研究。研究内容从气候研究扩展到从历史视角揭示整个地球系统的运行机制，但重点仍始终关注过去气候变化重建及其响应。其研究成果使人们对整个地球系统运行机制有了较深理解，同时更加认识了人类活动在全球气候系统中的深刻影响。其研究进展被 IPCC 历次气候变化评估报告采用，诸多国家地区政府也将其作为环境管理政策的制定依据。

最近几年，过去气候变化研究主要关注以下方面：注重各种代用资

料不确定性定量分析；加强重建结果与模拟结果对比优化气候模式；关注全球视野下区域尺度气候重建研究；重视气候变化与人类活动的相互作用[①]。而 IPCC 引用的诸多研究成果如：北半球过去 500 年、甚至过去 1300 年曾经出现的增暖，无法与 20 世纪后半叶增暖幅度、空间范围相比拟；在过去 2000 年中，全球多数地区都曾出现过多次持续几十年甚至更长时间的干旱，认为重大干旱事件发生是一种周期性气候现象；因 CO_2 及其他温室气体导致辐射强迫增强，当今比工业革命前 2000 年其他时期快 5 倍以上，等等[②]。

上述已提及，尽管很多问题仍存在不确定性，甚至含有玩弄数据危言耸听之成分，但相对于历史时期而言，人类活动的的确确发生了天翻地覆的变化，引起的环境变化诸问题有目共睹，伴随全球生态 – 环境问题对人类社会的消极影响程度日益突出，针对人类活动对环境影响的方式和力度及人地互动机理的定量化研究将会空前增多、加深。

国际在历史时期气候变化影响与适应方面的研究，对人类活动、气候变化及生态系统演化互动关系进行定量分析，是过去全球变化研究一个关注方向，基本思路主要是将过去气候环境过程重建结果（量化序列主要是用代用资料处理而成）与人类活动的历史证据（动物、人类化石的数量、特征，古文化遗迹位置、规模、文物组合，人类基因等）进行对比分析。气候突变对古人类文明兴衰的影响的研究有很多案例，如 4.2kaBP 气候突变转干与西亚阿卡得文明没落[③]、850AD 前后长达数十年大旱与玛雅文明崩溃之关系[④]、唐王朝灭亡与夏季风减弱降水量减少[⑤]。但是，

① PAGES. Science Plan and Implementation Strategy. *IGBP Report No. 57.* IGBP Secretariat, Stockholm. 2009, 67pp.

② IPCC. Climate Change 2007: The Physical Science Basis, Contribution of Working Group I to the Fourth Assessment Report of the Intergovernmental Panel on Climate Change. Cambridge University Press, Cambridge, United Kingdom and New York, USA. 2007, 996 pp.

③ Cullen H.M., deMenocal P.B., Hemming S. et al.. Climate Change and the Collapse of the Akkadian Empire: Evidence from the Deep Sea.*Geology*, 2000, 28（4）: 379-282.

④ Van Geel B., Bokovenko N.A., Burova N.D. et al.. Climate Change and the Expansion of the Scythian Culture after 850BC: A Hypothesis. *Journal of Archaeological Science*, 2004, 31（12）:1735-1742.

⑤ Yancheva G., Nowaczyk N.R., Mingram J. et al.. Influence of the Intertropical Convergence Zone on the East-Asian Monsoon. *Nature*, 2007, 445: 74-77.

简单地把一些历史事件归结为气候变化存在很多不确定性和值得商榷之处，譬如张德二就严重质疑了德国学者认为唐王朝灭亡是夏季风减弱降水量减少的观点[①]。由此可以看出，目前国际历史时期气候变化影响与适应研究处在典型个例分析阶段。

二、国内研究现状

自 20 世纪 70 年代初开始，以竺可桢的《中国近五千年来气候变迁的初步研究》[②]发表为标志，以历史文献资料为代用指标的历史气候研究进入了科学化研究范畴。此后，中国历史气候研究中新史料搜集整理、新领域开拓深入、研究成果不断累积，这些都为历史气候研究在全球变化整体研究中作出了重要贡献。对于历史时期气候变化研究的梳理，之前已有学者做过总结[③]。本研究围绕历史时期干湿、冷暖信息处理和重建方法展开综述。

（一）历史时期干湿信息提取与研究方法

1. 干湿信息可靠性和准确度辨识

在我国历史文献资料中，有关干湿信息（尤其是旱涝）记载非常丰富，但是，利用描述性语言体系的旱涝资料，首先要对其可靠性进行判断，这一步是进行科学层面旱涝时空分析研究的基础。王绍武等前辈学者较早地对近 500 年旱涝史料进行了对比分析，初步讨论了方志中旱涝记载的可靠程度[④]，张瑾瑢对记载有天气状况的清代档案进行了分析，认为资料基本详实可靠[⑤]。随着资料收集整理的进展，对资料的处理方法不断得到高度重视。葛全胜、张丕远比对分析了历史文献中各类不同资料记载的气候信息，给出了史料准确性判定的算式，将史料精确度当作一

① 张德二等：《从降水的时空特征检证季风与中国朝代更替之关联》，《科学通报》2010 年第 1 期，第 60—67 页。
② 竺可桢：《中国近五千年来气候变迁的初步研究》，《考古学报》1972 年第 1 期，第 15—38 页。
③ 周书灿：《20 世纪中国历史气候研究述论》，《史学理论研究》2007 年第 4 期，第 127—136、160 页；杨煜达、王美苏、满志敏：《近三十年来中国历史气候研究方法的进展——以文献资料为中心》，《中国历史地理论丛》，2009 年，第 5—13 页。
④ 王绍武、赵宗慈：《近五百年我国旱涝史料的分析》，《地理学报》1979 年第 4 期，第 329—341 页。
⑤ 张瑾瑢：《清代档案中的气象资料》，《历史档案》1982 年第 2 期，第 100—110 页。

次概率事件,用 Q 表示则有:

$$Q=P_1 \cdot P_2 \cdot P_3$$

　　式中 P_1 指实时性指数,P_2 指邻域性指数,P_3 指语言贴近性指数,各指数范围为 0—1。根据公式,史料记载精确度"官方记载>私人笔札>地方志"。即史料所载的某一气候事件,将其状态分辨取得越细,所获信息越少;分析中对误差要求低,所获取的信息却高;史料已有的气候事件,官方记载的气候信息最多,私人笔札次之,方志类书最次[①]。

　　除过上述对史料记载本身的可信度及分辨率的讨论外,满志敏则主要探讨了旱涝等级资料分布(时间分布、空间分布、频率分布)的系统差异问题[②]。之后,杨煜达在清代云南季风气候和天气灾害的研究过程中,提出了清代档案记载的历史天气资料系统偏差的检验方法[③]。

　　以上这些结论,对利用各种史料进行历史时期气候变化研究时,结合资料本身的分辨率预设研究精度都有重要指导意义,使得历史文献资料利用水平和研究结果可信度逐步提高。

　　2. 干湿序列重建方法

　　从形成机制上讲,旱涝主要是因降水量多寡引起,降水偏少形成旱灾,反之则为涝灾。受历史文献资料本身特点限制,干湿记载的年际变化清楚,但记载较长时段连续变化的并不多,同时又因降水区域差异较大,因此利用文献资料建立可靠的、时空高分辨率的干湿序列一直较难。

　　在 20 世纪 70 年代,根据现代具有统计意义的器测资料与预报经验,并考虑历史文献资料辩识性,采用 5 级旱涝级别法对旱涝序列进行重建,取得实际的突破。此法是汤仲鑫通过对我国河北省保定地区历史时期旱涝的研究,探索了将历史旱涝事件与现代降水资料进行对比分析,从而对旱涝定级量化的办法[④]。其研究主要利用地方志资料,地方志中旱涝记载在空间分布上表现较好,辅以有器测降水资料以来降水量统

---

① 葛全胜、张丕远:《历史文献中气候信息的评价》,《地理学报》1990 年第 1 期,第 22—30 页。

② 满志敏:《中国历史时期气候变化研究》,济南:山东教育出版社,2009 年,第 303—313 页。

③ 杨煜达:《清代云南季风气候与天气灾害研究》,上海:复旦大学出版社,2006 年,第 74—78 页。

④ 汤仲鑫:《保定地区近五百年旱涝相对集中期分析》,见《气候变迁和超长期预报文集》,北京:科学出版社,1977 年,第 45—49 页。

计值作参考,将地方志对旱、涝灾害记载的语言描述轻重程度分为 20 余类,并为 7 个等级,重建了 500 年以来逐年旱涝等级序列。之后由中央气象局组织全国气象、地理等有关部门共同商讨制定,分为"五级",对我国近 500 年来的旱涝情况进行了研究,得出 120 个站点 500 年来的旱涝等级序列并绘制成图集 ①。之后,张德二两次对《中国近五百年旱涝分布图集》进行续补,将旱涝等级序列下限延长到 2000 年 ②。白虎志等在此基础上,考虑了树轮、河流水文等代用指标,对文献资料相对较少的西北区域做了相应补充,并将时限扩展到 2008 年 ③。诸多研究实践证明,这个方法是处理定性描述记载的一种比较理想的方法,并得到大家的认可。

为讨论更长时间尺度的干湿变化,郑斯中等提出了湿润指数法。此法把所研究地区在某个期内的若干府、州、县发生的水旱次数看作水旱事件的总体,将从现存文献记载中收集到的水旱记录次数看作是总体的样本。假定历史资料本身存在的漏记、断缺、散失等情况是随机的,则现存水旱记载可被看作历史上发生的水旱灾害总体中的一个随机样本,统计所得的水旱灾害的比值,可以看作是总体水旱比值的统计值。即:

$$I = \frac{F \times 2}{F + D}$$

式中 I 为湿润指数,值介于 0—2 之间;F 为某地区某年的水灾记载次数;D 为相应的旱灾次数。当水旱灾害记载数相等时,则 I 值为 1。以往学者据此公式对我国历史时期气候变化做了相应研究 ④。其优点在于一定程度上消除资料时间分布不均匀问题。

另外还有利用每 10 年中某一地区受涝灾影响的县数和受旱灾影响

---

① 中央气象局气象科学研究院:《中国近五百年旱涝分布图集》,北京:地图出版社,1981 年。

② 张德二、刘传志:《中国近五百年旱涝分布图集续补(1980—1992 年)》,《气象》1993 年第 11 期,第 41—45 页;张德二、李小泉、梁有叶:《中国近五百年旱涝分布图集的再续补(1993—2000 年)》,《应用气象学报》2003 年 3 期,第 379—388 页。

③ 白虎志、董安祥、郑广芬等:《中国西北地区近 500 年旱涝分布图集(1470—2008)》,北京:气象出版社,2010 年。

④ 郑斯中、张福春、龚高法:《我国东南地区近两千年气候湿润状况的变化》,见:《气候变迁和超长期预报文集》,北京:科学出版社,1977 年,第 29—32 页;张家诚、张先恭:《近五百年我国气候的几种振动及其相互关系》,《气象学报》1979 年第 2 期,第 49—57 页。

的县数作为指标,建立参数系列,从而分析水旱变化规律①。其后,郑景云等也采用某年次旱涝县分和研究时段内旱涝灾害的县数平均值距平百分率来重建旱涝指数,重建了北京地区近500年的七级旱涝指数序列②。

尽管用此法可消除各省区在历史上的发展有先后,志书的记载详略不一、时断时续等情况,但这种方法仍然存在明显的缺点,受灾影响县数和受灾程度还取决于灾害的社会应对能力大小,尤其是清代以来,各地灾害的应对措施发展到历史时期的最高阶段,因此,依据受灾县数来判定并不能揭示气候变化的真实面目。同时,对于黄河流域而言,尤其是中下游地区,仅通过统计受灾县数,则究竟是中、上游来水所致,还是本地区的降水过多引发? 若是前者,不仅没有气候上的意义,反而掩盖了上游地区气候异常的情况。

3. 较高分辨率的干湿序列重建

中国是具有悠久历史和文化传统的文明古国,拥有丰富的历史文献资料,记载气候信息丰富、连续性好③,为重建中国历史气候状况及其演变提供了资料上的可能性,因而在开展历史气候研究领域里具有独特的优势④。

上述方法中,无论是利用旱涝等级还是湿润指数建立的序列,直接体现还是旱涝本身,能反映干湿的变化,但并不等同于降水,要直接重建降水量序列,需要分辨率更高的资料。

近年来,伴随较高分辨率的资料不断开拓和利用,许多较高分辨率的干湿序列得以重建。诸如张时煌等利用清宫中逐日的晴雨录资料,逐步回归重建了北京1724年以来降水序列⑤,张德二等随后采用多因子回

---

① 南京大学气象系气候组:《关于我国东部地区公元1401—1900年五百年内的旱涝概况》,见:《气候变迁和超长期预报文集》,北京:科学出版社,1977年,第53—58页。
② 郑景云、张丕远、周玉孚:《利用旱涝县次建立历史时期旱涝指数序列的试验》,《地理研究》1991年第3期,第1—9页。
③ 满志敏:《中国历史时期气候变化研究》,济南:山东教育出版社,2009年,第21页。
④ Bradley R. S.. High Resolution Record of Past Climate from Monsoon Asia, The Last 2000 Years and Beyond, Recommendations for Research. *PAGES Workshop Report*, Series 93-1, 1993. 1-24; 国家自然科学基金委员会:《全球变化:中国面临的机遇和挑战》,北京:高等教育出版社,1998年,第61—75页。
⑤ 张时煌、张丕远:《北京1724年以来降水量的恢复》,见:《中国气候与海面变化研究进展(一)》,北京:海洋出版社,1990年,第44—45页。

归法修正和完善了原有重建结果[①]，同时利用档案中的史料对 18 世纪长江中下游的梅雨活动做了复原研究[②]。之后又利用南京等地晴雨录资料，重建了 18 世纪南京、苏州、杭州三地降水序列[③]。

　　在利用清代档案中雨雪分寸资料方面，郑景云等利用人工模拟降雨田间入渗试验，获得降水入渗公式[④]。这一重要突破，使清代雨雪分寸资料较好分布的华北地区降水重建工作取得了很大进展[⑤]。葛全胜等为推进对历史时期东部雨带进退复原，采用雨雪分寸资料确定历史时期代表站的梅雨期，根据 5 个代表站梅雨情况，重建了 1736 年以来长江中下游梅雨序列，并分析了梅雨期变化特征[⑥]。而杨煜达等利用清代档案中的降水资料重建了 1711 年以来云南雨季开始期的序列[⑦]。

　　除了档案中高分辨资料之外，利用文人日记中记载的天气信息，又一次将降水重建的研究推进了一步，如满志敏等利用《王文韶日记》中记载的武汉、长沙地区的夏季天气气候记录，重建了 1867—1872 年两地降水序列，并确定其梅雨期的入梅和出梅时间，对梅雨进行分类[⑧]。其他资料方面，王绍武利用多种文献资料讨论了近 400 年来西部地区降水量变化[⑨]。

　　综上所述，伴随新资料不断开拓、新方法不断引入，历史时期降水重

[①] 张德二、刘月巍：《北京清代"晴雨录"降水记录的再研究——应用多因子回归方法重建北京（1724—1904 年）降水量序列》，《第四纪研究》2002 年第 3 期，第 199—208 页。

[②] 张德二、王宝贵：《18 世纪长江中下游梅雨活动的复原研究》，《中国科学》B 辑 1990 年第 12 期，第 1333—1339 页。

[③] 张德二等：《18 世纪南京、苏州和杭州年、季降水量序列的复原研究》，《第四纪研究》2005 年第 2 期，第 121—128 页。

[④] 郑景云、郝志新、葛全胜：《重建清代逐季降水的方法与可靠性——以石家庄为例》，《自然科学进展》2004 年第 4 期，第 475—480 页。

[⑤] 郑景云、郝志新、葛全胜：《山东 1736 年来逐季降水重建及其初步分析》，《气候与环境研究》2004 年第 4 期，第 551—566 页；郑景云、郝志新、葛全胜：《黄河中下游地区过去 300 年降水变化》，《中国科学》D 辑 2005 年第 8 期，第 765—774 页。

[⑥] 葛全胜等：《1736 年以来长江中下游梅雨变化》，《科学通报》2007 年第 23 期，第 2092—2097 页。

[⑦] 杨煜达、满志敏、郑景云：《清代云南雨季早晚序列的重建与夏季风变迁》，《地理学报》2006 年第 7 期，第 705—712 页。

[⑧] 满志敏、李卓仑、杨煜达：《〈王文韶日记〉记载的 1867—1872 年武汉和长沙地区梅雨特征》，《古地理学报》2007 年第 4 期，第 431—438 页。

[⑨] 王绍武等：《中国西部年降水量的气候变化》，《自然资源学报》2002 年第 4 期，第 415—422 页。

建的研究在认识层次和探讨深度上都有了较大提高,不仅使得历史时期
干湿变化研究有了较大突破,更重要的是对以后高分辨率干湿序列重建
提供了重要可靠的参证。但仍需注意的是,受制于资料本身记载和空间
分布特点,今后降水重建研究还存在以下几个方面问题:其一,由于档
案、方志、文集不同资料质量参差不齐,各自建立的序列并不能直接衔
接,这样较长时段的历史干湿序列重建还有待进一步研究;其二,各种
资料的时空分布严重不均匀,因而要想在全国重建更多的区域变化序
列,就需要继续寻找新的高分辨率的代用资料,同时也需要对现有历史
文献资料本身的提取和利用进行深入研究,以便能发现以前未注意到的
问题。

(二)历史时期气温变化序列重建

历史时期温度变化序列重建是 PAGES 重要内容之一,对于全面认
识当今全球温度变暖具有重要意义。历史文献作为一项代用资料,尤其
是史料的空间覆盖度、时间分辨率、定年准确性及其气候指示意义的精
准性等,是其他代用指标较难以企及的,在重建历史时期数千年气候变
化序列上具有独特价值[1],我国在利用历史文献重建历史时期温度变化
序列方面已经取得很大成就[2]。然而,有关中国历史时期气象记录的来源
与形式多种多样,涉及内容也较为散乱,故需分类、区别爬梳整理之后,
才可从中提取出气候变化的科学信息。

以往研究成果中,郑景云专门就历史文献中的气象记录与气候变
化定量重建方法进行过系统梳理总结[3]。历史文献中的气象气候记载具
有一定的连续性特征,且有部分信息的定量化程度相对较高,因而可以

① Pfister C., Wanner H.. Editorial: Documentary Data. *PAGES News*, 2002, 10 (3): 2.
② 竺可桢:《中国近五千年来气候变迁的初步研究》,《考古学报》1972年第1期,第15—38
　　页;张丕远、龚高法:《16世纪以来中国气候变化的若干特征》,《地理学报》1979年第3期,
　　第238—247页;Zhang De' er. Winter Temperature Changes during the Last 500 Years in
　　South China. *Chinese Science Bulletin*, 1980, 25 (6): 497-500. 王绍武、王日昇:《1470年以
　　来我国华东四季与年平均气温变化的研究》,《气候学报》1990年第1期,第26—35页;葛
　　全胜等:《过去2000年中国东部冬半年温度变化》,《第四纪研究》2002年第2期,第166—
　　173页。
③ 郑景云等:《历史文献中的气象记录与气候变化定量重建方法》,《第四纪研究》2014年第6
　　期,第1186—1196页。

直接提取信息,可利用器测数据的数理分析方法对其进行量化处理[①],从而重建出较高分辨率的气温序列,进而可以通过变化周期的分析诊断变化规律,为预测未来气温变化趋势提供更多基础数据。目前,已有多位学者基于清代"雨雪分寸"资料中的降雪日数,采用回归分析,建立了降雪日数与冬季平均气温之间的关系,重建了合肥、西安、汉中和南昌等地 1736 年以来的年冬季平均气温序列[②]。但是,"雨雪分寸"资料并不是逐日的天气记录,存在较多缺失,在连续性和完整性等方面不如逐日记录天气变化信息的"晴雨录"资料。当然,"晴雨录"资料涉及区域非常少(仅限北京、南京、苏州、杭州四地),况且记录时间序列也相对较短。由此,目前仅有龚高法等根据南京、苏州和杭州的"晴雨录"资料,利用三地冬季雨雪日数及气温观测资料,重建了 18 世纪南京、苏州和杭州的冬季气温年变化[③]。除了晴雨录和雨雪分寸等资料,清代遗留下较多的日记资料,此项资料与上述两类资料比较类似,也包括历史时期的阴、晴、雨、雪等气象气候信息记录,一方面可以插补上述资料的缺失信息,另一方面对于历史时期天气系统的重建研究具有重要的价值。

(三)历史气候变化的社会响应和重大事件研究

灾害是自然和社会综合作用的产物[④],历史时期气候突变的直接表现是发生重大旱涝灾害事件,对人类社会和经济发展曾产生过较大影响,这方面一直是 PAGES 和 IHDP 关注的问题。无论是对灾害事件本身,还是对其发生的气候背景的探讨,皆为历史时期气候变化研究过程中必不可少的内容。

1. 从 20 世纪 90 年代末至 21 世纪初期,对历史时期冷暖、干湿事件

---

① 龚高法等:《历史时期气候变化研究方法》,北京:科学出版社,1983 年,第 21—89 页。
② 周清波、张丕远、王铮:《合肥地区 1736—1991 年年冬季平均气温序列的重建》,《地理学报》1994 年第 4 期,第 332—337 页;郑景云等:《1736—1999 年西安与汉中地区年冬季平均气温序列重建》,《地理研究》2003 年第 3 期,第 343—348 页;伍国凤、郝志新、郑景云:《南昌 1736 年以来的降雪与冬季气温变化》,《第四纪研究》2011 年第 6 期,第 1022—1028 页。
③ 龚高法、张丕远、张瑾瑢:《十八世纪我国长江下游等地区的气候》,《地理研究》1983 年第 2 期,第 20—33 页。
④ 史培军:《三论灾害研究的理论与实践》,《自然灾害学报》2002 年第 3 期,第 1—9 页。

史实、特征和过程有一系列研究①，重大区域性历史时期气候变化被复原，并推断其形成的环境因素②。

2. 在气候突变对重大历史事件的影响方面，一部分研究成果是从简单规律概括上升到过程机理的探讨③。另一部分则从史料记载可以量化的指标入手，如人口数量变动、农业生产变动、战争动乱事件等方面，开展旱涝灾害的影响和响应研究，取得了丰硕的成果④。

3. 从人类活动、气候变化及生态系统演化互动关系的定量分析上看，这也是过去全球变化研究的一个关注方向，为辨识人地关系地域系

---

① 周清波、张丕远、王铮：《合肥地区 1736—1991 年年冬季平均气温序列的重建》，《地理学报》1994 年第 4 期，第 332—337 页；葛全胜等：《过去 2000a 中国东部冬半年温度变化序列重建及初步分析》，《地学前缘》2002 年第 1 期，第 169—179 页；杨煜达：《清代昆明地区（1721—1900 年）冬季平均气温序列的重建与初步分析》，《中国历史地理论丛》2007 年第 1 期，第 17—31 页。

② 张丕远、葛全胜：《气候突变：有关概念的介绍及一例分析——我国旱涝灾情的突变》，《地理研究》1990 年第 2 期，第 92—100 页；王铮等：《19 世纪上半叶的一次气候突变》，《自然科学进展》1995 年第 3 期，第 69—75 页；张德二：《相对温暖气候背景下的历史旱灾——1784—1787 年典型实例》，《地理学报》2000 年增刊，第 116—121 页；满志敏：《光绪三年北方大旱的气候背景》，《复旦学报》（社会科学版）2000 年第 5 期，第 28—35 页；Nordli P Ø. Reconstruction of Nineteenth Century Summer Temperatures in Norway by Proxy Data from Farmers' Diaries. Climatic Change. 2001, 48:201-218；赵会霞、郑景云、葛全胜：《1755,1849 年苏皖地区重大洪涝事件复原分析》，《气象科学》2004 年第 4 期，第 460—467 页；杨煜达、郑微微：《1849 年长江中下游大水灾的时空分布及天气气候特征》，《古地理学报》2008 年第 6 期，第 659—664 页；郝志新等：《1876—1878 年华北大旱：史实、影响及气候背景》，《科学通报》2010 年第 23 期，第 2321—2328 页；张德二、陆龙骅：《历史极端雨涝事件研究——1823 年我国东部大范围雨涝》，《第四纪研究》2011 年第 1 期，第 29—35 页。

③ 葛全胜、王维强：《人口压力、气候变化与太平天国运动》，《地理研究》1995 年第 4 期，第 32—41 页；满志敏、葛全胜、张丕远：《气候变化对历史上农牧过渡带影响的个例研究》，《地理研究》2000 年第 2 期，第 141—147 页。

④ 李伯重：《气候变化与中国历史上人口的几次大起大落》，《人口研究》1999 年第 1 期，第 15—19 页；李伯重：《"道光萧条"与"癸未大水"——经济衰退、气候剧变及 19 世纪的危机在松江》，《社会科学》2007 年第 6 期，第 173—178 页；郝志新、郑景云、葛全胜：《1736 年以来西安气候变化与农业收成的相关性分析》，《地理学报》2003 年第 5 期，第 735—742 页；张德二：《历史记录的西北环境变化与农业开发》，《气候变化研究进展》2005 年第 2 期，第 58—64 页；邹逸麟：《明清时期北部农牧过渡带的推移和气候寒暖变化》，《复旦学报》（社会科学版）1995 年第 1 期，第 25—33 页；章典等：《气候变化与中国的战争、社会动乱和朝代变迁》，《科学通报》2004 年第 23 期，第 2468—2474 页；叶瑜等：《从动乱与水旱灾害的关系看清代山东气候变化的区域社会响应与适应》，《地理科学》2004 年第 6 期，第 680—686 页。方修琦等：《中国历史时期气候变化对社会发展的影响》，《古地理学报》2017 年第 4 期，第 729—736 页。

统各要素的组合形式与互动关系提供了研究参证。[①]

4. 值得一提的是,将区域民间文化(信仰、风俗、曲艺等)的表现形式,作为历史气候变化的社会响应,还有待继续深入研究。以往结合区域民间文化考察旱涝灾害响应,如有学者从行为地理学的角度,通过阐释陕西太白山崇拜的产生及分布地域的形成过程,认为在古代民众的环境感应中,干旱是影响当地农业生产的主要自然灾害,因此形成了关中平原与陕北南部地区大范围太白山能兴云致雨的太白山崇拜分布区域[②]。甚至由于干旱影响,已经形成了超出单次灾害应对的祈雨形式,进而形成一套相对固定的祈雨风俗和信仰[③]。

另外,诸如灾害应对中水利与社会关系的考察,此类研究对于深入认识历史时期气候变化的社会影响和响应,亦有较大学术价值和意义,尤其是促使我们从不同角度更全面理解人地关系地域系统变化过程的复杂性。

第三节　研究问题、目标、思路和方法

一、问题与目标

本研究要解决的问题是,通过对清代档案、方志、文集中有关黄河中游天气信息(主要是旱涝灾害、降雨)记载的搜集和整理,建立相应的数据库,对清代黄河中游区旱涝等级、降雨量变化序列进行重建研究,并分析其变化特征、演化规律和时空分布特征,并试着将重建的序列与太阳活动变化、树轮序列等进行对比分析,探索引起气候突变和波动的环境因素。选取有代表性的大旱大涝事件、寒冷事件分别进行详细诊断,复

---

① 方修琦、叶瑜、曾早早:《极端气候事件–移民开垦–政策管理的互动——1661—1680 年东北移民开垦对华北水旱灾的异地响应》,《中国科学》D 辑 2006 年第 7 期,第 680—688 页。

② 张晓虹、张伟然:《太白山信仰与关中气候——感应与行为地理学的考察》,《自然科学史研究》2000 年第 3 期,第 197—205 页。

③ 庞建春:《旱作村落雨神崇拜的地方叙事——陕西蒲城尧山圣母信仰个案》,见:曹树基主编:《田祖有神——明清以来的自然灾害及其社会应对机制》,上海:上海交通大学出版社,2007年,第 3—27 页。

原其发生史实,分析特征和气候背景。同时,关注极端气候事件对区域社会生活的消极影响与社会应对方式。

研究目标是立足于较高分辨率的历史文献蕴含的气候信息,重建清代黄河中游区旱涝等级、面降雨量变化序列,复原中小空间尺度上重大气候事件的史实、时空分异特征,诊断外部环境因子的作用,厘清单次灾害事件影响与区域社会响应的互动关系。

与此同时,在清代黄河防汛报汛的制度运作方式讨论的基础上,进一步以美国国会图书馆现藏《六省黄河埽坝河道全图》为中心,通过详细提取、分类图中描绘的各类河工信息,分段分析清廷在上、中和下游的河防布局重点为何,并由此讨论清代中后期有关黄河治理中的“治河保运”和“因循守旧,防而不治”的河政问题。无论是对极端事件的分析,还是对河道管理信息的提取与解析,都为当前和今后提供和丰富研究问题的案例和历史相似型,具有重要的学术理论意义和实践借鉴价值。

二、思路和方法

(一)总体研究思路

本研究的整体研究思路是,在系统搜集、梳理清代黄河中游现存档案、方志和文集中存留的雨情、水情、灾情等史料的基础上,建立历史气候灾害史料数据库。据此通过历史气候研究方法,并尽量借助其他分析手段开展研究,进而得出研究结论。总体研究思路如图 0-1。

(二)主要的研究方法和数据处理软件

在运用历史气候研究传统方法的基础上,本研究结合多学科交叉方法展开,主要包括三类:

1. 史料等级量化法与序列重建方法

本研究最主要的一项代用指标是历史文献资料,因此史料解析就是贯穿始终的根本方法。例如历史时期旱涝等级评定、黄河水位志桩记录整理等,须首先对史料进行解读、整理和分析之后才可进一步开展研究工作。

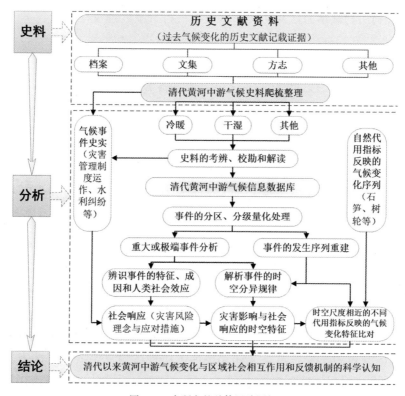

图 0-1　本研究的总体思路图解

2. 综合对比与系统建模分析方法

在建立水位和径流、径流和降雨量时所用的方法主要是线性回归分析法。气候突变检测主要应用了滑动 -T 检验、曼 - 肯德尔（Mann-Kendall）法、山本（Yamamoto）法等，序列变化周期分析主要采用小波分析法。采用的统计分析软件主要包括 Excel2010、OriginLab8.0、MATLAB7.8.1 等。

3. 序列过程分析技术

以历史时期气候变化事件作为时段划分方式，利用信息处理技术构建信息可视化图谱，从而辨识历史气候演化过程及其特征；空间分析和绘图主要利用 ArcGIS、Surfer 等软件实现，具体的应用在后文所涉章节内容中说明。

需说明的是，物候学方法亦是历史气候变化研究的方法之一，但本研究涉及有关连续物候资料较少，亦未对连续的物候现象进行专题分析,仅利用物候学方法对历史干湿资料进行分级处理及检验。

第四节　时空界定与研究区概况

一、时空尺度

本研究主要涉及时段为公元1644年(清顺治元年)至公元1911年(清宣统三年),其中旱涝等级、面降雨量序列重建时段将延长到公元2009年。主体范围包括黄河中游干流、窟野、无定、汾、洛、泾、渭、伊洛等流域,涵盖甘肃、陕西、山西、河南等4省44个府187个厅、州、县(图0-2)。

需要说明的是,本研究范围和现代所指的黄河中游区(内蒙古托克托县河口镇到河南桃花峪)略有差异,涉及黄河中游周边部分区域,如山西东北部朔州、崞县、长子县、武乡县等,由于这些县域与自然流域并不一致,又因县志中旱涝信息是依据政区空间为载体记载的,所以研究区以政区分布为主要参考。又如无定河上游地区伊克昭盟东南部未包括在内,主要因为该区现存方志和档案旱涝资料记载少。考虑到清代黄河中游多处县域有变动,因此研究区域以1820年各县政区范围为准。

二、研究区概况

就黄河流域整体而言,该区地处中纬度地带,多为温暖的半湿润、半干旱气候。在历史上,该地区旱涝、冷暖和其他气候灾害较为频繁,且气候波动明显。同时,流域境内的气候波动,尤其是水、旱状况对黄河水沙变化也起着决定性作用,这些因素对黄河流域的环境变迁以及流域内的经济、文化都有很大的影响。

(一)现代气候特征

黄河中游位于黄土高原区,自然条件复杂,地形起伏较大,这就造成该流域的气候时空分布有其一定的特色,气候形成背景与我国其他流域有很大差异。温度与降水的分布与变化,无疑是表征黄河流域气候特征最重要的两个因子。根据以往学者研究,其基本气候特征主要的表现有:气温以西安及榆林站为例,其年平均气温、冬季与夏季气温分别为

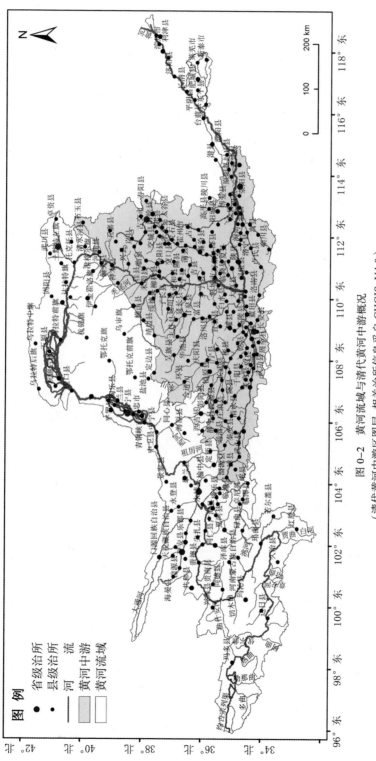

图 0-2 黄河流域与清代黄河中游概况

（清代黄河中游区图层，相关治所信息采自 CHGIS_V4.0）

13.4℃、8.0℃ ;0.8℃、7.8℃ ;25.6℃、22.0℃。大于40℃极端最高气温的高值区,沿着渭河关中平原向东延伸到黄河下游,洛阳一带是流域内极端最高气温的高值区,洛阳站的极端最高气温高达44.3℃。降水的地区分布,总的趋势是由东南向西北递减,流域内干湿程度的高低与降水量的大小及其时空分布密切相关,流域内降水的年内变化基本上呈单峰型,年际间降水变化大,丰、平、枯显著。在地区分布上,山区的降水量大于平原,并随着纬度的增加而减少,因离海洋的远近而增减。

（二）气候的主要影响因子

1.太阳辐射

太阳辐射是地球上大气运动的唯一能源。因此,太阳辐射是大气中所发生的一切物理过程和大气现象的能量来源,是气候形成的基本因素。

黄河中下游地区的总辐射量的年振幅一般是由北向南、由内陆向沿海(渤海沿岸除外)减小,且往南减小较快。该地区的年总辐射在4000—6000MJ·m^{-2}之间。中上游地区的年总辐射随纬度的增加而增大。该地区总辐射的月际变化有两次明显增大,一次在2、3月间,一次在4、5月间;并有两次明显减小,一次在8、9月间,一次在10、11月间。而且由于气候较为干燥,冬夏太阳高度和昼长差异较大,使得总辐射的年变幅从南往北增大。

2.大气环流

冬季黄河流域高空处于深厚的东亚大槽后部,盛行西北气流,引导极地大陆气团南下,多强冷空气活动,地面上受强大的蒙古冷高压控制,所以气候寒冷而干燥,雨雪稀少。此时由纬度影响造成的温度南北差异大于海洋影响造成的东西差异。等温线大致呈纬向分布,但在沿海地带等温线与海陆交界线走向一致,1月是蒙古高压最强盛时期,其中心强度平均在1040hPa以上,该月也是全年最冷的月份。夏季环流与冬季完全不同,西风带显著北移,南支西风急流消失,只有北支西风急流存在。中纬度西风带平均槽脊由冬季的3个变为4个。7月上、中旬,高空急流再一次发生明显变化,主要是西风急流进一步北移至45°N以北,强度减弱到一年中最弱的强度,东亚大槽完全消失。

3.下垫面

黄河流域地区自然地理条件较复杂,其自然地理环境、地势地貌、山脉走向、纬度以及黄渤海都是影响本区域气候及其地理分布的重要因素。山地能起阻挡冷暖气流、增加降水的作用。东部的太行山是黄土高原与华北平原的地形分界线。大致南北走向的太行山、太岳山、吕梁山海拔大多在1500m以上。这些东北—西南走向的山岭，阻碍着海洋气候的通畅深入，且爬越山地后的气流，水气含量愈来愈少，迎风坡雨量较背风坡多，使得降水量从东南的500mm减少到西北部的250mm以下，气候逐渐从半湿润过渡到半干旱和干旱。

秦岭山脉横亘于本区南部，海拔高度1500—3700m，由于它阻碍了冬季风南下和夏季风北上，因此黄土高原的气候与陕南、华中明显不同。陕西的宝鸡、西安均与汉中相距不远，气候却不同。年降水量宝鸡为679mm，西安为580mm，而汉中达871mm；冬季1月平均气温，宝鸡、西安分别为-0.8℃、-1.0℃，而汉中为2.1℃。1月份秦岭以北月平均气温都在0℃以下，秦岭以南则在0℃以上。因此，秦岭是我国亚热带与温带的气候分界线，构成了我国北方与南方截然不同的气候特征。同时，山区不但明显影响降水分布，且下垫面受热不均、对流旺盛，常有强对流灾害性天气，如冰雹、雷击、龙卷等明显多于平原[①]。

综上所述，黄河中游属暖温带半湿润气候区，降水特征表现为季节性强、变率大，旱涝灾害频繁，上中游的连旱、暴雨等气象灾害直接或间接对下游产生极大影响[②]。由于该区在我国历史时期及当代的政治、经济、文化等方面有着重要地位，历史上黄河屡次泛溢、改道造成严重的生命、财产等损失，因而学界对该流域旱涝灾害的相关研究一直颇为重视，如对东汉以后下游是否存在长期安流的问题曾展开过充分讨论，无论认为存在安流[③]，或是涝灾频仍[④]，说明下游涝灾与上中游关系密切，

---

① 吴祥定等：《历史时期黄河流域环境变迁与水沙变化》，北京：气象出版社，1994年，第1—8页。
② 张汉雄：《黄土高原的暴雨特性及其分布规律》，《地理学报》1983年第4期，第416—425页；赵宗慈：《黄河流域旱涝物理成因模拟与分析》，《应用气象学报》1990年第1期，第415—421页；郑景云、郝志新、葛全胜：《黄河中下游地区过去300年降水变化》，《中国科学》D辑2005第8期，第765—774页。
③ 谭其骧：《何以黄河在东汉以后会出现一个长期安流的局面》，《学术月刊》1962年第2期，第23—25页。
④ 赵淑贞、任伯平：《关于黄河在东汉以后长期安流问题的再探讨》，《地理学报》1998年第5期，第463—469页。

对于认识历史时期黄河流域环境变化,以及对当代黄河治理有着参考价值。

第五节　清代以来黄河中游区史料及其蕴含的气候信息

以历史文献为代用指标的历史气候研究,史料当然是根基。

中国是具有悠久历史和文化传统的文明古国,拥有着丰富的历史文献资料,存世典籍汗牛充栋,尤以清代为盛。因其记载气候信息丰富且连续性好等特征,在开展历史气候研究领域里具有独特优势,即这些资料为重建中国历史气候状况及其演变过程提供了较大可能性[①]。我国历史时期气候变化研究,经历了由早期对气象灾害史料收集整编,到后来依据这些史料探讨灾害演变规律、形成机制及社会响应研究的大致过程,更值得一提的是,利用这些史料对历史气候变化(冷、暖、干、湿)序列进行了重建,并分析了气候变化特征,构建了我国部分时、空域的气候变化图景,为中国历史气候研究和全球变化研究做出了重要贡献。

对于历史文献中气候资料的特点、价值和运用的分析研究,诸多前辈学者进行过详细论述,使得利用文献资料进行历史气候研究的可信度大为提高。前文已提及,此不赘述。满志敏曾据史料所涉及的气候资料特点,对官私文献、地方志、档案和日记等四大类做过说明,并对各类文献所蕴含气候信息及问题进行过深刻论述[②]。其实,官私文献是所有文献的统称,但是因为朝代不同,史料留存数量各异,前期以正史为主,辅以私人文献。明清以降除正史外,档案、方志留存较多,其中所蕴含的气候信息更详细,本研究主要涉及档案和方志,以下将所用资料按照档案、方志、器测数据三类分别进行说明。

---

① Bradley R. S.. High Resolution Record of Past Climate from Monsoon Asia, The Last 2000 Years and Beyond, Recommendations for Research. *PAGES Workshop Report, Series 93-1,* 1993. 1-24;国家自然科学基金委员会:《全球变化:中国面临的机遇和挑战》,北京:高等教育出版社,1998 年,第 61—75 页。

② 满志敏:《中国历史时期气候变化研究》,济南:山东教育出版社,2009 年,第 22—71 页。

一、档案资料

（一）档案中的气候信息

清代史料，其特点表现为"多、乱、散、新"[①]。不仅书籍浩繁，有大量政府档案留存于世，而中国其他朝代档案已丧失殆尽（除考古发掘所得甲骨、简牍外）。清朝中枢机关（内阁、军机处）档案，秘藏内廷，加上地方存留档案，多达二千万件。档案是历史事件发生过程中撰写成文，当事人记录当时事，亲身经历，可信度较高。因而，这些存世的大量档案可谓第一手资料，为研究清代历史提供了极大方便和分析的基础。

清代汗牛充栋的档案，记录了大量气象资料。可分为4类：一是逐日详细的晴雨记录，常被称为"晴雨录"。记载最为翔实，但其时空分辨率差异很大，全国只有北京、南京、苏州和杭州等极少数地方，记录的时间连续且比较长。二是地方官上报本地（或途经他地的天气状况）雨雪情形的奏报，称为"雨雪分寸"。此类资料存世较多、分布较广，但不同地区奏报情况并不一致，直隶、鲁、苏、浙、皖、豫、晋、陕、甘、湘、鄂、赣诸省的较为细致，其他地方则较粗略。三是上报的地方农业生产具体进展情况、粮食收成分数、米粮价格的奏报，常与第二类合在一起奏报，有时亦称"雨水粮价月报"。四是上报各类天气灾害，如水、旱、冷、暖、风、雹等情况，甚至包括疾病瘟疫等情形。据奏报存档情况看，基本都来自宫中档、朱批档、上谕档和军机处录副奏折，可以说这都是专供皇帝一个人查看。

相比而言，清代档案中的气象资料，主要为后三类。张瑾瑢曾对档案中气象资料的可靠性和价值做过研究，认为资料大体真实可靠，对清代历史气候研究有着重要的价值[②]。

灾害和民生关系极大，历史上历朝又以灾害为天所示之吉凶，故历代因之，清王朝自不例外，重视地方天气、农业收成、灾害分数等情形，自然就有了地方官奏报此类情形的严格制度。如康熙七年六月，"户部覆报灾定例，夏灾不出六月，秋灾不出九月，但踏勘于收获未毕之始可分别

① 戴逸：《中国荒政书集成》总序，见：李文海、夏明方、朱浒：《中国荒政书集成》，天津：天津古籍出版社，2010年，第1—3页。
② 张瑾瑢：《清代档案中的气象资料》，《历史档案》1982年第2期，第100—110页。

轻重……逾期仍如例治罪"①。可知地方受灾上报后,之后十月初会接到上谕,要求各地方大吏督办抚恤事宜,并查明是否需继续接济。

(二)雨水粮价月报记载格式和天气信息

雨雪分寸每月一奏,将辖区内各地一月内降水情形汇总上报,粮价情况一般会随降水一起奏报。为防止奏报者误报,地方督抚、藩司、提督、总兵等亦有义务奏报,但督抚的奏报最系统、最完整。收成则夏秋二季各报一次,详细奏报所辖各地夏秋两季的收成情况。以下以《陕甘总督任内奏稿》②中有关记载为例进行说明。

此资料是富呢扬阿(?—1845)在1842年陕甘总督任上的全年的雨水粮价月报,主要提到的是甘肃情况,其中未录陕西各县区资料,但其内容和形式应该一致。该年富呢扬阿亲自对管理辖区进行了勘查,如:"自陕起程,沿途察看,所有经过陕省州县,于四月十五日得雨后,夏麦已成熟,不日即可刈获。迨入甘境,农田望泽颇殷,旋于二十七八两日,甘霖优沾,极为深透,田禾畅茂顺时,收成可期登稔。"③

经查勘,汇总各地降雨情形,如"查甘肃各属,本年四月内得雨一、二、三寸,及深透不等,正值田禾长发之际,得此膏泽,大为有裨,粮价虽较上月稍昂,而民情安帖……查崇信县、狄道州,据报间有被雹地方,除已委员查勘,另行办理外,所有查明本年三月份粮价、及四月份得雨情形……"④

从奏报格式上看,按照日期、府县级别分别详列清单奏报,记录了具体日期、得雨分寸(图0-3)。每月月末须整理本月情形,汇总后对于漏记、误记进行补充和修正,然后签名上报。从形式上可看出奏报甚为认真严格。

从奏报内容上看,最详细的是各月份"粮价清单"和"得雨清单"。

---

① 《圣祖仁皇帝圣训》卷二一。

② (清)富呢扬阿:《陕甘总督任内奏稿》(共2册),北京:全国图书馆文献缩微复制中心,2005年。

③ (清)富呢扬阿:《陕甘总督任内奏稿》(第1册),北京:全国图书馆文献缩微复制中心,2005年,第7页。

④ (清)富呢扬阿:《陕甘总督任内奏稿》(第1册),北京:全国图书馆文献缩微复制中心,2005年,第46—47页。

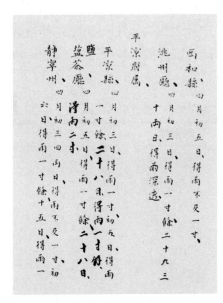

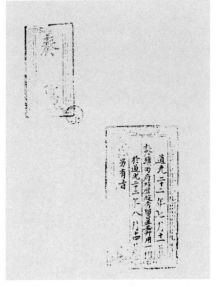

图 0-3　1842 年陕甘总督"雨水粮价月报"
　　　　　奏报格式

每月粮价和得雨分开记录，各月首先列出各地得雨情形，而后分列粮价清单。资料中总共统计了农历3—11月详细情形（粮价3—10月、得雨3—11月，见表0-1）。没有降雨的州县则不作罗列。其中还包括"夏禾约收分数"、"夏秋禾苗被雹被水情形"、"秋禾约收分数"、"甘省本年秋成欠薄，恳请缓征钱粮一折"、"来春是否应再接济被震被水等"、"义仓库收贮动用粮数"等灾害影响和赈济情况。

表0-1 1842年5—6月间"得雨情形"部分府县统计

府级	县级	农历月日	降水尺寸	公历
平凉府	平凉县	4月3日	得雨一寸	12（5）
		4月5日	得雨一寸余	14（5）
		4月28日	得雨一寸余	6（6）
	盐茶厅	4月5日	得雨一寸余	14（5）
		4月28日	得雨二寸	6（6）
	静宁州	4-3、4-4	得雨不及一寸	12、13（5）
		4月6日	得雨一寸余	15（5）
		4月15日	得雨一寸余	24（5）
		4月28日	得雨二寸余	6（6）
	固原州	4-5、4-6	得雨一寸余	14、15（5）
		4月15日	得雨二寸	24（5）
		4月28日	得雨二寸	6（6）
	华亭县	4月3日	得雨一寸余	12（5）
		4月15日	得雨二寸余	24（5）
	隆德县	4-5、4-6	得雨一寸余	14、15（5）
		4月15日	得雨一寸	24（5）
		4月28日	得雨一寸	6（6）
	庄浪县	4-3、4-4	得雨一寸余	12、13（5）
		4月15日	得雨二寸	24（5）
		4月28日	得雨二寸余	6（6）
庆阳府	安化县	4-3、4-4	得雨三寸余	12、13（5）
		4-28、4-29	得雨二寸余	6、7（6）

续表

府级	县级	农历月日	降水尺寸	公历
庆阳府	合水县	4-5、4-6	得雨二寸余	14、15（5）
		4月28日	得雨一寸余	6（6）
	宁　州	4-5、4-6	得雨二寸余	14、15（5）
		4-29、4-30	得雨二寸余	7、8（6）
	正宁县	4-3、4-4	得雨一寸余	12、13（5）
		4-5、4-6	得雨一、二寸不等	14、15（5）

（三）本研究涉及的档案资料概况

1. 正式出版的档案如清代各朝朱批奏折、上谕档案①，其中也包括分类编辑整理出版的档案，如《清代黄河流域洪涝档案史料》②《清代奏折汇编：农业·环境》③ 等。

2. 未正式出版的主要有黄河水利委员会从故宫查阅和搜集的万余件档案资料④，其中包括清代历朝有关黄河流域的水情、雨雪、河湖水势、堤防工程、防汛抢险、河道钱粮和黄河水灾图等相关内容。

二、地方志资料

地方志资料是从事明清史研究不可缺少的重要资料，在历史气候研究中亦不例外，前期的诸多精彩的研究成果主要据其完成的，最具代表的即《中国近五百年来旱涝分布图集》。从全国范围而言，以史料为代用

---

① 中国第一历史档案馆编：《康熙朝汉文硃批奏折汇编》，北京：档案出版社，1984 年；中国第一历史档案馆编：《康熙朝满文朱批奏折全译》，北京：中国社会科学出版社，1996 年；中国第一历史档案馆编：《雍正朝汉文硃批奏折汇编》，南京：江苏古籍出版社，1989—1991 年；张伟仁主编：《明清档案》，台北：联经出版事业公司，1994 年；中国第一历史档案馆编：《光绪朝硃批奏折》，北京：中华书局，1995 年；中国第一历史档案馆译编：《雍正朝满文朱批奏折全译》，合肥：黄山书社，1998 年；中国第一历史档案馆编：《乾隆朝上谕档》，北京：档案出版社，1991 年；中国第一历史档案馆编：《嘉庆道光两朝上谕档》，桂林：广西师范大学出版社，2000 年；中国第一历史档案馆编：《嘉庆朝上谕档》《咸丰朝上谕档》《同治朝上谕档》《光绪朝上谕档》《宣统朝上谕档》，桂林：广西师范大学出版社，2008 年。
② 水利电力部水管司科技司、水利水电科学院编：《清代黄河流域洪涝档案史料》，北京：中华书局，1993 年。
③ 葛全胜：《清代奏折汇编：农业·环境》，北京：商务印书馆，2005 年。
④ 内部资料，现藏于水利部黄河水利委员会档案馆。

指标的历史气候研究,因其空间分辨率比其他资料都要高,因此今后相当长一段时期内照样发挥着难以替代的价值。

本研究从地方志中梳理的旱涝、雨情等天气信息资料来自《中国方志丛书》①《中国地方志集成》②,以及利用方志整编的资料如《陕西省自然灾害史料》③《甘肃省近五百年气候历史资料》④《中国气象灾害大典·山西卷》⑤《河南省历代旱涝等水文气候史料》⑥《中国三千年气象记录总集》⑦等。

地方志资料所含气候信息,在记载上相对简略、模糊,时间分辨率不如档案、文集(日记)高。以灾害而论,虽时间没有档案分辨率高,但其中所反映各州县灾情却是灾害空间分布重要信息,这对分析灾害空间分异特征有重要价值。

三、器测数据

器测数据资料主要包括:近代降水数据取自水利部黄河水利委员会整理刊印的黄河流域水文资料⑧;现代降水资料取自我国752个基本、基准地面气象观测站及自动站1951以来日值数据集中的逐日降水量。

除以上三类资料之外,还包括《行水金鉴》⑨《续行水金鉴》⑩《再续行水金鉴》⑪等当时有关河工档案抄册,《清实录》《东华录》《清会典事例》等政府编修文献档案,以及刊行的治河大臣奏议、专著、地方志及《京报》

---

① 《中国方志丛书》,台北:成文出版社,1976年。
② 《中国地方志集成·陕西府县志辑》,南京:凤凰出版社,2007年;《中国地方志集成·山西府县志辑》,南京:凤凰出版社,2005年;《中国地方志集成·甘肃府县志辑》,南京:凤凰出版社,2008年。
③ 陕西省气象局气象台编:《陕西省自然灾害史料》(内部资料),1976年。
④ 甘肃省气象局资料室:《甘肃省近五百年气候历史资料》(内部资料),1980年。
⑤ 《中国气象灾害大典》编委会编:《中国气象灾害大典·山西卷》,北京:气象出版社,2005年。
⑥ 河南省水文总站编:《河南省历代旱涝等水文气候史料》(内部资料),1982年。
⑦ 张德二:《中国三千年气象记录总集》,南京:凤凰出版社,2004年。
⑧ 水利部黄河水利委员会:《黄河流域水文资料:降水量、蒸发量(第一、二、三册)》(内部资料),1957年;水利部黄河水利委员会:《黄河流域水文特征值(黄河中游上、下段)》(内部资料),1976年。
⑨ (清)傅洪泽:《行水金鉴》,上海:商务印书馆,1936年。
⑩ (清)黎世序:《续行水金鉴》,上海:商务印书馆,1936年。
⑪ 中国水利水电科学研究院水利史研究室编校:《再续行水金鉴》,武汉:湖北人民出版社,2004年。

《申报》等，其中包括有关黄河流域大量旱涝水情等资料。

　　综上所述，从所有利用的资料来看，档案中提供了全流域基本情况，时空分辨率相对清晰，时间有些能精确到日，空间甚至到达县级以下。地方志在旱涝记载上相对模糊，时间分辨率不如档案高，但其中所反映各州县旱涝灾情程度和赈灾情况，有效地补充了空间分布信息，对分析气候变化的区域社会应对有着重要参考价值。本研究对日记资料搜集和整理较少，这是以后需要进一步加强的方面。当然，综合利用上述资料未必能做到尽全资料，但纵有不足或遗漏之处，也不至于影响本研究的整体统计分析结果。

第一章　黄河中游旱涝等级序列重建与特征分析（1644—2009 年）

第一节　问题的提出

当今全球气候系统是过去环境自然变化的累积结果,要得知气候当前特征、今后变化趋势,须清楚气候从古至今的变化过程。因而,历史气候研究是国际"气候变率与可预报性(CLIVAR)"计划的一项重要内容[①]。以连续的史料为代用指标,重建历史时期气候变化序列有着重要的意义,一方面可补充据其他代用指标(如树木年轮、石笋、冰芯等)重建结果存在的空间分辨不足;另一方面通过各自重建的序列相互比对,使气候变化序列在多元数据背景支撑下重建的精确度、研究成果的认可程度进一步提高。

由于高分辨率史料的缺失,目前所重建的历史时期降水序列主要分布于东部地区,而中西部地区此类序列不多,研究尚显薄弱。在高分辨率资料空间分辨率目前还不能达到重建序列的情况下,中西部可以借助对现有史料的深入解读,重建区域气候变化序列,以便更清楚地揭示全国背景下中小尺度空间的气候演变特征和过程。就黄河中游地区而言,如在《中国近五百年旱涝分布图集》中,重建旱涝等级的代表站点只有平凉、天水、榆林、延安、西安、太原、临汾、长治 8 个,一个代表区相当于现代一到两个地级政区范围,甚至更大,重建结果当然比较笼统,若要进一步考察区内差异,与现代观测站点进行匹配分析,上述的 8 个点及各自代表区显然不能满足要求。

基于此,本章根据现代气象观测基站选取成例,并考虑清代黄河中

---

① Schmidt G., V. Masson-Delmotte. *The PAGES/CLIVAR Intersection: Vision for the Future.* 2009.

游各县级政区的历史沿革,及其现存历史文献资料的详细程度,参考以往旱涝研究成果,将站点增加为 18 个,尝试提高清代以来黄河中游旱涝等级序列重建结果的空间解析度,更详细反映该区 366 年来旱涝变化阶段、演变规律和时空分布特征。

第二节　代表站点的选取

黄河中游以往旱涝序列重建的分区选点,有平凉、天水、榆林、延安、西安、太原、临汾、长治 8 个,一个代表区范围大致包括十几到几十个县,而现代空间分辨率为 752 个基准地面气象观测站,分布于黄河中游的共计 45 个(甘肃 5 个、陕西 17 个、山西 15 个、河南 8 个),上述 8 个点与现代气象观测站点相差悬殊,所反映的黄河中游旱涝空间解析度则相对较低。因此,据现代气象观测基站选取成例,考虑清代黄河中游县区历史沿革、地理分布、现存文献资料详细程度,选取现有的 45 个气象站点中的 18 个站点,并以我国 2004 年全国县级行政区为基础,将黄河中游区

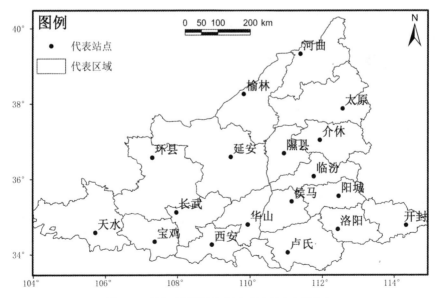

图 1-1　研究区范围及代表区、代表站点空间分布

共分为 18 个小区,每个小区平均所含县区 10 个左右(表 1-1、图 1-1)。史料中对旱涝记载的发生时间、空间分布则需转化为现代县域内进行统计。从选取的代表站点空间位置来看,符合均匀分布原则,可全面反映黄河中游旱涝空间分异特征。

表 1-1　黄河中游旱涝序列代表站选取情况

所含政区	县数	站点	面积比
环县、华池、庆阳、镇原、隆德、静宁、宁县、正宁、泾源、泾川、崇信	11	环县	10.18
华亭、通渭、庄浪、渭源、灵台、陇西、张家川回族自治县、秦安、漳、清水、甘谷、武山	12	天水	8.44
府谷、神木、佳县、横山、米脂、子洲、靖边、定边、绥德、子长、清涧	11	榆林	6.29
吴旗、延川、安塞、志丹、延长、甘泉、宜川、富县、洛川、黄龙、黄陵	11	延安	12.51
乾县、宜君、永寿、淳化、长武、旬邑、彬县、礼泉、兴平、武功	10	长武	3.64
扶风、宝鸡、眉县、陇县、麟游、岐山、千阳、太白、凤翔、凤县、宝鸡市	11	宝鸡	4.10
高陵、临潼、周至、长安、蓝田、户县、洛南、耀县、三原、泾阳、西安市	11	西安	4.73
韩城市、白水、蒲城、合阳、澄城、大荔、富平、华阴、潼关、华县、渭南市	11	华山	3.74
右玉、偏关、神池、保德、宁武、五寨、原平、岢岚、兴县、河曲	10	河曲	5.93
岚县、定襄、静乐、娄烦、阳曲、临县、古交市、寿阳、方山、清徐、太原市	11	太原	7.90
交城、柳林、太谷、祁县、汾阳、平遥、孝义、介休市、榆社、汾西、霍州市	11	介休	4.67
中阳、离石、文水、石楼、交口、灵石、武乡、永和、沁县、蒲县、吉县、隰县	12	隰县	3.72
沁源、大宁、屯留、古县、洪洞、安泽、长子、乡宁、浮山、襄汾、临汾市	11	临汾	3.75

续表

所含政区	县数	站点	面积比
稷山、河津、阳城、万荣、闻喜、临猗、夏县、永济、平陆、芮城、侯马市	11	侯马	3.38
高平、翼城、沁水、曲沃、新绛、绛县、垣曲	7	阳城	3.51
新乡、获嘉、修武、延津、武陟、原阳、封丘、博爱、密县、郑县、温县	11	开封	3.62
沁阳市、济源市、巩县、孟县、孟津、兰考、荥阳、新安、中牟、偃师	11	洛阳	3.65
义马市、灵宝、宜阳、登封、伊川、洛宁、汝阳、嵩县、卢氏、栾川、渑池、陕县	12	卢氏	6.26

说明：面积比是指各代表区面积占黄河中游区总面积的百分比（%）。

第三节 旱涝等级序列的重建

一、旱涝等级法

（一）依据史料记载评定

本章参考以往历史时期旱涝序列重建的思路与标准[①]，采取旱涝等级方法对史料进行旱涝级别评定（表1-2）。处理的年份主要针对1644—1918年。

表1-2 根据史料评定旱涝级别的标准

级别	特征	表现	史料举例
1级	旱	持续数月干旱或跨季度旱；大范围严重干旱	"春夏旱，赤地千里，人食草根树皮"、"夏秋旱，禾尽槁"、"夏旱，饥"、"四至八月不雨，百谷不登"、"河涸"、"塘干"、"井泉竭"等
2级	偏旱	单季、单月成灾较轻的旱、局地旱	"春旱"、"秋旱"、"旱"、某月"旱"、"晚造雨泽稀少"、"旱蝗"等

① 中央气象局气象科学研究院：《中国近五百年旱涝分布图集》，北京：地图出版社，1981年；满志敏：《中国历史时期气候变化研究》，济南：山东教育出版社，2009年，第296页。

续表

级别	特征	表现	史料举例
3级	正常	年成丰稔、大有或无水旱可记载	"大稔"、"有秋"、"大有年"等
4级	偏涝	春、秋单季成灾不重的持续降水、局地大水、成灾稍轻的大雨	"春霖雨伤禾"、"秋霖雨害稼"、"四月大水，饥"、"八月大水"、某县"山水陡发，坏田亩"等
5级	涝	持续时间长而强度大的降水，或大范围的大水等	"春夏霖雨"、"夏大雨浃旬，沁黄并涨"、"春夏大水，溺死人畜无算"、"夏秋大水，禾苗涌流"、"大雨连日，陆地行舟"、数县"大水，漂没田庐"等

（二）根据降水量确定旱涝级别

以各区主要降水季节的雨量多寡来分级，为了和历史资料所得旱涝等级及其发生频率相一致，一般采用各站点所在地区5—9月降水量，而黄河中游区常见秋雨，其降水发生时间亦推迟至10月，因此，为将该区域主要降水时期包括在内，本研究编程统计了每个站点5—10月的降水量，与按照文献资料评定对应，标准如下（表1-3）：

表1-3　根据降水量评定旱涝级别的标准

级别	特征	定级标准	所占比例	备注
1级	旱	$R_i \leq (\bar{R}-1.17\sigma)$	12.5%	$\bar{R}$ 为5—10月多年平均降水量；R_i指逐年5—10月降水量；σ代表标准差。
2级	偏旱	$(\bar{R}-1.17\sigma) < R_i \leq (\bar{R}-0.33\sigma)$	25%	
3级	正常	$(\bar{R}-0.33\sigma) < R_i \leq (\bar{R}+0.33\sigma)$	25%	
4级	偏涝	$(\bar{R}+0.33\sigma) < R_i \leq (\bar{R}+1.17\sigma)$	25%	
5级	涝	$R_i > (\bar{R}+1.17\sigma)$	12.5%	

首先计算每年5—10月的降水量（即将每年"5—10月降水量之和"当做该年总降水量，用R_i表示），并求出所有统计年份降水量的平均值（$\bar{R}$）。"σ"为"标准差"，计算式如下：

$$\sigma = \sqrt{\frac{\sum_{i=1}^{n}(R_i - \bar{R})^2}{n-1}}$$

其次，据上述3个变量，以"定级标准"表达式，计算出各个代站点旱涝等级临界值，再根据各站的临界值，将各站每年总降水量（即R_i）换算成旱涝等级,用1,2,3,4,5表示。

　　分区定点之后,依据资料采用旱涝等级法对各站点进行旱涝级别评定,并注意在旱涝等级评定中存在的问题和处理办法(见下文),并对资料缺失年份进行插补和修正。1919—1950年间部分站点有降水量记录,则统计实测降水量进行评级,没有降水资料则仍依据史料记载的旱涝灾害信息评级。

　　器测数据资料主要包括:1919—1950年降水数据取自水利部黄河水利委员会整理刊印的黄河流域水文资料[①];1951—2009年降水资料取自我国752个基本、基准地面气象观测站及自动站1951以来日值数据集中甘肃、陕西、山西、河南对应18个站点的逐日降水量。

　　需要说明的是:(1)以往各站点降水量主要统计5—9月,但黄河中游常见秋雨,其主要降水发生时间一般推迟至10月,因此本研究统计每个站点5—10月的降水量。(2)由于降水存在区域差异,整个黄河中游旱涝状况不宜用其中某一代表站点旱涝等级数值表示。尽管上述代表站点选取之时,考虑了站点地理位置均匀分布原则,但就各区相比而言,整个区内东南部站点比西北部站点稠密,因此采用面积加权进一步消除误差。对全区旱涝等级判定的标准,是各代表站点旱涝等级面积加权的算术平均值,将其作为旱涝等级总指数 θ,计算公式如下:

$$\theta=\sum_{i=1}^{n}\frac{(\theta_i\times S_i)}{S}$$

　　式中 θ_i 为区域内代表点的旱涝等级值,S_i 为相应代表区的区域面积,S 为研究区的总面积。各代表区的面积比见表1–1。

二、依据史料进行旱涝定级的问题与处理

(一)"旱涝"涵义的偏差

　　史料的旱涝指水旱灾害事件,灾情程度被当作旱涝程度。但灾情大小,往往涉及社会因子。气象学上的旱涝,指降水量多寡,是区域自然特

---

① 水利部黄河水利委员会:《黄河流域水文资料:降水量、蒸发量(第一、二、三册)》(内部资料),1957年;水利部黄河水利委员会:《黄河流域水文特征值(黄河中游上、下段)》(内部资料),1976年。

征干湿程度的反映。水旱灾害事件(隐匿灾情或冒赈夸大)常受诸多社会因子干扰,致使旱涝记载与自然实况有一定出入。每次灾情是否被谎报,以及社会动乱对灾情影响程度,难于查证和估量。但是,评定一个区域旱涝等级所依据史料,一般不止一条记载,往往重大灾害事件由多种史料、多条记载相互堪比得以佐证,全部作伪的可能性不大,况且谎报灾情程度等作伪情况,应该仅涉及灾情程度的增减,旱、涝的基本事实(即自然特征)不致颠倒。况且,依据史料评定旱涝等级,这种等级法的表达本身亦粗略表达降水量多寡。解决办法,只要社会因素影响没有将旱涝实况颠倒,则认为其影响是有限的,不予考虑。对于确实因战乱而加剧旱涝灾情程度的,对旱涝等级降 1 级[①]。

在第三章讨论 1689—1692 年大旱事件时,当时重灾区陕西各州县出现隐灾、冒赈、贪污等情况致使灾情升级,实际灾害等级我们则按具体情况进行降级处理。

(二)旱涝事件中降水强度、时空分布判定

旱涝灾害与降雨强度有关,与降水时长、时段分配亦有关。黄河中游区常现暴雨,需水时段出现旱情,可能反映两种事实:一为雨量确实偏少,从而造成旱情;二为降水不适时,需水不雨,不需却雨,这种情况在史料中常有出现,同一时间临县两处旱涝不同,及同一县区前旱后涝或前涝后旱。处理办法:单独出现旱或涝,认为是雨量多少所致;当旱涝并存、且程度相当时,认为雨量属正常。黄河中游区夏有暴雨、秋有霖雨,在不同季节的旱涝,相应雨量变化亦不同。春秋两季雨量比夏季少,降水强度一般次于夏季,因而春秋季出现持久干旱或霖雨,雨量减少或增加,一般不如夏季。处理办法:春秋旱涝比夏季减一级[②]。

水灾形成原因主要有两种情况:一为雨灾,一为水灾,对于史料所载旱涝事件应该分区域看待,其记载并非总是雨情之反映。尤其是对于黄河中下游区域而言,此类情况非常多,中游区发生暴雨或者强连阴雨,本地区史料记载有雨涝灾害,下游区也记载有水灾,但是要根据这时下游

---

① 满志敏:《中国历史时期气候变化研究》,济南:山东教育出版社,2009 年,第 291—303 页。
② 张德二:《重建近五百年气候序列的方法及其可靠性》,见:国家气象局气象科学研究院编:《气象科学技术集刊(气候与旱涝)》第 4 集,北京:气象出版社,1983 年,第 17—26 页。

区是否有降水记载判断下游区到底是因为中游降水引发水灾,还是本地降水过度引发水灾。因此,处理"过境水"引发灾害,在评定旱涝等级时就不应计入。这方面的处理在1819年极端降水事件分析中考虑较多,由于中游区降雨强于往年,中下游多地出现涝灾,但根据中下游史料记载,并未出现降雨记载,若在研究中下游降雨事件中,直接认为是当地降雨引起,那自然就错了。同样,因地势高低而常有之水患(如积水),须对其原因加以鉴别后再行评定。

另外,若同一年中各季皆有旱涝发生,则以夏季情况为主;凡同一站点所代表的区域内有旱涝,则以多数县份的情况为据。

(三)方志记载不连续及处理

方志空间分辨率高,但记载不连续性是其特征。本研究为了在以往旱涝序列重建基础上进一步提高空间分辨率,将研究分为按各县历史沿革、流域分布、气候特征等因子进行组合,每个区相当于现在10个左右县域,每个区选取1个代表站,并认为同一区域内各县旱涝记载具有代表性,根据区内各县旱涝记载相互插补,从而求得两份能代表本区旱涝的系统记载。经此处理,还存在旱涝记载的年份断缺,尤其是环县缺值较多:1673—1677年、1679—1682年、1686—1688年、1748—1752年、1772—1782年等年份。再作两方面处理,一方面对资料缺失较多的单个站点,据某年该点所在区域整体天气状况(如雨带推移)进行旱涝判定;另一方面采用数理方法插值分析。另外,凡记载连续中断 ≤ 3年,视为年景正常,评为3级。因史志记载惯例是"记异不记常"(尤其是对灾害而言);若缺失时段较长,中断 ≥ 3年,且无资料插值者,则存疑不评级。

二、重建结果

据上述方法重建了清代以来366年黄河中游旱涝序列,结果见图1-2。

其中[1]—[18]分别为18个代表点。另外,为了清楚地反映出清代268年间各个代表站点历年的旱涝分布图景,本研究重建了各站旱涝等级数据,见附录一;采用ArcGIS与Surfer等制图软件绘制了历年旱涝分布图,见附录二。

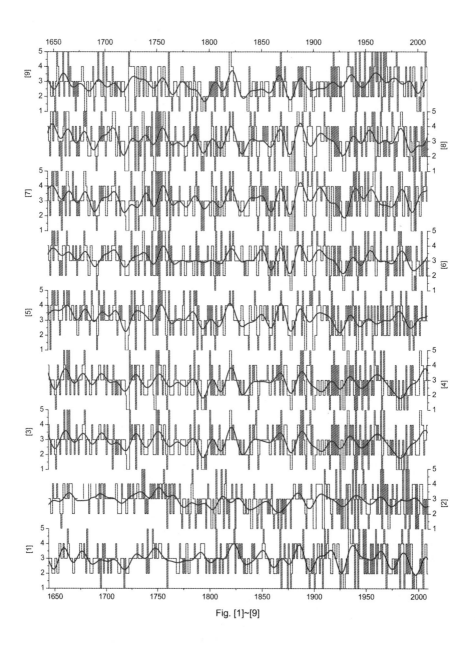

Fig. [1]~[9]

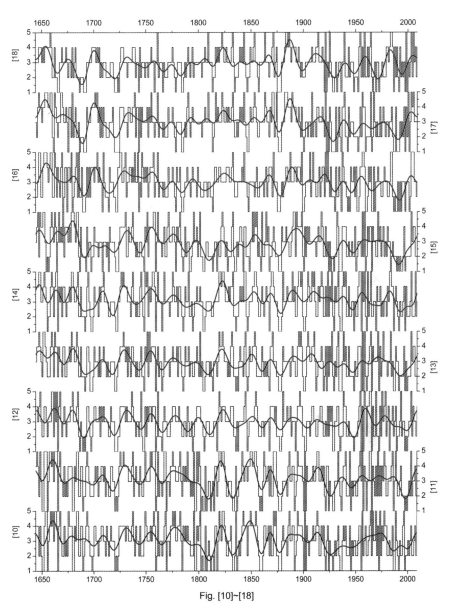

图 1-2　1644—2009 年黄河中游 18 个站点旱涝等级变化序列

（水平梯度线为旱涝等级序列，曲线为 11 年低通滤波结果）

第四节　旱涝特征分析

一、空间分异特征

将各代表区旱涝发生频次、频率分布分别进行统计(表1-4),各区1—5级发生的频率见图1-3。

表1-4　黄河中游区366年旱涝发生频次、频率分布统计

代表区 [代码]	1级(旱) 频次 (频率%)	2级(偏旱) 频次 (频率%)	3级(正常) 频次 (频率%)	4级(偏涝) 频次 (频率%)	5级(涝) 频次 (频率%)
天水[1]	21 (5.74)	86 (23.5)	158 (43.17)	79 (21.58)	22 (6.01)
环县[2]	43 (11.75)	80 (21.86)	164 (44.81)	61 (16.66)	18 (4.92)
榆林[3]	41 (11.2)	107 (29.23)	132 (36.07)	60 (16.39)	26 (7.11)
延安[4]	40 (10.93)	105 (28.69)	130 (35.52)	64 (17.48)	27 (7.38)
长武[5]	30 (8.19)	68 (18.58)	130 (35.52)	96 (26.23)	42 (11.48)
宝鸡[6]	25 (6.83)	82 (22.4)	129 (35.25)	93 (25.41)	37 (10.11)
西安[7]	34 (9.3)	85 (23.22)	115 (31.42)	82 (22.4)	50 (13.66)
华山[8]	35 (9.56)	75 (20.49)	122 (33.34)	87 (23.77)	47 (12.84)
河曲[9]	42 (11.48)	113 (30.87)	123 (33.61)	65 (17.76)	23 (6.28)
太原[10]	38 (10.38)	84 (22.95)	128 (34.97)	83 (22.68)	33 (9.02)
介休[11]	33 (9.01)	73 (19.94)	131 (35.78)	84 (22.95)	45 (12.32)
隰县[12]	34 (9.29)	88 (24.04)	129 (35.25)	87 (23.77)	28 (7.65)

续表

代表区 [代码]	1级（旱） 频次 （频率%）	2级（偏旱） 频次 （频率%）	3级（正常） 频次 （频率%）	4级（偏涝） 频次 （频率%）	5级（涝） 频次 （频率%）
临汾[13]	29 （7.92）	97 （26.5）	124 （33.89）	84 （22.95）	32 （8.74）
侯马[14]	32 （8.74）	79 （21.58）	132 （36.04）	78 （21.32）	45 （12.32）
阳城[15]	31 （8.47）	76 （20.77）	133 （36.33）	80 （21.86）	46 （12.57）
开封[16]	29 （7.92）	78 （21.31）	131 （35.8）	81 （22.13）	47 （12.84）
洛阳[17]	33 （9.02）	75 （20.49）	131 （35.79）	82 （22.4）	45 （12.3）
卢氏[18]	30 （8.2）	82 （22.4）	149 （40.71）	76 （20.77）	29 （7.92）

综合分析图 1-3、1-4，可大致看出过去 366 年黄河中游旱涝等级发生频率空间分布表现出以下 2 个基本特征：

（1）从各代表区旱涝的空间分异特征来看，呈现出西北部河曲、榆林、环县、延安等地 1、2 级发生频率比 4、5 级发生频率高；东南部西安、洛阳、开封等代表区 4、5 级发生频率比 1、2 级发生频率高（图 1-4A、B、C、D）。

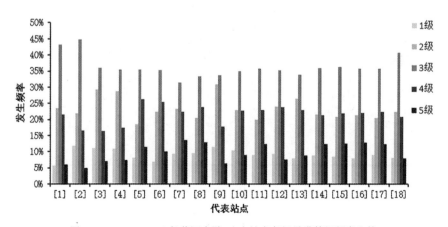

图 1-3　1644—2009 年黄河中游 18 个站点各级旱涝等级频率比较

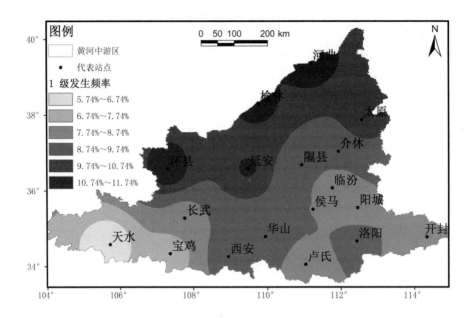

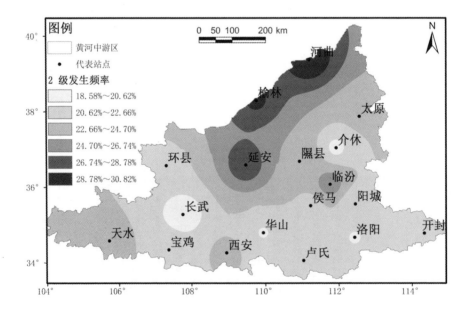

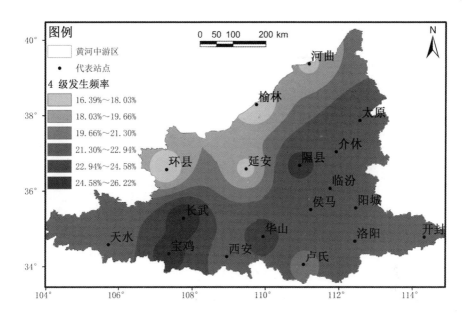

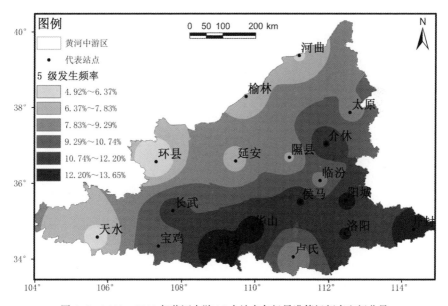

图 1-4　1644—2009 年黄河中游 18 个站点各级旱涝等级频率空间分异

（2）就整个研究区而言，旱涝发生频率略有不同，1、2级发生频率比4、5级发生频率略高，平均频率分别为16.19%、15.67%；而1、5级发生频率分别为9.11%、9.75%，大涝高于大旱年份，平均每9—10年发生1次；中等强度（2、4级）的发生频率是旱高于涝，平均分别为23.27%、21.58%，即每2—3年发生1次。

二、演变周期特征

气候系统属于多时间、多尺度系统，用常规方法虽可判断出气候变化的大致周期，但不能揭示多层次复杂结构，而小波分析（wavelet analysis）方法则能反映时间序列的局部变化特征，且可以看到每一时刻在各周期中所处的具体位置，是一种分析气候序列随时间变化特征的较好方法之一。同时，小波分析不仅可以对序列变化进行多尺度细化诊断，而且还具有数学意义上严格的突变点识别功能，所以，近年来被广泛应用于气候变化的多尺度分析研究领域，在气候变化的多尺度结构判定和突变特征识别等方面取得了诸多研究成果[1]。

在对具体问题分析时，究竟如何选择小波函数，在学术界并没有取得共识，至今仍是一个开放的课题[2]。鉴于小波系数的变化趋势与旱涝信号的起伏基本一致，并参考以往研究[3]，本研究采用Morlet小波函数对黄河中游区过去366年不同层次、时间尺度体现出的旱涝变化周期进行分析（图1-5）。

图1-5中横坐标为时间序列，纵坐标为时间尺度，图中的等值曲线为旱涝等级的小波系数实部值，等值线的闭合中心对应于降水丰欠中心（即旱涝中心），正值表示涝，负值表示旱，中心值的大小可以反映出波

---

① 邓自旺、尤卫红、林振山：《子波变换在全球气候多时间尺度变化分析中的应用》，《南京气象学院学报》1997年第4期，第505—510页；匡正、季仲贞、林一骅：《华北降水时间序列资料的小波分析》，《气候与环境研究》2000年第3期，第312—317页；杨梅学、姚檀栋：《小波气候突变的检测——应用范围及应注意的问题》，《海洋地质与第四纪地质》2003年第4期，第73—76页；许月卿、李双成、蔡运龙：《基于小波分析的河北平原降水变化规律研究》，《中国科学》D辑2004年第12期，第1176—1183页；邵晓梅、许月卿、严昌荣：《黄河流域降水序列变化的小波分析》，《北京大学学报》（自然科学版）2006年第4期，第503—509页。
② 徐建华：《现代地理学中的数学方法》，北京：高等教育出版社，2002年，第419页。
③ 江静、钱永甫：《南海地区降水的时空特征》，《气象学报》2000年第1期，第60—69页。

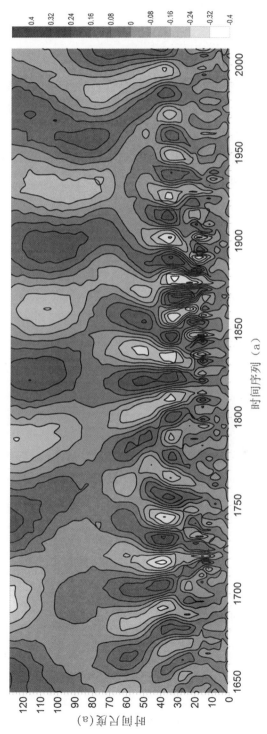

图 1-5　1644—2009 年黄河中游旱涝等级的小波系数实部等值线图

动振荡强度。由图可明显观察出,整个黄河中游旱涝变化过程中存在多时间尺度特征,主要有 20—35 年、60—80 左右、110—120 年等 3 类主要尺度周期变化。其中,在 20—35 年尺度上出现了旱涝交替 14 次震荡,几乎占据整个研究时段,其周期变化在发生时段表现得比较稳定;在60 年左右的尺度上出现了准 6 次震荡,主要发生于 1890 年代之前;在110—128 年尺度上出现了准 4 次震荡,主要发生在 1920 年以前;另外,在 80—90 年尺度上出现了准 2 次震荡,主要发生于 1920 年代之后。

　　黄河中游具有多时段、多尺度旱涝周期变化特征,反映出该区旱涝周期变化的复杂性。为更准确判断出以上 3 种尺度具体周期,绘制小波周期频率图(图 1-6),可明显看出存在 3 峰值,由高到低依次对应着 21、70、114 年。其中,最大峰值对应着 21 年,则 21 年旱涝震荡最强,即旱涝变化的第一主周期;70 年和 114 年时间尺度分别对应第 2、3 个峰值,为第二、三主周期。由此说明,上述 3 个周期的波动控制着整个时间内的变化特征。

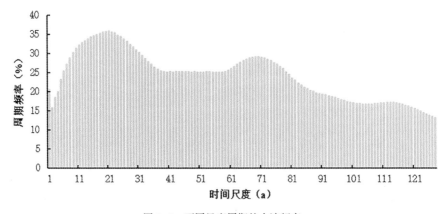

图 1-6　不同尺度周期的小波频率

三、阶段变化特征

　　对 1644—2009 年黄河中游区各代表站点旱涝等级进行累积距平[①],再取 20 年移动平均,减少 20 年以下旱涝高频分量振动的影响,突

---

① 魏凤英:《现代气候统计诊断与预测技术》,北京:气象出版社,2007 年,第 49—50 页。

出了 20 年以上较长的周期振动(图 1-7)。

可以看出,旱涝等级序列变化具有较明显的阶段性。主要分 3 个上升阶段、3 个下降阶段、1 个波动阶段。曲线上升阶段主要在 1644—1683 年、1737—1775 年、1885—1921 年,曲线上升表明雨涝发生频率比干旱发生频率高。下降阶段主要在 1684—1736 年、1776—1814 年、1922—2001 年,曲线下降表明干旱发生频率比雨涝发生频率高;从旱涝阶段发展趋势上看,目前黄河中游开始进入雨涝多发期。其中,1815—1895 年长达 80 年时间旱涝波动频繁,反映出该时期的气候变化不稳定。

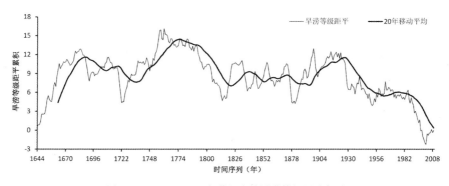

图 1-7　1644—2009 年黄河中游旱涝等级距平序列

整体而言,旱涝波动明显,大致呈现湿润期——干旱期交替的演变特征;从上升和下降的各阶段持续年份累计分别为 113 和 177 年,反映出黄河中游干旱灾害指数要比洪涝灾害发生明显。

四、旱涝突变检测

气候突变是气候从一种稳定状态跃变为另一种稳定状态的现象,这种不连续变化现象即为"突变"。从统计学角度讲,可以把突变现象定义为从一个统计特性到另一个统计特性的急剧变化,即从考察统计特征值的变化来定义突变,如均值、方差状态的急剧变化等。针对常见的突变问题,一般借助统计检验、最小二乘法、概率论等发展出的一些检验方

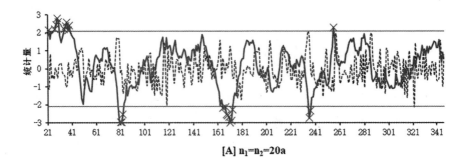

[A] n₁=n₂=20a

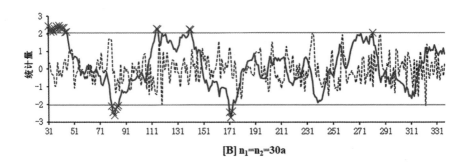

[B] n₁=n₂=30a

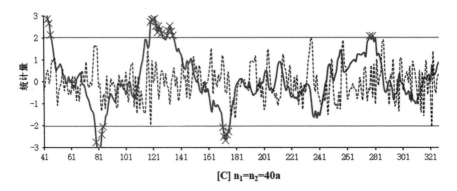

[C] n₁=n₂=40a

图 1-8　1644—2009 年黄河中游旱涝序列滑动 t- 检验统计量曲线
（红细实线为 t 分布 95% 自由度临界值线；黑细虚线为旱涝序列变化曲线；
蓝实粗线为 t- 检验统计量曲线；× 为突变点）

法,涉及检验均值和方差有无突然漂移、回归系数有无突然改变及事件的概率有无突然变化等。当然,突变统计分析还不成熟。目前,常用来进行气候突变现象检测的有滑动 t- 检验法(Moving t-test technique, MTT)、克莱姆(Cramer)法、曼 - 肯德尔(Mann-Kendall)法、山本(Yamamoto)法、佩蒂斯(Pettis)法等。

本研究采用滑动 t- 检验法对黄河中游区 1644—2009 年旱涝等级序列突变情况进行分析。按照魏凤英[1] 对该法的分析说明,其基本思想是通过对一组气候序列中两段子序列匀值有无显著差异,来判定两个总体均值有无显著差异。若两段子序列的均值差异超过了一定的显著性水平,可以认为均值发生了质变,有突变发生。用该法作旱涝突变分析,首先必须考察两组样本平均值的差异是否显著来检验突变。为避免任意选取的子序列长度造成突变点漂移,本研究采用变动子序列长度进行试验比较,确定子序列长度分别为 20、30、40 年(图 1–8)。

在给定显著水平 α =0.05 条件下 : 当 $n_1=n_2$=20 时,按 t 分布自由度 ν =n_1+n_2–2=38 ($t_{0.05}$= ± 2.09),统计量分别有 7 处均超过 0.05 显著性水平。 当 $n_1=n_2$=30 时, ν =n_1+n_2–2=58 ($t_{0.05}$= ± 2.04),有 6 处均超过 0.05 显著性水平。当 $n_1=n_2$=40 , ν =n_1+n_2–2=78 ($t_{0.05}$= ± 2.02),有 5 处均超过 0.05 显著性水平。

通过对三种不同子序列检验比较,共同存在 2 处突变较为显著,出现在 1723—1726 及 1814—1816 年区间,两处突变都是由干旱期开始转为雨涝期,整体呈现出干旱期——雨涝期交替的气候演变特征。

第五节　本章小结

本章据清代黄河中游县级政区历史沿革、流域分布、现存文献资料详细程度,参考现代气象观测基站选取成例,将黄河中游区共分为 18 个小区,采用旱涝等级法重建了 1644—2009 年黄河中游 18 个代表站点旱涝等级序列。整个研究区 5 个级别旱涝发生频率显示出西北旱、东南涝

---

[1] 魏凤英:《现代气候统计诊断与预测技术》,北京 :气象出版社,2007 年,第 63—65 页。

的空间分异特征。1、2 级发生频率比 4、5 级发生频率略高,其中大旱发生频率低于大涝,平均每 9—10 年发生 1 次;中等强度(2、4 级)的发生频率是旱高于涝,平均每 2—3 年发生 1 次。

小波分析显示,清代以来黄河中游存在 3 种周期尺度波动,它们共同控制着整个时间内的旱涝变化特征,其周期频率由高到低依次对应着 21、70、114 年,21 年时间尺度旱涝震荡最强,是旱涝变化的第一主周期;70 年和 114 年时间尺度分别对应第 2、3 个峰值,为第二、三主周期。从旱涝周期演变来看,目前黄河中游区可能已进入雨涝多发时期。

清代以来黄河中游旱涝等级序列变化具有较明显的阶段性,1644—1683 年、1737—1775 年、1885—1921 年以多雨为主,雨涝发生频率高;1684—1736 年、1776—1814 年、1922—2001 年以少雨为主,干旱发生频率高;1815—1895 年长达 80 年时间旱涝波动频繁,该时期气候变化不稳定。整体而言,黄河中游干旱灾害指数要比洪涝灾害发生明显;从旱涝阶段发展趋势上看,当前黄河中游开始进入雨涝多发期。

经滑动 t- 检验法判定,不同时间子序列共同析出 2 处突变较为显著,主要出现在 1723—1726 及 1814—1816 年区间,2 处突变都是由干旱期开始转为雨涝期,整体呈现出干旱期——雨涝期交替的气候演变特征。

第二章　清代以来黄河中游5—10月面降雨量序列重建与特征解析(1765—2009年)

第一节　问题的提出

历史气候研究作为国际 PAGES 中的一项内容[1]，一直颇受学界重视。我国拥有丰富的历史文献资料，且史料记载气候信息时间连续性较好，为重建中国较多区域历史气候变化图谱提供了极大便利。目前用于历史干湿研究的史料，主要包括方志中的灾情记载、档案中的"晴雨录"、"雨雪分寸"记录，以及散落于众多文人墨客所著文集中的天气状况日记等。

相对于地方志记载的气候信息，上述几类资料所具有的高分辨率信息特征，可以用来进行历史气候变化较深层次的相关研究。近年来，学者们利用这些资料，建立了近 300 年来长江下游梅雨活动及黄河中下游降水量等基础性气候变化序列[2]，以及通过气候变化与人类活动关系的定量考察，辨识了过去人地关系地域系统要素组合方式和驱动机制等研究[3]，这些成果是利用史料研究过去气候变化的较大突破，足见历史文献作为代用指标对重建过去气候序列有着重要意义。

---

[1] http://www.pages-igbp.org/about/general-overview〔EB/OL〕,2015-1-5.

[2] 张德二等:《18 世纪南京、苏州和杭州年、季降水量序列的复原研究》,《第四纪研究》2005 年第 2 期,第 121—128 页;郑景云、郝志新、葛全胜:《黄河中下游地区过去 300 年降水变化》,《中国科学》D 辑 2005 年第 8 期,第 765—774 页;葛全胜等:《1736 年以来长江中下游梅雨变化》,《科学通报》2007 年第 23 期,第 2792—2797 页;郝志新、郑景云、葛全胜:《1736 年以来西安气候变化与农业收成的相关性分析》,《地理学报》2003 年第 5 期,第 735—742 页;满志敏、李卓仑、杨煜达:《〈王文韶日记〉记载的 1867—1872 年武汉和长沙地区梅雨特征》,《古地理学报》2007 年第 4 期,第 431—438 页。

[3] 章典等:《气候变化与中国的战争、社会动乱和朝代变迁》,《科学通报》2004 年第 23 期,第 2468—2474 页;方修琦、叶瑜、曾早早:《极端气候事件－移民开垦－政策管理的互动——1661—1680 年东北移民开垦对华北水旱灾的异地响应》,《中国科学》D 辑 2006 年第 7 期,第 680—688 页。

然而,由于这些资料记录分布存在较大的时空差异,黄河中游高分辨率气候变化研究(如降雨量序列重建)还有待继续挖掘新资料,这也是目前该区历史时期气候研究的瓶颈问题之一。其实,除晴雨录、雨雪分寸、日记等高分辨率资料之外,黄河流域还有一种特殊研究资料,即清廷在黄河沿河各重要之处设置有水位志桩,其所记载的涨水尺寸连续性较好,成为分析推求清代黄河中游降雨量的一个重要资料(时间分辨率较高而空间分辨率较差)。

河流是陆地表面汇集、输送水流的路径,流域水文过程体现出全球变化的地表响应,中国西北半干旱区与东南湿润区相比,前者河流径流变化对气候变化响应相对敏感,而后者则不敏感[1]。黄河中游气候特征表现为暖温带半湿润 – 半干旱,降雨季节性较强且变率大,一般 5—10 月份是降雨集中时期,此时河流径流占全年 70% 以上,即为汛期。史料记载反映,受黄河洪涝灾害影响,清廷在黄河沿岸设置了多处测量水位的志桩,据此记载的涨水尺寸连续性较好,成为推求清代黄河中游降雨量的一项重要代用资料。

本研究基于此代用指标重建过去 245 来黄河中游 5—10 月"面降雨量"(areal precipitation,指某一时段内一定面积上的平均雨量,因其能够客观反映降水对确定流域的影响,成为防汛部门分析水情、进行洪水预报的重要参数)[2] 序列,进一步分析面降雨变化的周期、阶段、突变等特性,并与其他自然环境因子变化比对,从而辨识清代以来黄河中游径流变化过程、中游面降雨对气候变化的时空响应。

第二节　万锦滩水志设立与水位数据解读

一、万锦滩水志设立

据对清代河务职官结构、防汛报汛体系、涨水水位呈报大体过程、水

---

① Guo Shenglian,Wang Jinxing,Xiong Lihua et al.. A Macro-Scale and Semi-Distributed Monthly Water Balance Model to Predict Climate Change Impacts in China. *Journal of Hydrology*, 2002, 268:1-15.
② 高琦等:《我国面雨量研究及业务应用进展》,《气象科技进展》2014 年第 2 期,第 66—69 页。

位志桩上报数据格式和奏报文本（见第六章），可知清代陕州万锦滩涨水尺寸，是由驻防汛堡的汛兵将观测水位数据，先上报给主管各河汛的上级管理单位"河厅"，依次上报，转送上报河道州同，再呈报给河东河道总督。若涨水稍现异常，同时须知会和呈报下游河防管理机构，使其有所准备，正所谓："河南陕州有万锦滩地，在河陕道署前，居孟津上游，彼处涨水若干，在南河应涨若干，向有定志。交大汛后，每遇异涨，彼处先期即有急报至。"[①] 因此，在史料记载里常有江南河道总督、两江总督、山东巡抚、江苏巡抚等在奏折中提到陕州万锦滩的涨水尺寸。

陕州万锦滩水位志桩，在乾隆三十年开始设立，自此时始即有万锦滩报汛水位数据。黄河出陕州三门之后，至孟县渐无山岗，河面开始展宽，北有丹、沁，南有伊、洛、瀍、涧等 2、3 级河流相继汇入，每遇涨水此处及下游皆须防护，因此在此处设立水位报汛志桩，可谓黄河干流一处重要的水位观测点，尤其是汛期时节，其水位涨消，反映了黄河上、中游的降雨情形。《清实录》载南河总督兼管东河总河事的李宏在乾隆三十年（1765）七月的奏报：

> 黄河自积石以下，至陕州之三门砥柱，两岸崇山，河不为患，至孟县渐无山岗，河面宽至十数里，北岸武陟县，南岸荥泽县，始有堤工。北有丹沁两河，由武陟木栾店汇入，南有伊、洛、瀍、涧四河，由巩县洛口汇入，每遇水发，上南河厅属之胡家屯、杨家桥，首撄其锋，最为紧要，以下各厅，河道多顺轨东流，唯土性虚松，逢湾扫刷。若黄河、沁、洛并涨，则大河漫滩，各处均需防护。现饬陕州、巩县各立水志，自桃汛至霜降，逐日查报（水位长落尺寸）。其沁河水志，应改立木栾店龙王庙前，令黄、沁同知查报，一遇水涨，并报江南总河修防。[②]

由此可知几点信息：（1）万锦滩设立的时间应为 1765 年。从现存奏报档案中的水位资料可知，该处水位志桩上报数据一直延续至 1911 年；（2）水位志桩记录时间是自春（桃汛）至秋（霜降），大约相当于公历

① （清）包世臣：《中衢一勺》卷二中卷《答友人问河事优劣》。
② 《清实录》第 18 册《高宗纯皇帝实录》卷七百四十乾隆三十年七月上，北京：中华书局，1986 年，第 154 页。

5—10月;(3)负责报送官员为黄、沁"同知"(明清时期官职,为知府的副职,属正五品,主要分管地方盐粮、捕盗、江防、河工、水利等)。水位数据经汇总之后,由上级河东河道总督统一奏报。每次上报的水位数据,也会由驿传传至下游,若遇到陡涨情形,必须飞报江南总河,以便下游沿河修防。因此,下游水志观测点上报时,亦常提及万锦滩涨水的情况。

二、水位资料解读

(一)水位资料的出处

记载清代陕州万锦滩志桩水位资料的原始档案,目前仍存放于第一历史档案馆。1954—1964年间,中国水利水电科学研究院水文研究所水利史研究室,专门查阅了故宫档案,以卡片形式摘录了有关黄河流域历史洪水水情,其中涉及多处报汛志桩水位资料,之后水利部黄河水利委员会勘测规划设计研究院王国安、史辅成等学者,在1968年据上述卡片信息将其编为《黄河万锦滩、硖口、沁河木栾店和伊洛河巩县清代历史洪水水情摘录》(内部资料)。笔者曾向王国安先生电话求教过该资料的相关详情,据王先生介绍,这些资料后来被收入《清代黄河流域洪涝档案史料》(共4卷)① 公开出版。根据档案所记每次水位尺寸来看,在1765—1911年的147年间,有万锦滩水位记录119年,记载缺失或不全的年份共有28年,其中1765—1776年、1782—1783年、1798年、1801年、1844—1847年、1852年、1904—1905年等年份数据记录残缺明显。

(二)观测数据的记录方式

除过资料中提及的岸滩距离、堤坝高度等数据外,水位记录资料大致有"单次分段记录"和"每次累加记录"两种形式。

1. 单次记录

首次记录数据以志桩刻度的零点起计算,第二次记录以头一次记录值为零点,以后各次类推(图2-1)。如"接河南陕州呈报,万锦滩黄河于闰四月十九日(5月11日)陡长水二尺三寸(2.3),二十七日(5月19日)

---

① 《黄河万锦滩、硖口、沁河木栾店和伊洛河巩县清代历史洪水水情摘录》,水利部黄河水利委员会藏(内部资料)。

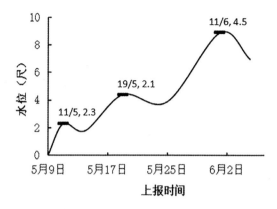

图 2-1　万锦滩水位的单次记录

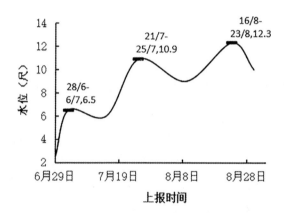

图 2-2　万锦滩水位的累加记录

又长水二尺一寸(2.1),又于闰四月十九日(6月11日)长水四尺五寸(4.5),连前共长水八尺九寸(8.9)"。由此种记录方式所得汛期内总涨水数值,必须将每次换算成由刻度零点起算的值,再累加每次报涨尺寸即可。

2. 累加记录

每次记录均以志桩刻度零点起算,后一次记录数据包含前一次数据,即后一次为观测之和(图2-2)。

如"据陕州呈报,万锦滩黄河于五月初七、初八、十二、十五(6月28、29日,7月3、6日)等日,四次共长水六尺五寸(6.5)"。"于五月三十及六月初二、初四(7月21、23、25日)等日,三次共长水一丈九寸

（10.9）"。"于六月二十六、二十八，七月初一、初三（8月16、18、21、23日）等日四次复长水一丈二尺三寸（12.3），连前共长过十六次"。由此种记录方式所得汛期内总涨水数值，直接累加各次报涨尺寸即可。

（三）水位资料记录的特点

有学者曾对清代青铜峡（后称硖口）水位志桩资料做过说明[①]，笔者在整理清代万锦滩水位资料时，发现水位记录方式等与青铜峡水位记录类似，这也说明当时清廷在黄河流域的水位尺寸观测记录格式和上报形式基本统一。资料中涉及到的涨水数据基本能精确到"日"，部分甚至含有更详细的时间记录，但这些精确到"时"的记录在"年"尺度变化序列重建中，意义就显得不是太大。另外，我们还注意到，每日上报的时间"均于傍晚时发递，交送兵夫飞送，限时行二十里，当于交界安设字识一名，何时出汛，彼此稽查，自无遗误"[②]。当然，对于在时间上的更高分辨率水位记录，我们会在以后的研究中继续关注和深入研究。

（四）水位数据处理和底水位界定

当时凡水位涨水超过一尺，须飞报河道及沿河下游防汛州县。不同记录形式的水位尺寸，按照上述两种方式累加，得到每年涨水尺寸，换算成公制（清宫营造尺，1尺=0.32m）。诸如"一尺余、三尺余、七尺以上"等记载形式，则分别按"一尺五寸、三尺五寸、七尺五寸"计算。另外，水位尺寸在涨水前的底水位未知，从资料记载来看，可知上报时基本以桃汛开始前的水位为底水位。清代万锦滩水位志桩位置，设立于原陕县水文站基本断面以上约8Km处，此处河势、断面与现今比较有一定变化，但与原陕县水文站断面情况基本一致[③]。

三、清代万锦滩志桩水位变化序列

对万锦滩水位尺寸记录年份累加整理，建立了1765—1911年万

---

① 赵文骏、杨新才：《黄河青铜峡（硖口）清代洪水考证及分析》，《水文》1992年第2期，第29—35页。

② （清）徐瑞：《安澜纪要》，转引（民国）王乔年：《河工要义》第1编《工程纪略》（铅印本），1918年，第13页。

③ 高治定、马贵安：《黄河中游河—三区间近200年区域性暴雨研究——等级指标系列的建立和演变规律》，《水科学进展》1993年第1期，第17—22页。

锦滩志桩水位变化序列,为反映水位变化概况,采用距平图进行显示(图2-3)。据此我们通过面降雨重建的思路和方法,建立了黄河中游区1765—2009年245年来5—10月面降雨量变化序列。

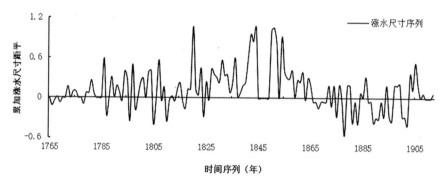

图2-3　1765—1911年万锦滩水位变化序列距平

第三节　面降雨量重建的思路与方法

黄河中游区气候特征表现为暖温带半湿润－半干旱,降雨季节性较强且变率大,一般5—10月份是降水集中时期,此时年径流量一般占全年70%左右,即为汛期。史料记载反映,受黄河中游区降雨影响,尤其是大、暴雨,中、下游黄河沿岸地区则多发洪涝灾害。雨水降落地表后分3部分:直接蒸发、土壤水(包括下渗形成的地下水)、地表径流。其中汇集形成江河的地表径流,若不受其他条件影响,历史时期河流流域内蒸发量、土壤水或地下水不会发生显著变化,河流流量与流域降水总量则有十分密切的关系,因而据河流流量变化可直接反演推算出流域降水量的变化[①]。

由于天然状态下河流某断面水位和径流量有显著相关性,可利用此关系来推算万锦滩径流变化。基于此,首先依据万锦滩水位志桩观测记录,推算三门峡天然径流量,继而以径流量反演同时期黄河中游区的面降雨量变化。

---

① 龚高法等:《历史时期气候变化研究方法》,北京:科学出版社,1983年,第205—211页。

一、实有记录年份的推算

（一）水位与径流的关系

一般而言,天然状态下河流某断面的水位与径流量具有显著的相关关系,可利用此关系推算清代万锦滩有水尺记录年份的径流量大小。1919 年建立的陕县水文站(断面地点:河南省三门峡市北关村)大致位于清代黄河万锦滩水位志桩旧址,因此依据近代以来陕县水文站水位和径流之间的线性关系,可推算出 1765—1911 年的径流量。

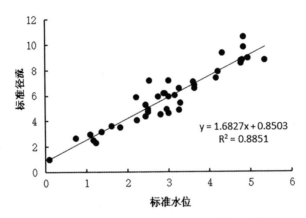

图 2-4　1919—1959 年陕县水文站水位与径流关系

需要注意的是,黄河三门峡水库于 1960 年 6 月就实现人工蓄水拦沙,同年 10 月至 1965 年 10 月潼关河床最深点抬高 5.5m,水位上升 4.3m;至 1969 年,河底比蓄水前抬高 4.9m,水位上升 5m。由于潼关河床淤高,汇流区壅水滞沙和渭河河口拦门沙的增长,以致渭河下游河床发生由东向西的溯源淤积[①]。显而易见,人工蓄水拦沙导致上游河段显著淤积,对水沙运行环境,及水位和流量变化的天然相关关系干扰非常明显。因此,笔者采用陕县 1919—1959 年水文数据[②],作为反演历史时期水位和径流关系的依据,剔除了各年份中水位缺失的 1945、1948 两年,共计 39 年有效数据;分别对水位和径流做了标准化处理,建立二者关系

---

① 中国科学院地理研究所渭河研究组:《渭河下游河流地貌》,北京:科学出版社,1983 年,第 88 页。

② 水利部黄河水利委员会:《1919—1970 年黄河流域水文特征值统计》(第 4 册)(内部资料),1957 年,第 6—7 页。

散点图,相关系数 $R^2=0.8851$,显示其正相关程度显著(图 2-4)。

（二）黄河中游面降雨量与径流的关系

经前文分析,黄河中游降雨常引起黄河中下游汛情,即万锦滩水位变化能反映出三门峡断面以上汇流区域的面降雨量波动,尤其是黄河中游地区降水变化与三门峡断面径流变化有着直接关系。王国安等[1]对此有过研究,面降雨量的范围是按黄河上、中游地区计算的,站点选取了吉迈、西宁、兰州、呼和浩特、榆林、延安、天水、平凉、西安、太原、临汾 11 个,建立了这些站点面降雨量与三门峡断面径流量的回归方程 $y=1.45x-144.0$,以此推算历史时期的径流量。另外,潘威等在对黄河中游汛期水情变化特征的研究中亦利用该公式黄河上中游 10 站点 5—10 月面积加权降雨量[2]。但问题在于,三门峡断面的径流变化到底是受黄河上游地区降水的影响,还是主要受中游区降水的影响呢?

就此问题,卢秀娟等通过对 1955—1990 年共 36 年黄河上游和中游两个代表站径流和区域降水量资料的季节、年际变化趋势分析,得出了黄河在上、中游两个不同流域内降水量与径流量之间的不同关系。其研究结果认为,在较长时间气候变化趋势上,黄河中游地区径流量异常与降水量异常变化趋势是一致的,降水量异常是影响径流量异常的主要因子[3]。然而,黄河上游地区径流量异常与降水量异常变化趋势并不一致,降水量减少的同时径流量却增加。由此可知,一方面黄河上游区降雨变化与三门峡断面径流变化关系不大;另一方面亦说明,在夏、秋季节黄河上游的来水量对三门峡断面径流变化的影响不大,而本研究中的年径流与降水关系指的正是 5-10 月份中游降雨集中期。

另据张少文对黄河上游与中下游年径流长期变化时序间多尺度互相关性分析研究成果显示[4],在较长时间尺度上,青铜峡和陕县两个水文站的

① 王国安等:《黄河三门峡水文站 1470—1918 年径流量的推求》,《水科学进展》1999 年第 2 期,第 170—176 页。

② 潘威等:《1766—1911 年黄河中游汛期水情变化特征研究》,《地理科学》2012 年第 1 期,第 94—100 页。

③ 卢秀娟、张耀存、王国刚:《黄河流域代表水文站径流和降水量变化的初步分析》,《气象科学》2003 年第 2 期,第 192—199 页。

④ 张少文:《黄河流域天然年径流变化特性分析及其预测》,四川大学博士论文,2005 年,第 42—46 页。

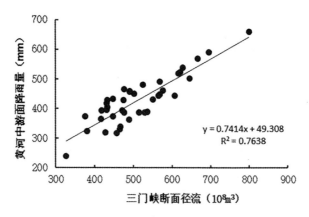

图 2-5　1951—1999 年黄河中游面降雨量与径流关系

年径流关系呈现显著负相关。这也说明上游来水量对中游径流影响不大。

当然，尽管以往研究成果存在黄河上游径流对中游径流影响不大的结论，但专家所提出的问题却仍是研究历史时期黄河上、中游径流变化要研究的深度问题，笔者将在今后研究中持续关注。

因此，笔者仅考虑黄河中游地区面平均降雨量与三门峡断面径流之间的关系。首先计算出黄河中游区天水、平凉、环县、榆林、延安、宝鸡、西安、华山、河曲、太原、介休、临汾 12 个站点 1951 以来的面降雨量，若以 P 表示，计算公式如下：

$$P=\sum_{i=1}^{n}\frac{(P_i \times S_i)}{S}$$

式中 P_i 为各代表点的降水量，S_i 为相应站点对应的区域面积，S 为黄河中游区总面积。需要说明的是，由于 1951 年以前黄河中游地区设立的雨量点较少，无法达到面降雨量计算要求，因此，降水数据采自我国 752 个基本、基准地面气象观测站及自动站 1951 以来日值数据集中甘肃、陕西、山西、河南对应 18 个站点的逐日降水量，从而建立 1951—1999 年的 48 年黄河中游地区面平均降雨量与三门峡断面径流之间的相关关系（图 2-5），相关系数 R=0.87，可见正相关程度显著。需要注意的是，每年面平均降雨量仅是 5—10 月的降雨量。

（三）推算 1765—1911 年面降雨量

根据水位和径流的关系，可以推算出 1765—1911 年径流量，将历年径流再代入径流量与面降雨量的关系方程 y=0.74137x+49.308 中,即可推算出黄河中游的面降雨量。

二、记录缺失年份面降雨量的插补

《中国近五百年旱涝图集》采用多年器测降雨量的"标准差",将雨量转化为 5 个级别(旱、偏旱、正常、偏涝、涝)。利用该方法可以将依据旱涝史料量化评定的级别与有降雨记录年份对接重建旱涝序列,前辈学者对此研究比较深入,该方法也被认为是一种比较好的史料量化方法,这在前文已经提及,此处不再赘述。因此,笔者继续根据此方法,利用上一章对黄河中游 18 个站点重建的旱涝等级,将其转化成降雨量,即相对于上述方法可以说一个逆过程,转化标准如下(表 2-1)。

表 2-1　旱涝等级转化为降雨量的标准

级别	降雨量	备注
1级	$\overline{R}-1.17\sigma$	
2级	$\overline{R}-0.33\sigma$	
3级	$\overline{R}$	$\sigma = \sqrt{\dfrac{\sum\limits_{i=1}^{n}(R_i - \overline{R})^2}{n-1}}$
4级	$\overline{R}+0.33\sigma$	
5级	$\overline{R}+1.17\sigma$	

其中 $\overline{R}$ 根据 1951—2009 年各站点 5—10 月降雨量计算,σ 为标准。如此可推算出缺失水位记录年份的降雨量,再根据第 1 步计算方法得到该年黄河中游面降雨量进行插补。

涉及代表站点的旱涝级别则直接利用前文评定结果,其选取主要考虑对黄河三门峡断面径流有直接影响的,包括环县、天水、延安、西安、华山、长武、宝鸡、榆林、河曲、介休、太原、隰县、临汾、侯马等 14 个。将黄河中游各代表站点旱涝级别转化为年降水量,然后转化为中游区的面降雨量。需要说明的是,此法仅是对残缺记录年份较少情况下的插值,1765 年(万锦滩水位志桩设立年份)之前则仍保持旱涝等级序列。

第四节　面降雨量重建结果与特征解析

一、重建结果

基于搜集整理档案建立的清代陕州万锦滩水位数据库,结合上一节所述思路与方法,重建了清代万锦滩水位变化序列,并将其与现代器测的 5—10 月份降雨量变化序列进行衔接,得到黄河中游区 1765—2009年 5—10 月的面降雨序列重建结果(图 2-6)。

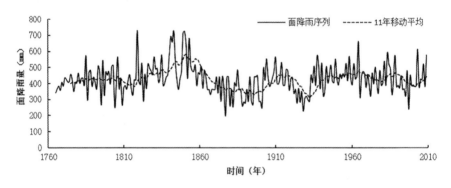

图 2-6　1765—2009 年黄河中游 5—10 月面降雨量变化序列

需要说明的是,为了说明借助降雨与径流相关性函数模型重建结果存在的偏差,笔者通过对比 1951—2009 年面降雨量的模拟值与实测值进行比对。根据统计分析,面降雨模拟值和实测值二者相关系数R=0.873,相似度较高,呈显著相关性,并通过了 α=0.05 的显著性检验。

二、特征解析

(一)阶段变化特征

对 1765—2009 年 5—10 月面降雨量进行累积距平[①],再取 20 年移动平均,减少 11 年以下旱涝高频分量振动的影响,突出了 11 年以上较长的振荡(图 2-7)。

---

① 魏凤英:《现代气候统计诊断与预测技术》,北京:气象出版社,2007 年,第 49—50 页。

可以看出,1765—2009 年 5—10 月面降雨量累积距平变化具有较明显阶段性。主要分 3 个上升阶段、3 个下降阶段。曲线上升阶段为 1816—1863 年、1902—1918 年、1938—1989 年,曲线上升表明降雨趋增,雨涝发生频率比干旱发生频率高。下降阶段主要在 1765—1815 年、1864—1901 年、1919—1937 年,曲线下降表明降雨趋减,干旱发生频率比雨涝发生频率高。在给定显著水平 α=0.05 的情况下,上升段和下降段均通过 t 检测,表明面降雨变化存在明显的增减波动。在 1816—1863 年间,据史料记载曾发生如 1819 年、1823 年、1843 年等极端降水事件;而在 1864—1901 年则发生"丁戊奇荒"大旱事件,1919—1937 正好是 20 世纪 20—30 年代持续干旱事件发生时段。

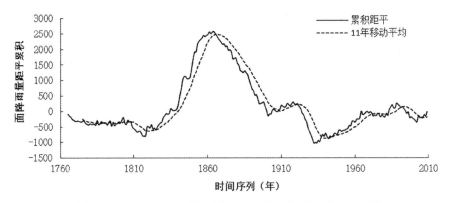

图 2-7　1765—2009 年黄河中游 5—10 月面降雨量累积距平序列

(二)周期演变特征

1. 面降雨量变化的小波分析图示

时间序列(Time Series)是地学研究中经常遇到的问题,诸如河川径流、暴雨、洪水、地震波等诸多对象,受到多种因素综合影响,随时间变化过程多属非平稳序列[①]。这些现象不但具有趋势性、周期性,还存在随机、突变性,及"多时间尺度"结构特征,具有多层次演变规律。本研究所涉及的黄河中游面降雨量变化属气候系统中常见现象,而气候系统属

---

① 王文圣、丁晶、李跃清:《水文小波分析》,北京:化学工业出版社,2005 年,第 1,115—141 页。

于多时间、多尺度系统,因此对这一非平稳时间序列分析,常规的时域分析(如自相关分析和互相关分析)、频域分析(如 Fourier 变换)等方法则不能揭示该现象多层次复杂结构特征和演变规律。

前文已经述及,小波分析方法能反映时间序列中局部变化的特征,且可以看到每一时刻在各周期里所处的具体位置,具有对序列变化进行多尺度细化诊断的功能。因此,此法近年来被广泛应用于气候变化多尺度分析研究领域,且在多尺度结构判定、特征识别等方面取得了诸多研究成果[①]。基于此,本研究采用 Morlet 小波分析方法,对黄河中游1765—2009 年面降雨量不同层次、不同时间尺度体现出的周期变化特征进行解析判定(图 2-8)。

可以看出整个黄河中游面降雨量变化过程中存在多时间尺度特征,主要有 10—15 年、30—40 年、40—50 年、60—80 年、100—120 年等 5 类主要尺度周期变化。这种多时段、多尺度降雨周期变化特征,反映了该区旱涝周期变化的复杂性。为更准确判断出以上 5 种尺度具体周期,绘制小波方差图(图 2-9),明显看出存在 5 个峰值,周期频率由高到低依次对应着 110、71、45、33、15 年,其中最大峰值对应着的 110 年左右的周期震荡最强,是面降雨量变化的第一主周期;71、45、33、15 年时间尺度分别对应第 2、3、4、5 个峰值,为第二、三、四、五主周期。这几个周期波动控制着整个时间内的降雨变化特征。

2. 面降雨量变化周期特征分析

据小波方差检验结果,绘制控制流域内降雨演变主周期小波系数趋势图(图 2-10),从主周期趋势图中可以分析出,在不同时间尺度下流域降雨存在的平均周期,同时也可反映出旱涝交替的变化特征。

图 2-10(a)显示 110 年特征时间尺度,降水变化的平均周期为 72 年左右,大约经历了 3 个降雨量的多 - 少变化;(b)显示降雨变化平均

---

① 邓自旺、尤卫红、林振山:《子波变换在全球气候多时间尺度变化分析中的应用》,《南京气象学院学报》1997 年第 4 期,第 505—510 页;匡正、季仲贞、林一骅:《华北降水时间序列资料的小波分析》,《气候与环境研究》2000 年第 3 期,第 312—317 页;杨梅学、姚檀栋:《小波气候突变的检测——应用范围及应注意的问题》,《海洋地质与第四纪地质》2003 年第 4 期,第 73—76 页;许月卿、李双成、蔡运龙:《基于小波分析的河北平原降水变化规律研究》,《中国科学》D 辑 2004 年第 12 期,第 1176—1183 页;邵晓梅、许月卿、严昌荣:《黄河流域降水序列变化的小波分析》,《北京大学学报》(自然科学版)2006 年第 4 期,第 503—509 页。

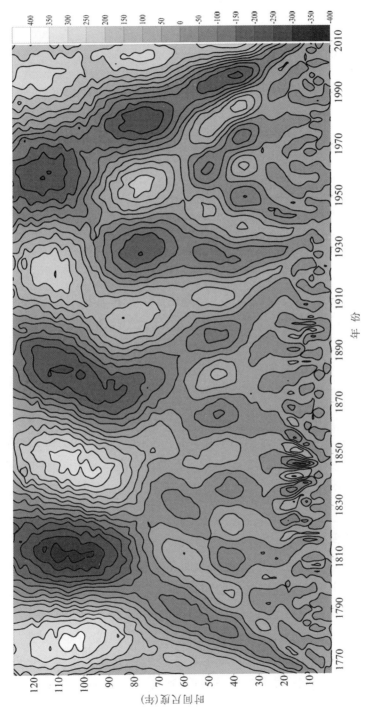

图 2-8　1765—2009 年黄河中游 5-10 月面降雨量小波系数实部等值线图

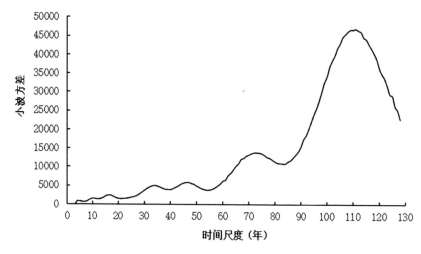

图 2-9　不同时间尺度下的小波方差图

周期为 47 年左右,大约经历了 5 个降雨多 – 少雨转换;(c)在 45 年尺度上,显示降雨变化平均周期为 30 年左右,大约经历了 8 个降雨多 – 少雨变换;(d)在 33 年尺度上,显示降雨变化平均周期为 22.5 年左右,大约经历了 8 个降雨多 – 少雨变换。但是,其中 1860 年代到 1910 年代在此尺度上变化不明显。(e)15 年尺度下的变化情况显示出此时段平均周期为 11 年左右。值得注意的是,从整个研究时段来看,1820 年代到 1860 年代波动强烈,即降雨变化异常。此时期如 1819、1823、1843 等年份出现极端降水,之后 1855 年黄河于铜瓦厢决口。而同时间陕西、山西于 1829、1836、1846 等年份则出现大范围旱灾,降雨异常,非大旱即大涝。

(三)突变检测

　　现代理论气候学认为,绝大多数时期气候系统只能暂时稳定在某一平衡态上。中国历史时期气候的变化经历了一系列的突变,这种突变将中国历史时期气候演变过程划分为不同的阶段,在每个阶段,气候特征相对稳定并含有波动,而气候演化则由突变系列构成。气候突变是气候从一种稳定状态跃变为另一种稳定状态的现象,这种不连续变化现象即为“突变”。气候在一个稳定状态附近,其波动被限制在一定范围。按现代系统论的观点,不同稳定平衡点,可能有不同的吸引范围,因而稳定平

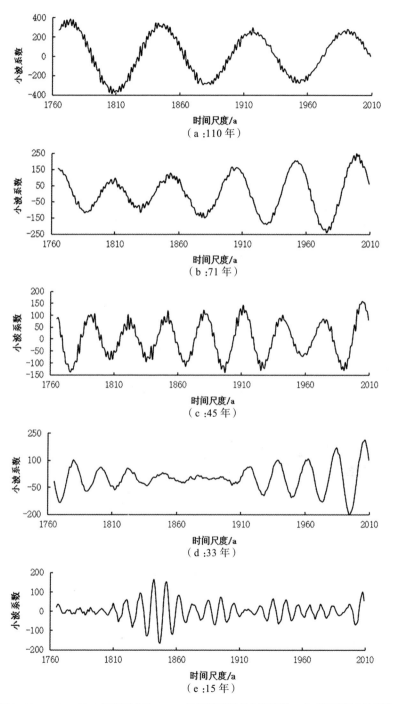

图 2-10　1765—2009 年黄河中游 5—10 月面降雨量变化序列的 5 个时间尺度小波系数
　　　　实部过程线

衡点级别并不一样,因而气候突变亦具有等级性。显然,长期气候演化阶段是以较大突变为标志划分的。

气候突变检测方法主要有曼－肯德尔法、滑动 t- 检验法、山本法、克莱姆法等①。方法较多,本研究采用滑动 t- 检验方法,该方法使用时,基准状态的人为选择对检测有影响,可利用多次变动子序列长度比较印证,从而避免子序列选取长度不同时造成的突变点漂移。

本研究所要检测的 1765—2009 年共计 245 年黄河中游 5—10 月面降雨量序列,具有着复杂的气候变化特征,尤其是气候突变点不可能仅有一处,需要利用可以检测出多重变化特性的方法,故而此处采用滑动 t- 检验法。

在滑动 t- 检验中,为避免人为选取子序列长度造成突变点漂移的现象,在运算中采用反复变动子序列长度的方法以提高结果的可靠性。分别确定长度为 20a、30a、40a 等 3 种子序列长度进行检测比较(图 2-11,显著水平 α =0.01)。

在图 2-11 中,当 $n_1=n_2=20$, $t_{0.01} \approx \pm 2.85$,统计量在 1823—1826 年、1840 年、1854—1875 年、1896—2004 年、1922 年、1933—1944 年 等 6 处超出显著性水平;当 $n_1=n_2=30$, $t_{0.01} \approx \pm 2.75$,1816—1834 年、1851—

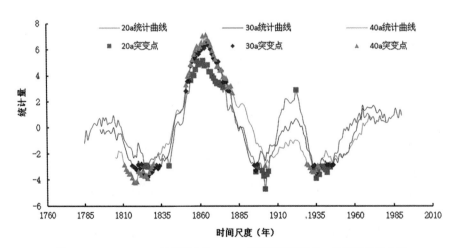

图 2-11　1765—2009 年黄河中游 5—10 月面降雨量滑动 t- 检验统计量曲线

---

① 符淙斌、王强:《气候突变的定义和检测方法》,《大气科学》1992 年第 4 期,第 482—493 页。

1879年、1895—1897年、1933—1937年、1942—1946年等5处超出显著性水平；当$n_1=n_2=40$，$t_{0.01} \approx \pm 2.70$，1811—1830年、1851—1879年、1902年、1929—1937年等4处超过显著性水平。通过3种不同子序列检验结果比较，共同存在1824—1826年、1856—1874年、1933—1937年3个突变时段最显著，与阶段性、周期性特征分析结果基本一致。

（四）面降雨序列与其他代用指标反映降雨变化比对

本降雨序列是基于史料中河流水位记录为代用指标重建的结果，为进一步辨识其可信度，通过与近似时空背景下以其他代用指标重建结果及部分环境因子的响应关系进行比对（图2-12）。对比图2-12中各序列变化曲线，整体上显示：在1810s、1840—1850s、1880—1900s、1920s、1970s、1990s几个时段内，各序列十年尺度变化趋势比较吻合。

对比图2-12中A（面降雨量）与F（UEP）曲线，在10年尺度上显示出降雨量和ENSO强度基本呈现正相位关系，其中1940s末至1950s呈反相位关系，即UEP值偏小，反映出面黄河中游降雨偏少，这与以往我国华北夏秋降雨和ENSO事件关系研究结论不一致，但从年尺度上看，El Niño年少雨与La Niña年多雨的降水特征有所体现。然而，在一些极端年份上并不同步，例如极端年份1819年显示出相反的对应关系。

在相同环境因子影响下，降雨变化存在明显的空间差异。黄河中游大部分属于季风－非季风过度区，从图中A（面降雨量）与E（Ism）曲线的对比，可以发现在东亚夏季风偏弱时，黄河中游面降雨偏少，与以往结论基本一致，尤其是在1880—1900年之间对应显著，1870s以来该区降雨波动与东亚夏季风变化关系密切，但在1920s表现出Ism指数和降雨变化并不同步，这种现象估计与该时段内副热带高压的强度和位置变化有较大关系[1]。

以往研究认为石笋$\delta^{18}O$（the stable oxygen isotope）值大小可以指示降水量的多寡特征，对比A与C、D曲线，显示出石笋$\delta^{18}O$值的大小变化与黄河中游面降雨量多寡基本吻合，但在1880—1900年与

---

[1] 郭其蕴等：《东亚夏季风的年代际变率对中国气候的影响》，《地理学报》2003年第4期，第569—576页。

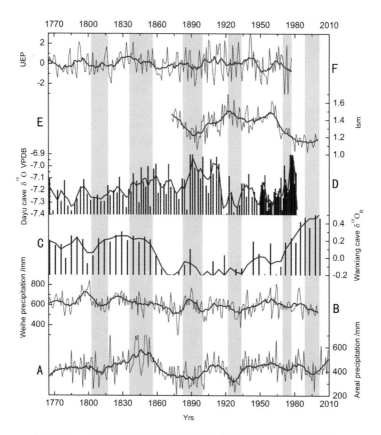

图 2-12　黄河中游面降雨量序列与其他代用指标反映降雨变化比对

（图中 A—F 曲线：A 为重建的 1765—2010 年黄河中游面降雨量序列；B 为黄河中下游地区过去 300 年降水变化曲线（渭河区）[1]；C 为甘肃陇南武都万象洞石笋 δ¹⁸O 记录值变化序列[2]；D 为秦岭南麓汉中大鱼洞石笋 δ¹⁸O 记录值变化序列[3]；E 为东亚季风强度指数（Ism）序列[4]；F 为 Unified ENSO Proxy（UEP）序列[5]。其中细黑曲线为各序列，粗蓝曲线为 10 年滑动平均）

---

① 郑景云、郝志新、葛全胜：《黄河中下游地区过去 300 年降水变化》,《中国科学》D 辑 2005 年第 8 期,第 765—774 页。

② Zhang, P.Z., et al.. A Test of Climate, Sun, and Culture Relationships from an 1810-Year Chinese Cave Record. *Science*, 322（2008）: 940-942.

③ L.C.Tan, et al.. Summer Monsoon Precipitation Variations in Central China over the Past 750 Years Derived from a High-resolution Absolute-dated Stalagmite. *Palaeogeography Palaeoclimatology Palaeoecology*, 280（2009）: 432-439.

④ 郭其蕴等：《1873—2000 年东亚夏季风变化的研究》,《大气科学》2004 年第 2 期,第 206—215 页。

⑤ McGregor S., A. Timmermann, O.Timm. A Unified Proxy for ENSO and PDO Variability since 1650. *Climate of the Past*, 2010, 6:1-17.

1990—2000年间不一致,呈现相反态势。对比A(面降雨量)与B(渭河区降水)曲线,在十年尺度上变化趋势基本一致,但在1840—1860年、1880—1900年两个时间段存在差异。造成这种不一致的原因,主要是选取代用资料指示意义存在差异,以及重建模型不同。B曲线所用代用资料是"雨雪分寸",虽然能直接指示降水多寡变化,但渭河区雨雪分寸资料的空间分辨率较低(空间分布不均);本研究的A曲线采用河水水位尺寸资料,虽对黄河中游区降水变化的指示效果较好,但采用模型重建的结果存在不确定性。

结合上述面降雨阶段、周期和突变特征的分析,可得出如下结果:第1个突变时段1820年前后,降雨波动异常,突变前如1819、1823等年份的极端降雨事件频发,而之后的1829、1836、1846等年份陕西、山西多地区出现大范围干旱灾害事件,显示了在突变时段前后降雨异常变化引发大涝、大旱的气候异常现象。第2个突变时段,突变前的1850年、1851年、1855年降雨异常偏多,尤其出现了1855年黄河于铜瓦厢(今河南省兰考县西北)决口改道事件;此突变时段之后出现1876—1878年的"丁戊奇荒"。郝志新等据清代雨雪分寸资料重建的逐季降水量序列,分析了大旱期间逐季及年降水空间分布格局,并对旱灾的社会经济影响做了初步评价。研究认为此次大旱事件是过去300年间最严重的极端干旱事件,1877年干旱发生空间范围最广、程度最严重;其间华北地区粮食严重失收,华北5省(山西、河南、陕西、直隶、山东)人口因死亡或迁出,减少量共计2000多万[①]。就第3个突变时段而言,突变前期的1900年代前后近10年间降雨偏多,河流决溢指数较高,黄河中下游频繁漫溢决口引发多次涝灾事件[②];而突变后20世纪初期的20—30年代近20年的全国性降雨偏少时期,大旱事件持续影响多年。这次突变与其他学者研究认为黄河中下游降水发生过一次"多-寡"突变的结果基本

---

① 郝志新等:《1876—1878年华北大旱:史实、影响及气候背景》,《科学通报》2010年第55期,第2321—2328页;满志敏:《光绪三年北方大旱的气候背景》,《复旦学报》(社会科学版)2000年第5期,第28—35页。

② 张健、张俊辉、吕卓民:《1751—1911年黄河中下游决溢与气候波动》,《西北大学学报》(自然科学版)2014年第6期,第993—996页。

吻合①,一方面显示出基于历史文献和自然指标等不同代用指标的历史气候重建结果基本一致,另一方面也反映了历史气候变化中的不确定性特征。

　　当然,针对各曲线比对中存在的不一致现象,目前本研究尚不能给出更好更准确的解释,因此,在今后以历史文献为代用指标的历史气候变化重建研究中,就各类史料的气候指示意义和不确定性定量分析,仍有待更多研究成果进行揭示;同时,需加强多源代用指标利用与相互比对进行辨识,使历史气候变化研究精确度和研究成果的认可程度得到进一步提高。

第五节　本章小结

　　受黄河洪涝灾害影响,清廷在黄河沿岸设置了多处测量水位的志桩,其中陕州万锦滩志桩水位数据记录连续性较好,基本反映黄河中游水情变化特征,为过去气候变化研究提供了一项较高分辨率的代用指标,基于此,本研究重建了1765—2009年黄河中游5-10月面降雨量变化序列。

　　过去245年黄河中游面降雨量变化具有较明显阶段性,3个降雨趋增阶段为1816—1863年、1902—1918年、1938—1989年;3个降雨趋减阶段为1765—1815年、1864—1901年、1919—1937年。面降雨变化序列存在多尺度复杂的周期特征,在110年、71年、45年、33年、15年等5种时间尺度,对应的平均周期分别为72.7年,46.8年,30.3年,22.5年和11.2年。最显著的3处突变时段是1824—1826年、1856—1874年和1933—1937年,突变时段前后集中出现极端干湿事件,显示出降雨异常引发大涝与大旱的气候波动现象。

----

① 郑景云、郝志新、葛全胜:《黄河中下游地区过去300年降水变化》,《中国科学》D辑2005年第8期,第765—774页;严中伟、李兆元、王晓春:《历史上10年—100年尺度气候跃变的分析》,《大气科学》1993年第6期,第663—672页;符淙斌、王强:《南亚夏季风长期变化中的突变现象及其与全球迅速增暖的同步性》,《中国科学》B辑1991年第6期,第666—671页;刘禹等:《公元1840年以来东亚夏季风降水变化》,《中国科学》D辑2003年第6期,第543—549页。

通过与其他代用指标反映的降雨序列及外部因子比对,在1810s、1840—1850s、1880—1900s、1920s、1970s及1990s等几个时段,各序列十年尺度变化趋势比较吻合,可见基于历史文献和自然指标等不同代用资料重建结果基本一致,亦反映历史气候变化研究中的不确定性特征。需要指出的是,本研究结论并非凭借各序列对应关系说明各自重建结果的可信度。

气候变化的复杂性决定了对气候问题的认识分歧和争议,有关气候变化的成果,并非最终定论,诸多问题仍有待进一步研究。利用史料为代用指标对历史气候变化序列重建的研究,影响结果不确定性的原因主要有:首先,来源于各类历史文献记载本身的时空分辨率不均。史料记载不像器测数据那么理想,它存在因史料散佚而记载缺失,或漏记或误记,出现记载时间的不连续(正如所用资料在1765—1911年的147年间,有万锦滩水位记录119年,记载缺失或不全的年份共有28年)。其次,资料空间的覆盖度也不均,因此,基于史料为代用指标的历史气候变化重建结果存在不确定性是客观存在的。再次,重建模式的不完善,也是重建结果产生不确定性的重要原因之一。利用模型模拟过去气候要素的演变行为,可以说是一种有效途径,但模型本身的缺陷,是产生气候模拟结果不确定性的重要来源之一。

本研究提到的面降雨变化序列的重建结果,主要借助了历史水位记录和降水与径流的函数模型,受部分年份水位记录的缺失和函数模型不完善,以及由于过去黄河中游降雨变化受多种外强迫因子制约,影响因子和机理亦存在不确定性特征等,当然不能回避重建结果的不确定性,这些问题仍需在以后研究中继续予以改进。

第三章　康熙年间陕、晋、豫三省大旱事件剖析（1689—1692 年）

　　当前,由于温室气体增加而导致未来气候变化产生的可能影响这一命题,备受全球关注及各国科学家们的热烈讨论。而历史时期极端干旱事件研究则是历史气候研究的一个重要内容,这对于认识当今气候特征和预测未来极端事件的发生频率和特征提供了历史个案和相似参考类型。

　　历史时期重大气候灾害事件,如极端干旱、洪涝、高 / 低温等,对人类社会和经济发展曾产生过较大影响。IPCC 第四次评估综合报告曾指出,在北半球过去 500 年甚至更长时段,诸多区域曾出现过多次洪涝事件和持续几十年甚或更长时段的重大干旱事件,并指出是一种周期性气候现象。一些全球气候模拟研究结果亦指出,未来中国及其周边区域将发生更多次的极端天气与气候事件,极端事件对生态和社会系统造成诸多的不利影响。据已有统计结果,认为气象灾害引发的损失约占各类自然灾害所造成损失总和的 85%,其中干旱约占气象灾害损失的 50%,持续多年的干旱通常会导致水资源匮乏,生态系统功能退化,更有甚者还影响到人类文明发展进程①。

　　需要说明的是,重大旱灾与重大水灾相比,旱灾影响表现为累积效应,其社会影响一般表现为由弱到强的渐进过程,持续时间要长于水灾,而水灾的突发性特征更明显。两者在社会响应上除常规的对应措施之外,极端干旱的社会影响更加复杂。因而,本研究针对大旱事件专门进

---

① Obasi GOP. WMO's Role in the International Decade for Natural Disaster Reduct Ion. *Bull A mer Meteor Soc*, 1994, 75（9）: 1655-1661. 冯佩芝等编:《中国主要气象灾害分析（1951—1980 年)》,北京:气象出版社,1985 年,第 14 页。Woodhouse C. A, Overpeck J. T. Two Thousand Years of Drought Variability in Central United States. *Bull Amer Meteor Soc*, 1998, 79:2693—2714. 马宗晋、高庆华:《中国第四纪气候变化和未来北方干旱灾害分析》,《第四纪研究》2004 年第 3 期,第 243—251 页。

行了社会因素分析,并就区域社会应对做了细致考察,而在第四章对大
水事件的剖析中,则主要分析了自然因素。

第一节　研究问题与思路

一、问题的提出

近年来,我国学者利用史料作为气候变化研究的代用指标,复原和
重建了历史时期诸多干旱事件天气过程及其环境影响因素,得出了一系
列重要的研究成果[①],不断揭示着"人类社会 – 气候变化 – 生态系统"三
者之间的相互作用与反馈机制,为评估当前或未来气候极端事件给人类
社会带来的可能影响提供案例,具有重要的理论和现实意义。

黄河流域地处中纬度地带,属暖温带半湿润气候区,受东亚夏季风
的影响,该区年际降水变率大、气象灾害频发[②]。作为一个历来人口较为
集中之地区,多年连旱重大气候异常事件的发生,则给该区域农业生产、
人民生活和社会经济发展产生过很大影响。为此,历代统治者对旱灾尤
为关注,因而对灾情信息(如发生范围、持续时间、社会影响等)的记载也
相对详细。

根据前文重建黄河中游旱涝等级序列结果(参见第一章)及前人
研究成果,清代黄河中游区较突出的大旱事件曾发生过 4 次,分别在
1689—1692 年(康熙二十八年至康熙三十一年)、1721—1723 年(康
熙六十年至雍正元年)、1833—1838 年(道光十三年至道光十八年)和
1876—1878 年(光绪二年至光绪四年)[③]。发生于清前期 1689—1692 年
陕西、山西、河南的重大旱灾事件,其影响程度堪比 1876—1878 年的

---

① 满志敏:《光绪三年北方大旱的气候背景》,《复旦学报》(社会科学版)2000 年第 5 期,第
28—35 页;Zheng J Y, Wang W C, Ge Q S, et al.. Precipitation Variability and Extreme Events in
Eastern China during the Past 1500 Years. *Terr Atmos Ocean Sci*, 2006, 17:579-592. 郝志新等:
《1876—1878 年华北大旱:史实、影响及气候背景》,《科学通报》2010 年第 23 期,第 2321—
2328 页。
② 吴祥定等:《历史时期黄河流域环境变迁与水沙变化》,北京:气象出版社,1994 年,第 1—8 页。
③ 张德二:《中国历史气候记录揭示的千年干湿变化和重大干旱事件》,《科技导报》2004 年第 8
期,第 48 页。

"丁戊奇荒"。但以往研究并未给予较多关注,多数对清代大旱事件的分析,主要集中在中后期,前期研究较少且不深入。

　　基于此,本章根据搜集的清宫档案、文集等史料记载,以陕西、山西、河南为研究的空间尺度,对 1689—1692 年干旱事件进行详细剖析,复原和重建黄河中游的旱情史实、发展过程和空间分异图景,并就干旱形成的自然因素和社会影响及其响应进行细致辨析,期望和以往类似研究一样,能为未来人类适应气候变化提供历史背景或气候相似型,为评估当前或未来气候极端事件给人类社会带来的可能影响提供典型案例。

二、研究思路

　　除绪论中提到的资料外,此处需重点介绍的两份史料,其一是俞森的《郧襄赈济事宜》[①],该资料专门辑录了此次旱灾引发陕、晋、豫等地饥民流亡襄阳详情,清晰再现了干旱灾害社会应对史实;其二是《康熙朝满文朱批奏折全译》[②],该资料中提到本次灾害发生过程中诸多汉文档案中未有的灾情细节,对判断旱灾形成的社会因素及重灾区陕西内部灾情有较为详细的记载。

　　研究思路:复原档案、文集、方志中涉及陕、晋、豫各县域灾情,以 1(大旱)、2(旱)、3(偏旱)、4(正常)、5(偏涝)为界定标准(表 3–1),分别对各省各县域旱灾进行量化,定为 5 级,以各县治为县域的代表站点(CHGIS_V4.0_1820),借助 ArcGIS10 空间反距离加权法插值法(Inverse Distance to a Power, IDW),得出旱灾空间分异结果,并对旱灾形成因素分析讨论。对各省各县区的旱灾等级界定,要考虑到两个因素:(1)该段时间降水明显偏少,甚至持续未有降水,各区域整体特征表现为偏旱;(2)只有极少数县域存在冬季降雪、单季或单月降水等情况。

---

① 李文海、夏明方、朱浒:《中国荒政书集成》,天津:天津古籍出版社,2010 年,第 1141—1149 页。

② 中国第一历史档案馆编:《康熙朝满文朱批奏折全译》,北京:中国社会科学出版社,1996 年。

表 3-1　1689—1692 年旱涝等级界定标准

等级	特征	表现	史料举例
1级	大旱	持续时间长、强度大的干旱	"大旱,飞蝗蔽天,民饥死者大半"、"大旱。秦民就食者万人,饿殍道路"、"奇荒之后,瘟疫盛行。人兽相食,村舍为墟"等
2级	旱	持续时间较长、强度较大的干旱	"旱,大饥"、"旱,飞蝗蔽天。岁饥,斗米六钱"、"旱。大饥,人取树皮蓬子以食"等
3级	偏旱	单月成灾不重的干旱,或局地经勘察不至成灾	"秋七月大旱,三十日不雨,禾苗枯稿,遍地蝗生。是岁有秋"、"春旱,六月虫生伤禾,七月大旱,晚秋尽槁,民饥,赈"等
4级	正常	丰收、庄稼收成正常	"有年"、"得雨一、二寸至三、四寸及深透不等"等
5级	偏涝	单月降水少、成灾稍轻的涝灾	"夏六月大水伤禾稼,秋禾不登,冬十一月雨,交作浃旬,继以大雪"、"秋淫雨"等

第二节　大旱灾情与时空分异特征

此次旱灾起于清康熙二十八年(1689),讫于清康熙三十一年(1692),灾害中心大致包括陕西、山西、河南等地,河北省灾情也较严重,周边其他地区如甘肃、山东等地较轻。时任山东巡抚佛伦于康熙三十年十一月十六日的满文奏折中提到,由于此次大旱涉及范围广、程度深,康熙巡访多地,当即实施赈济措施。如"(皇帝)经过遵化等地时,得知真子镇等地民粮歉收,当即颁旨免锡粮,缓征赋,并令该巡抚亲往核查。又访河南等省,令全免河南省来年钱粮,缓征陕西、山西钱粮……况且,凡蠲免各省钱粮时,必免上年之钱粮,俾民均沾实惠"[1]。另,时任两江总督的傅拉塔在康熙三十一年三月初九日的满文奏折中亦提到此次大旱灾害,"经阅邸报,陕西西安、凤翔两府被灾饥民,蒙圣主轸念,即准全免地丁钱粮,

---

[1] 中国第一历史档案馆编:《康熙朝满文朱批奏折全译》,北京:中国社会科学出版社,1996年,第23页。

又陆续派臣二次,动用库银数十万两赈济,万万老少黎元均沾圣主殊恩,民命得苏,且复蒙颁旨,命将江南、湖广三十万余石米送至潼关、蒲州等地预备,故陕西之民断然无妨"①。由此可知,此次大旱震动全国,由周边各省调拨钱粮施以赈济。

需要说明的是,因笔者主要研究的区域为清代黄河中游地区,因此下文中对此次大旱事件中,与研究区相关的陕西、山西、河南三省灾情和旱灾时空分异做了详细论述,而对于相对较重的河北、相对较轻的山东省辖区内灾害特征仅作简单叙述。

一、陕西

(一)灾情

自康熙二十八(1689)年始,陕西多县区出现季节性干旱,如关中东部渭南、大荔等县区"旱,一月二十六日大霜,麦穗尽枯"②,西部凤翔县等"春大旱"③,以及山阳县"旱,麦秋半收"④,据史料记载显示,该年灾情时空尺度仅表现为部分县域、季节性的干旱,次年(1690)旱情进一步加重,第三、四年旱情竟发展至不可收拾之局面。

连续两年旱灾已使陕西全省显现饥荒,"二十八、九年陕大旱,民饥"⑤,"米价每石七两,民食草根树皮,妻子莫顾,逃亡流离"⑥。然而,之后的1691年旱魃并未有缓解迹象,依旧持续加重,多数县区缺水,类似"水泉大涸,丰河断流,城中汲水于数里之外"⑦记载多现数县,民生凋敝,"陕西大饥"⑧,继而"饥馑遍野,升米可易儿女,饥民逃亡,十村九空"⑨,"同(州)民逃亡者半,多有骨肉不能相顾"⑩,"瘟疫盛行,人兽相食,村舍

---

① 中国第一历史档案馆编:《康熙朝满文朱批奏折全译》,北京:中国社会科学出版社,1996年,第24页。
② 雍正《渭南县志》卷十五《祥异》。
③ 乾隆《凤翔府志》卷十《艺文》。
④ 康熙《山阳县志》卷二《灾祥》。
⑤ 民国《续修陕西通志》卷六十一《水利》。
⑥ 康熙《蒲城县续志》卷二《赋役》。
⑦ 乾隆《直隶商州志》卷十四《灾祥》。
⑧ 雍正《陕西通志》卷四十七《祥异》。
⑨ 乾隆《咸阳县志》卷二十一《祥异》。
⑩ 道光《大荔县志》卷十三《耆旧》。

为墟"①,更有甚者发生有悖人伦的"人相食"②现象。又根据康熙皇帝于康熙三十一年五月初十日对时任山东巡抚佛伦的满文奏折朱批中所说,"今年(1692)京城周围麦子大收,田禾生长畅茂,惟西安、凤翔灾重,一时尚不能拯救,为此仍忧虑"。③由此可知,在此次大旱中,陕西属于重灾之区。直至1692年年底,陕西辖区才有降水,据康熙三十一年十一月二十五日由山东巡抚调任为川陕总督佛伦的满文奏报,得知陕西辖区得雪情形:

> 窃奴才先赴任时,入陕西境内,沿途看得,得雪均匀。顷于十一月十五、十六、二十二、三等日,仰赖圣主洪福,复得大雪,厚一尺余。据百姓言:数年以来,似此雪未得一次。今得此雪,来年麦子必收。
>
> (康熙帝朱批)京师亦得雪足了。闻陕西得雪,甚慰!④

从1692年末开始,陕西省境内降水增多,旱灾缓解,除过上述提到的冬季降雪外,第二年雨水调和,据档案载1693年各州县麦子收成分数如下:

> 西安府所属咸宁、长安、咸阳、渭南、华阴、耀州、淳化、镇安、户县、商南、蓝田、富平、武功、潼关县等十四州、县麦子、大麦收成皆有十分;山阳、华州、永寿、白水、泾阳、周至、同官卫等七州、县、卫麦子、大麦收成有九分;合阳、礼泉、临潼、蒲城、三原、商州、同州、澄城、朝邑、兴平、长武、洛南等十二州、县麦子、大麦收成有七分;邻州、三水、韩城、高陵、乾州等五州、县麦子、大麦收成有五分。合计收成有八分余;豌豆合计收成有四分;油菜子合计收成有八分。凤翔府所属凤翔、眉县麦子、大麦收成有十分;宝鸡、千阳、岐山、扶风、陇州、麟游等六州、县麦子、大麦收成有八分。合计收成有八分余;菜豆合计收成有四分;油菜子合计收成有六分。据民人言:今二麦

---

① 乾隆《醴泉县续志》卷下《杂志》。

② 乾隆《兴平县志》卷十八《传》。

③ 中国第一历史档案馆编:《康熙朝满文朱批奏折全译》,北京:中国社会科学出版社,1996年,第28页。

④ 中国第一历史档案馆编:《康熙朝满文朱批奏折全译》,北京:中国社会科学出版社,1996年,第34页。

有收,家给人足……年景甚好……陕西省本年必将安定矣。奴才又查得,流移河南、湖广、四川等地之民,闻皇上屡施隆恩,感召天和,水雨调匀,地方见好,自去年十二月起陆续返回原籍之民口共二十余万。因此等民人返回,乡、堡较前大有生气矣。

（康熙帝朱批）闻麦子收成分数及秋禾情形,甚是喜悦。京城周围、山东等省麦子大收。自五月以来,雨水似甚足,若无洪涝,将是丰收之年。①

此次大旱之中,除旱魃肆虐持续外,伴生、次生的虫灾、冷冻、疫病等无异雪上加霜,致使灾情进一步加深。如"陕西西安等处地方连岁凶荒,继以疾疫,陕西巡抚所属府州县卫所康熙三十二年地丁银米着通行免征"②,另据成书于康熙三十九年(1700)的《觚剩》记载,白水县"八月七日,忽有小黑虫,长寸许,从空而坠。转瞬间蔽地盈林,穿窗登几,几欲无隙。蠕蠕之状,恶不可耐。如是两日,倏然不见。西延近邑,河东蒲、汾皆然,颇灾秋谷。此异亦史传所未闻者。"③可知当时陕西各州县出现罕见虫灾。各地虫灾、冷冻、疫病等灾情参见表3-2。

表3-2　1690—1692年陕西辖区旱灾的伴生、次生灾害

类型	时间	县区	灾情实况	资料出处
虫灾	1690	泾阳	旱,歉。七月内虫蝗入境,所至蔽日	雍正《泾阳县志》卷一《祥异》
		白水	旱蝗,民饥	乾隆《白水县志》卷一《祥异》
		武功	旱,蝗	雍正《武功县后志》卷三《祥异》
		扶风	飞蝗自东南来,蔽天,遗蝻	雍正《扶风县志》卷一《灾祥》
	1691	乾县	大旱,飞蝗蔽天,民饥死者大半	雍正《重修陕西乾州志》卷三《灾异》
		渭南	七月初十日,飞蝗蔽天	雍正《渭南县志》卷十五《祥异》

---

① 中国第一历史档案馆编:《康熙朝满文朱批奏折全译》,北京:中国社会科学出版社,1996年,第45页。
② 乾隆《同州府志·食货》。
③ (清)钮琇:《觚剩》卷六。

续表

类型	时间	县区	灾情实况	资料出处
虫灾	1691	永寿	大旱,飞蝗蔽天,民饥	乾隆《永寿县新志》卷九《纪异》
		大荔	秋七月,蝗,自东南来	康熙《朝邑县后志》卷八《灾祥》
		韩城	蝗蝻食禾立尽	康熙《韩城县续志》卷七《灾异》
		同官	夏,飞蝗蔽天。岁饥,斗米六钱	乾隆《同官县志》卷一《祥异》
		宝鸡	宝鸡蝗,自东来蔽天,集树,树有为之折者	乾隆《凤翔府志》卷十二《祥异》
		郿县	大旱。蝗自东来,群飞蔽天,食禾	雍正《郿县志》卷七《事纪》
		宜川	旱。飞蝗蔽天,禾苗食尽。岁饥	嘉庆《重修延安府志》卷六《大事表》
		延川	飞蝗入境	道光《重修延川县志》卷三《祥异》
		黄陵	七月蝗,九月蝝生。岁大饥	嘉庆《续修中部县志》卷二《祥异》
		南郑	秋七月大旱,三十日不雨,禾苗枯稿,遍地蝗生	乾隆《南郑县志》卷十六《杂识》
	1692	城固县	蝗遍野食禾,令驱之不止	康熙《城固县志》卷二《灾异》
		黄陵	七月蝗,九月蝝生。岁大饥	康熙《中部县志·祥异》
冷冻	1690	渭南	一月二十六日大霜,麦穗尽枯	雍正《渭南县志》卷十五《祥异》
		韩城	黄河结冰桥	康熙《韩城县续志》卷七《灾异》
		蒲城	四月,陨霜,麦豆俱伤,下湿之地麦穗腐坏尤甚	康熙《蒲城县续志》卷二《祥异》
		商县	三月二十六、七日,苦霜杀麦	乾隆《直隶商州志》卷十四《灾祥》
		山阳	三月二十六日黎明苦霜,杀麦至五七分	康熙《山阳县初志》卷二《灾祥》

续表

类型	时间	县区	灾情实况	资料出处
冷冻	1692	大荔	四月,陨霜,害禾稼	康熙《朝邑县后志》卷八《灾祥》
		咸阳	三月十三日,大风雪,燕子数百集屋梁,死者大半	乾隆《咸阳县志》卷二十一《祥异》
		高陵	三月十三日,大风雪。夏无麦,斗米六钱	雍正《高陵县志》卷四《祥异》
		临潼	三月十三日,大风雪,燕子数百集屋梁,死者大半	康熙《临潼县志》卷六《祥异》
疾病	1691	盩厔	大饥。秋冬大疫	乾隆《重修盩厔县志》卷十三《祥异》
		礼泉	奇荒之后,瘟疫盛行	乾隆《醴泉县续志》卷下《杂志》
		武功	大饥,人剥树啖草。又盛疫疬,十室九空	雍正《武功县后志》卷三《祥异》
		商县	大旱,斗米五钱。疫死者多	乾隆《直隶商州志》卷十四《灾祥》
		洛南	三十年、三十一年大旱,饥,疫	乾隆《洛南县志》卷十《灾祥》
	1692	永寿	饥,疫	乾隆《永寿县新志》卷九《纪异》
		富平	饥,疫	乾隆《富平县志》卷八《祥异》
		大荔	疫疬大作,死者十有六七,逃亡者空室以行	康熙《朝邑县后志》卷八《灾祥》
		凤翔	饥馑,大疫	康熙《凤翔县志》卷十《饥祥》
		汧阳	饥,疫	道光《重修汧阳县志》卷十二《祥异》
		同官	大疫	乾隆《同官县志》卷一《祥异》
		安塞	饥,疫	民国《安塞县志》卷十《祥异》
		洛川	饥,疫	嘉庆《洛川县志》卷一《祥异》
		安康	大疫	康熙《兴安州志》卷三《灾异》
		洋县	大旱,夏秋无收,民大饥。疫疬横行,家户相传	康熙《洋县志》卷一《灾祥》

（二）空间分异特征

据上述灾情信息,比较该段时期前后十余年间相关记载,影响程度远未有其严重。为更清楚考察灾情时空特征,据上述研究方法,评出各县域灾害等级(表3-3),并以此得出陕西1689—1692年各年灾害等级空间分异结果(图3-1)。

表3-3　1689—1692年陕西辖区州县旱灾等级

县名	1689	1690	1691	1692	县名	1689	1690	1691	1692
府谷	4	4	3	4	鄜县	3	2	1	4
榆林	4	4	2	4	沔阳	3	2	1	4
葭州	4	4	2	4	华阴	2	1	1	2
神木	4	4	3	4	潼关	2	1	1	2
靖边	4	3	2	4	朝邑	2	1	1	2
怀远	4	4	2	4	雒南	3	3	1	3
安定	4	3	2	3	襄城	4	4	4	3
保安	4	3	2	4	留坝	4	4	3	4
甘泉	3	3	2	3	略阳	4	4	4	3
肤施	4	3	2	3	白水	3	2	1	2
延川	4	3	2	3	南郑	5	4	4	3
延长	4	3	2	3	洋县	5	4	3	3
岐山	3	2	1	4	城固	5	4	4	3
麟游	3	2	1	4	西乡	4	4	3	3
永寿	3	2	1	3	宁陕	4	3	2	4
三原	3	2	1	2	石泉	4	4	2	3
长安	3	2	1	3	山阳	3	4	1	3
兴平	3	2	1	3	孝义	3	3	1	4
鄠县	3	2	1	3	镇安	4	4	1	5
泾阳	3	2	1	3	商南	3	4	1	3
咸宁	3	2	1	2	宁羌	4	4	4	3
咸阳	3	2	1	3	定远	4	4	3	3
武功	3	2	1	5	汉阴	4	4	2	3

县名	1689	1690	1691	1692	县名	1689	1690	1691	1692
醴泉	3	2	1	2	紫阳	4	4	2	3
临潼	3	2	1	4	平利	4	4	1	3
高陵	3	2	1	3	洵阳	4	4	1	3
华州	2	1	1	2	安康	4	4	1	3
渭南	3	1	1	3	白河	4	4	1	3
富平	3	2	1	2	鳌屋	3	2	1	3
蒲城	2	1	1	2	陇州	3	2	1	4
蓝田	3	3	1	4	安塞	4	3	2	3
大荔	2	1	1	2	定边	4	3	1	4
耀州	3	3	1	3	清涧	4	3	2	3
宜川	3	3	2	3	吴堡	4	3	2	4
中部	3	3	1	2	凤县	3	4	2	4
同官	3	3	1	4	沔县	4	4	4	3
洛川	3	3	1	3	扶风	3	2	1	4
澄城	3	1	1	2	淳化	3	2	1	3
宜君	3	3	1	4	长武	3	2	1	4
合阳	3	1	1	2	三水	3	2	1	4
韩城	3	1	1	2	米脂	4	3	2	4
凤翔	3	2	1	4					

　　据图 3-1 所示,此次大旱开始第 1 年(1689)灾情以偏旱为主,大致分布于关中一带,关中东部同州府大部分州县灾情稍重,灾情表现为旱级别;而此时陕北、陕南辖区州县大部分为正常年景,其中汉中府南郑、城固、洋县等区域显现偏涝。第 2 年(1690)旱情加重,关中一带大部分区域灾情升级为旱,其中东部地区同州府则已出现大旱灾情。据同期史料反映,同州府州县已有逃荒他处就食人口,主要流向为陕南汉中、安康,及外省河南、湖北等地。而此时陕北北部怀远、葭州、榆林、神木等区域正常,而其他地区也开始显现偏旱灾情。第 3 年(1691)是灾情最严重的一年,以关中大旱为轴心,旱情向两侧逐级扩展,大旱灾情分布较

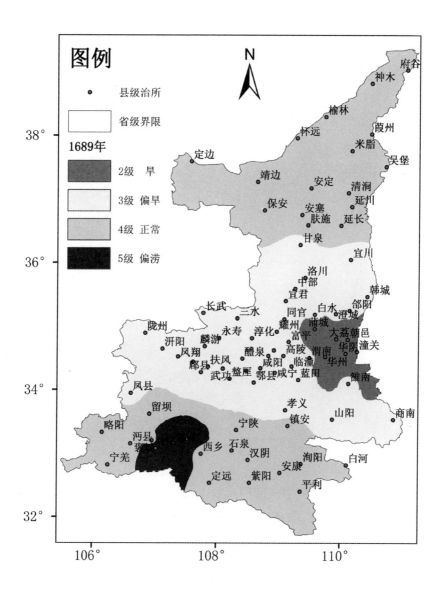

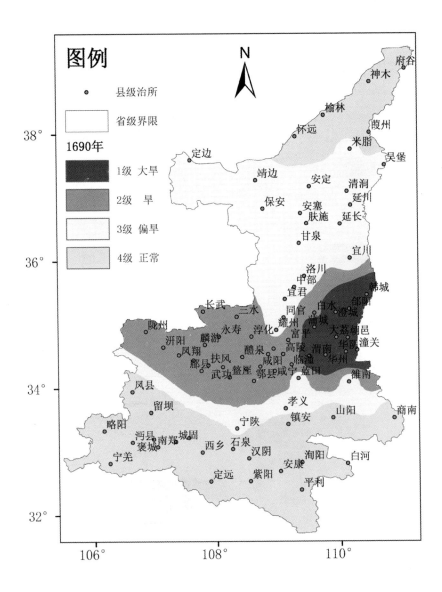

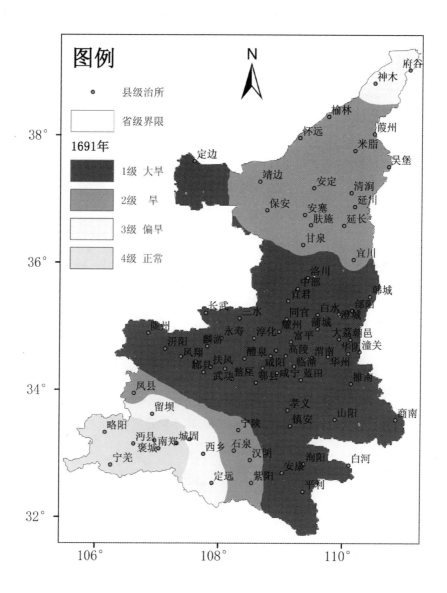

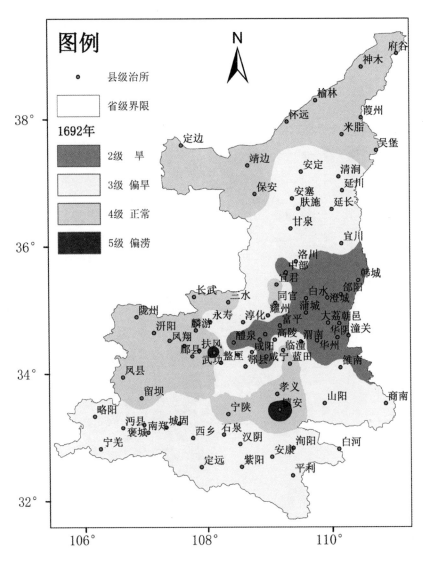

图 3-1　1689—1692 年陕西省各州县旱灾空间分异

广,跨越秦岭辐射到南部商州、安康府州县,唯汉中府略阳、宁羌等少数县域为正常年景,其余皆表现出不同级别的旱情。第4年(1692)灾情开始缓解,关中西安府、同州府辖区部分州县变现为旱,偏旱灾情空间分布依然较广,其中武功、郿县、镇安等地降水开始增多。

从全省旱情时空分异特征来看,灾情最严重的区域莫过于关中一带,灾情重、影响范围广的时段为1690年—1691年,其中最严重的为1690年,即史料中常提到的"康熙三十年、三十一年大旱"、"康熙庚午、辛未间大荒"等记载。

二、山西

(一)灾情

山西境内各州县自康熙二十八年(1689)年始,多州县区出现季节性及全年干旱,继而引发饥馑灾情,如阳高县"春旱,饥"①,右玉县"大旱,经年不雨,粒谷未登"②,保德县"荒,斗米二钱八分"③,晋阳县、平定县"大旱,蠲免地丁钱粮"④,左云县"大饥"⑤,朔县"旱,岁大饥"⑥,定襄县"荒旱,补种荞麦,又被霜灾。人民逃散,鬻妻卖子"⑦,保德、定襄、襄垣等县"饥,奉旨蠲免本年通省地丁钱粮"⑧。

相比同时期陕西省各州县而言,同样出现的是,灾情时空尺度从1689年开始表现为部分县域、季节性的干旱,次年(1690)旱情加重,第三、四年旱情进一步持续。如宁武县"大饥,人多饿死"⑨,忻州"岁饥,煮粥济贫,全活甚众"⑩,介休县"岁大饥,斗米银四钱,诸粟腾贵不等,流离饿莩载道"⑪。由于连年旱灾严重影响,以至于各处民众流亡他乡者甚众,

① 雍正《阳高县志》卷五《祥异》。
② 康熙《马邑县志》卷一《灾祥》。
③ 康熙《保德州志》卷三《祥异》。
④ 乾隆《乐平县志》卷二《祥异》;乾隆《平定州志》卷五《祥异》。
⑤ 嘉庆《左云县志》卷一《祥异》。
⑥ 康熙《朔州志》卷二《祥异》。
⑦ 康熙《定襄县志》卷七《灾异》。
⑧ 雍正《山西通志》卷一百六十三《祥异》。
⑨ 乾隆《宁武府志》卷十《事考》。
⑩ 雍正《忻州志》卷四《孝义》。
⑪ 康熙《介休县志》卷一《灾异》。

譬如夏县"二麦全无。人民卖妻鬻子,道殣相望,奔窜河南者数千家"①,平陆县"居民逃亡塞路"②。

受旱魃持续肆虐及伴生虫灾、冷冻的影响,此次持续大旱的第 3 年(1691)山西各州县多处瘟疫盛行,致使灾情进一步扩大,消极影响加深。各地旱灾伴生、次生的虫灾、冷冻、疫病等灾情参见表 3-4。

表 3-4　1690—1692 年山西辖区旱灾的伴生、次生灾害

类型	时间	县区	灾情实况	资料出处
虫灾	1690	介休	蚜蛉伤黍	雍正《山西通志》卷一六三《祥异》
		襄垣	秋七月,白蛾生,忽变黑虫,进食禾叶	康熙《重修襄垣县志》卷九《外纪》
		泽州	夏五月,泽州黑虫食禾	乾隆《凤台县志》卷十二《纪事》
		沁县	秋,州及武乡蚜蛉害稼	乾隆《沁州志》卷九《灾异》
		武乡	秋,蚜蛉害稼,始为白蛾,后为黑虫,食禾叶殆尽	乾隆《武乡县志》卷二《灾祥》
		沁水	沁水有黑虫食禾,结茧大小各异形	雍正《泽州府志》卷五十《祥异》
		蒲县	蝗。飞蝗蔽日,自东而西,禾苗伤其半	乾隆《蒲县志》卷九《祥异》
		平陆	六月,蝗蝻食禾尽	乾隆《解州平陆县志》卷十一《祥异》
		长子	秋,有黑虫食谷苗。岁饥	康熙《长子县志》卷一《灾异》
	1691	平遥	是年,蝗虫为灾,邑大荒	康熙《重修平遥县志》卷八《灾异》
		长治	夏大旱,漳河断。六月蝗	乾隆《长治县志》卷十一《祥异》

---

① 光绪《夏县志》卷五《灾祥》。
② 乾隆《解州平陆县志》卷十一《祥异》。

续表

类型	时间	县区	灾情实况	资料出处
虫灾	1691	泽州	夏五月旱，无麦。六月，蝗食苗。七月，蝻生。岁大饥，民多流亡	乾隆《凤台县志》卷十二《纪事》
		高平	夏六月旱。二十日至二十五日飞蝗蔽日，自南而北，落地积五寸，田禾一空，起自东南刘庄、双井、李门，至西北高良、柳村、道义三十五里，被灾独甚	乾隆《高平县志》卷十六《祥异》
		沁县	六月，蝗从西南来，飞蔽天日，清河等村禾稼大损。八月，蝻生，州境禾稼啮食几尽。民饥	乾隆《沁州志》卷九《灾异》
		沁源	蝗入沁境	雍正《沁源县志》卷九《灾祥》
		沁水	夏五月，泽州沁水旱，无麦。六月，蝗食苗。七月，蝻蔓生，与民争熟食。人民死徙者半	雍正《泽州府志》卷五十《祥异》
		临汾	旱。六月蝗，发帑赈济	康熙《临汾县志》卷五《祥异》
		曲沃	夏大旱。秋七月蝗	康熙《曲沃县志》卷二十八《祥异》
		吉县	是年蝗，赈济	乾隆《吉州志》卷七《祥异》
		蒲县	蝗，旱。赈济	乾隆《蒲县志》卷九《祥异》
		洪洞	六月，蝗	雍正《洪洞县志》卷八《祥异》
		浮山	六月，大旱，蝗。诏发谷赈济，仍蠲免田租	乾隆《浮山县志》卷三十四《祥异》
		襄汾	旱。六月，蝗。发帑赈济	雍正《襄陵县志》卷二十三《祥异》
		解州	秋，飞蝗伤禾	康熙《解州全志》卷十二《灾祥》

续表

类型	时间	县区	灾情实况	资料出处
虫灾	1691	新绛	夏大旱。秋七月,蝗	乾隆《真隶绛州志》卷二十《杂志》
		垣曲	饥。蝗蝻食禾尽	乾隆《垣曲县志》卷十四《杂志》
		绛县	蝗蝻为害,民饥馑	乾隆《绛县志》卷九《人物》
		河津	蝗	乾隆《河津县志》卷八《祥异》
		夏县	二麦全无。秋,蝗蝻为灾,大伤民禾,农人急种晚秋,高未盈尺,遗蝻复生,食尽禾苗	光绪《夏县志》卷五《灾祥》
		万泉	六月,飞蝗蔽天,禾立尽。秋八月,螰生,人民流殍	康熙《万泉县志》卷七《祥异》
		临倚	蝗蝻损禾	雍正《猗氏县志》卷六《祥异》
	1692	临汾	旱,蝗。大饥	康熙《临汾县志》卷五《祥异》
		吉县	州县旱,蝗,大饥。免粮有差	乾隆《吉州志》卷七《祥异》
		蒲县	旱,蠋银	乾隆《蒲县志》卷九《祥异》
		洪洞	旱,蝗。民饥	光绪《洪洞县志稿》卷十六《杂记》
		浮山	又旱。蝗,生子名蝻,为灾。无禾,民饥	乾隆《浮山县志》卷十四《祥异》
		襄汾	旱,蝗。大饥	雍正《襄陵县志》卷二十三《祥异》
		河津	旱,蝗。民饥	乾隆《河津县志》卷八《祥异》
		稷山	旱,蝗。民饥	乾隆《稷山县志》卷七《祥异》

续表

类型	时间	县区	灾情实况	资料出处
冷冻	1690	静乐	霜杀禾。	康熙《静乐县志》卷四《灾祥》
		长治	四月连霜，树叶冻死	乾隆《长治县志》卷二十一《祥异》
	1691	乐平	霜灾	乾隆《乐平县志》卷七《孝友》
		介休	雨雪，冻杀麦苗。至五月未雨	康熙《介休县志》卷一《灾异》
		长治	五月霜。夏大旱	乾隆《长治县志》卷十一《祥异》
		襄垣	三月十四日雪。五月十一日夜霜	康熙《重修襄垣县志》卷九《外纪》
疾病	1692	泽州	疫大作，死者甚多	乾隆《凤台县志》卷十二《纪事》
		沁水	自春至夏不雨，疫作	康熙《沁水县志》卷九《祥异》
		解州	大饥，人死者相枕藉。夏，瘟疫盛行，官设粥厂赈饥，人食茨藜榆皮稗子，逃荒河南者甚众	康熙《解州全志》卷十二《灾祥》
		新绛	大饥并疫	乾隆《直隶绛州志》卷二十《杂志》
		闻喜	大疫	民国《闻喜县志》卷二十四《旧闻》
		芮城	大疫，捐棺施蓆，掩埋骼骴	乾隆《解州芮城县志》卷九《人物》
		夏县	二麦收。瘟疫大作，死者枕藉	乾隆《解州夏县志》卷十一《祥异》
		平陆	饥民死者枕藉。夏，瘟疫盛行	乾隆《解州平陆县志》卷十一《祥异》
		临猗	大饥，野有饿殍，流亡载道，瘟疫大作	雍正《猗氏县志》卷六《祥异》

至 1963 年,部分县区旱灾、病疫灾情仍在持续,如右玉县"夏旱,秋
潦,禾不登"[①],保德县"夏旱,秋霜。斗米至四钱"[②],介休县"四月大旱。
五月,霪雨,水溢淹稼"[③],临猗县"大疫,饥民病死者甚众"[④]。除上述少数
县区灾情仍在持续之外,其他多处州县则现"大有年",参见表 3-5。由
多处粮食大丰收的年景可知,此次大旱事件在山西范围内至康熙三十二
年基本结束。

表 3-5　1693 年山西州县的"大有年"年景

县区	年景	资料出处
平阳	平阳府属大有麦	雍正《平阳府志》卷三十四《祥异》
翼城	大有麦	民国《翼城县志》卷十四《祥异》
吉县	大有年	乾隆《吉州志》卷七《祥异》
洪洞	大有麦	雍正《洪洞县志》卷八《祥异》
浮山	大有麦	乾隆《浮山县志》卷三十四《祥异》
襄汾	大有麦	雍正《襄陵县志》卷二十三《祥异》
解州	大有麦	乾隆《解州安邑县志》卷十一《祥异》
新绛	大有麦	乾隆《直隶绛州志》卷二十《杂志》
闻喜	大有年	民国《闻喜县志》卷二十四《旧闻》
垣曲	大有年	乾隆《垣曲县志》卷十四《杂志》
绛县	大有麦	乾隆《绛县志》卷十二《祥异》
河津	大有麦	乾隆《河津县志》卷八《祥异》
稷山	大有麦	乾隆《稷山县志》卷七《祥异》
平陆	大有年	乾隆《解州平陆县志》卷十一《祥异》
永济县	麦有秋	光绪《永济县志》卷二十三《事纪》

(二)空间分异特征

为考察灾情时空演化特征,参考史料中灾情记载信息,依据上述研
究方法,评出各县域灾害等级,参见表 3-6,并以此得出山西省 1689—

---

① 雍正《朔平府志》卷十一《祥异》。
② 康熙《保德州志》卷三《祥异》。
③ 乾隆《介休县志》卷十《祥异》。
④ 雍正《猗氏县志》卷六《祥异》。

1692年各年灾害等级空间分异结果(图3-2)。

表3-6　1689—1692年山西辖区州县旱灾等级

县名	1689	1690	1691	1692	县名	1689	1690	1691	1692
岢岚	4	3	2	2	吉州	4	3	2	3
左云	2	1	4	4	大宁	4	3	2	3
右玉	2	1	4	4	临汾	4	4	1	2
阳高	3	3	2	4	襄陵	4	4	1	2
大同	3	2	2	4	汾西	4	4	1	2
天镇	3	3	3	4	洪洞	3	3	1	1
偏关	4	3	2	3	蒲县	4	3	2	3
河曲	4	3	2	3	岳阳	3	3	1	1
平鲁	3	2	3	4	灵石	4	4	1	1
宁武	3	1	3	3	赵城	4	4	1	1
山阴	2	1	3	3	屯留	3	3	2	3
神池	3	1	3	3	长子	3	3	2	3
朔州	2	1	3	3	沁源	3	3	2	2
浑源	3	3	2	4	武乡	3	3	2	3
怀仁	2	1	2	4	平顺	3	3	2	3
应州	2	1	2	3	长治	3	3	2	3
繁峙	3	2	1	3	襄垣	3	3	2	3
广灵	3	3	4	4	潞城	3	3	2	3
灵丘	3	3	4	4	黎城	3	3	2	3
兴县	4	3	2	3	万泉	5	4	1	3
岚县	4	3	2	2	临晋	4	2	1	3
静乐	4	3	2	2	河津	4	3	1	3
定襄	2	2	1	3	荣河	4	3	1	3
崞县	3	2	1	3	猗氏	4	4	1	3
五台	3	2	1	3	乡宁	4	3	2	3
盂县	3	3	1	3	稷山	4	4	1	3
临县	4	3	2	3	曲沃	3	3	1	3

县名	1689	1690	1691	1692	县名	1689	1690	1691	1692
石楼	4	3	2	3	浮山	3	3	1	2
永宁	4	3	2	2	安邑	3	3	1	3
介休	4	4	1	1	闻喜	3	3	1	3
汾阳	4	4	1	2	垣曲	3	3	1	3
宁乡	4	3	2	2	夏县	3	3	1	3
孝义	4	4	1	2	绛县	3	3	1	3
平遥	4	4	1	1	翼城	3	3	1	2
交城	4	4	1	2	高平	3	3	2	3
阳曲	4	3	1	2	凤台	4	3	2	3
太谷	4	4	1	2	阳城	4	3	2	3
太原	4	4	1	2	沁水	3	3	2	3
徐沟	4	4	1	2	陵川	4	3	2	3
文水	4	4	1	2	永济	3	1	1	3
祁县	4	4	1	1	芮城	3	2	1	3
榆次	4	3	1	2	虞乡	3	2	1	3
榆社	3	3	2	3	平陆	3	3	1	3
寿阳	3	3	1	3	永和	4	3	2	3
和顺	3	3	2	3	太平	4	4	1	2

据图 3-2 所示,此次大旱开始第 1 年(1689)整体灾情以偏旱为主,大致分布于晋东、晋东北一带,晋东北的应州、左云、朔州、怀仁等县域灾情稍重,主要表现为旱。晋东辖区大部分州县表现为偏旱,而此时的汾河流域及黄河干流东岸大部分地区则为正常年景。第 2 年(1690)旱情加重,整体上看,除汾河流域一带州县表现出正常年景之外,其余区域皆表现出不同级别的旱情,其中晋东北如应州、左云、朔州、怀仁等 8 个县域,晋西南的少数县域如永济,已显现大旱灾情。山西与陕西省类似,第 3 年(1691)亦是灾情最严重的一年,以汾河流域州县的大旱为轴心,旱情向两侧逐级扩展,大旱灾情分布较广,只有晋东北个别县域如右玉、左云等 4 县为正常年景,其余皆表现出不同级别的旱情。第 4 年(1692)

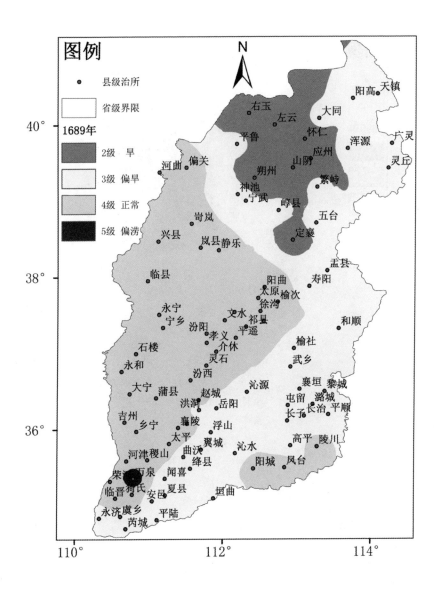

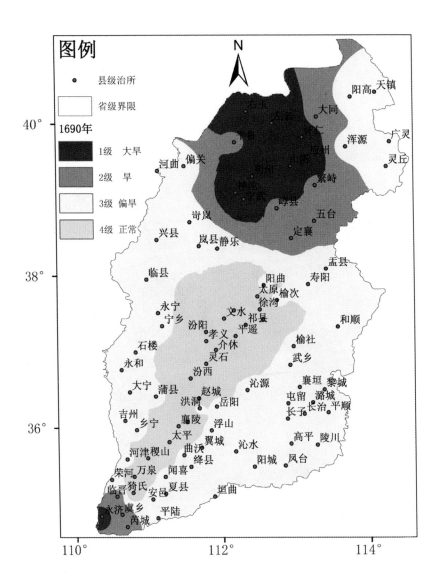

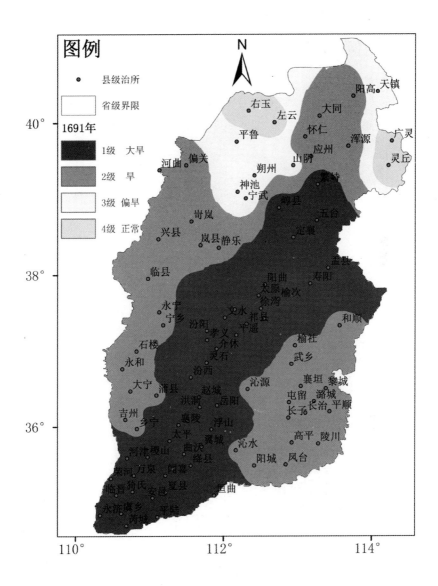

100 清代以来黄河中游气候变化及其社会响应

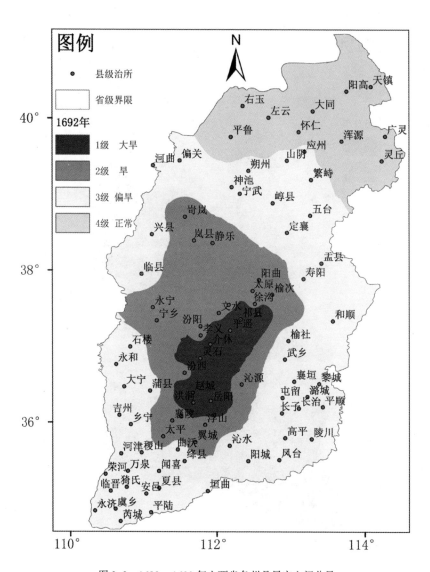

图 3-2 1689—1692 年山西省各州县旱灾空间分异

灾情开始有所缓解,整体上看仍然比较严重,大旱主要分布在汾河流域的祁县、平遥、介休等 8 个州县,而此时晋东北如右玉、大同等 10 个州县已开始转为正常年景。

从山西全省旱情时空分异特征来看,灾情重、影响范围广的时段为 1691 年—1692 年,其中灾情最严重的时间为 1691 年,这在山西省不同史料记载中常被称为"康熙间辛未、壬申大荒"。

三、河南

(一)灾情

河南省亦是该次大旱事件的一个主要灾害中心,自康熙二十八年(1689)始,境内辖区就已显现季节性及全年干旱,加之后继几年的干旱持续影响,致使境内各州县饥馑灾情严重。如开封府属等区"春旱,麦枯"[①],睢州"夏秋之交大旱,秋禾薄收,饥"[②],大名府属等"无禾,米价腾涌"[③],等等。次年(1690)旱情继续加重,至第三年(1691),灾情时空尺度从局地、季节性干旱发展为大范围、全年干旱,该年灾情最严重,如成书于康熙三十四年的《河南通志》记载此次大旱河南境内州县灾情:"开封、彰德、怀庆、河南、南阳、汝宁、汝州所属旱、蝗,河内大旱,沁水竭"[④],又如洛阳市等"大旱,飞蝗蔽天,秋禾无,民饥逃亡,饥死与饥疫者枕藉道路。偃师、巩县、登封、新安、宜阳、渑池皆然"[⑤]。

另外,同时期伴生、次生的虫灾、瘟疫等灾害影响,致使此次大旱在河南境内灾情进一步加重,消极影响程度加深。其中需要特别注意的是,1690 年河南几乎所有辖区流行耕牛瘟疫,这无疑对此次大旱灾后农业生产恢复和重建产生了较大制约。旱灾伴生、次生的虫灾、疫病等灾情参见表 3-7。

---

① 康熙《开封府志》卷三十九《祥异》。
② 康熙《睢州志》卷七《祥异》。
③ 咸丰《大名府志》卷四《年纪》。
④ 康熙《河南通志》卷四《祥异》。
⑤ 康熙《河南府志》卷二十六《灾异》。

表 3-7   1690—1692 年河南辖区虫灾与疫灾记载概况

类型	时间	县区	灾情实况	资料出处
虫灾	1690	开封	秋，有虫食苗叶	康熙《开封府志》卷三十九《祥异》
		尉氏	秋，有虫食禾苗	道光《尉氏县志》卷一《祥异》
		巩县	夏秋微旱，田中多生青虫，伤稼	乾隆《巩县志》卷二《灾祥》
		新乡	秋，蚄蛉生，蝗	康熙《新乡县续志》卷二《灾异》
		延津	螟螣伤稼	康熙《延津县志》卷七《灾祥》
		原阳	生异虫，食谷殆尽。飞蝗遍野，蝗蝻重生	康熙《阳武县志》卷八《灾祥》
		武陟	虫生，食禾，八月，蝗	康熙《武陟县志》卷一《灾祥》
		清丰	秋，蚄蛉食稼	咸丰《大名府志》卷四《年纪》
		濮阳	秋，蚄蛉食稼	咸丰《大名府志》卷四《年纪》
		长垣	飞蝗自东来，害稼	嘉庆《长垣县志》卷九《祥异》
		柘城	秋，有蝗自东北来	光绪《柘城县志》卷十《杂志》
		正阳	七月旱，蝗	康熙《真阳县志》卷八《灾祥》
		息县	秋旱，飞蝗	康熙《息县续志》卷八《灾祥》
		潢川	飞蝗蔽野，食苗至根，田地如扫	康熙《光州志》卷十《灾祥》
		商城	入秋蝗飞蔽天，至冬不雨，种麦秧粮吃尽	康熙《商城县志》卷八《灾祥》
		陕州	飞蝗蔽天，自东而西	乾隆《重修直隶陕州志》卷十九《灾祥》
	1691	尉氏	七月尽，蝗蔽天，继而生蝻，复成蝗，食禾几尽	康熙《洧川县志》卷七《祥异》

类型	时间	县区	灾情实况	资料出处
虫灾	1691	登封	六月十一日，飞蝗自东南来，障日蔽天，集地厚尺许，食秋禾立尽。遍野蝝生，至十月不绝。米贵如珠，民多转徙饥死	康熙《登封县志》卷九《灾祥》
		通许	六月八日，蝗害稼，蛹继食禾	康熙《通许县志》卷十《灾祥》
		新乡	入秋飞蝗蔽天，止则积地数尺，田苗尽伤。民大饥	乾隆《新乡县志》卷二十《灾祥》
		汲县	入秋飞蝗蔽天，止则积地数尺，田苗伤尽。民大饥	康熙《卫辉府志》卷十九《灾祥》
		获嘉	秋蝗	乾隆《获嘉县志》卷十六《祥异》
		原阳	秋蝗蛹生。民饥	乾隆《阳武县志》卷十二《灾祥》
		孟县	夏六月，飞蝗蔽天，食禾殆尽，城以西落地者至尺许，田无遗苗	康熙《孟县志》卷七《祥异》
		沁阳	六月蝗。免钱粮十分之三	康熙《怀庆府志》卷一《灾祥》
		修武	秋蝗，食禾罄尽	康熙《修武县志》卷四《灾祥》
		滑县	秋旱。蝗，禾苗食尽。大饥	乾隆《滑县志》卷十三《祥异》
		内黄	秋，好蝗为灾	乾隆《内黄县志》卷六《编年》
		林县	秋七月，又遭蝗蛹之灾，人大饥	康熙《林县志》卷十二《灾祲》
		睢县	夏六月，蝗	康熙《睢州志》卷七《祥异》
		淮阳	麦秋始收，有飞蝗自南而北，日暮则飞，夜静则止，所落之处盈尺，继生蛹子。各乡民人于蛹多处掘大坑堑，赶逐瘗之，苗稼幸不大灾	乾隆《陈州府志》卷三十《杂志》
		鲁山	七月，蝗	乾隆《鲁山县全志》卷九《祥异》

类型	时间	县区	灾情实况	资料出处
虫灾		叶县	六月蝗，七月蝻	康熙《叶县志》卷一《祥异》
		禹县	夏蝗，秋复蝗，食禾无茎遗者，民大饥	康熙《禹州志》卷九《灾祥》
		潢川	蝗食麦几尽，野无青草。夏旱，蝗	康熙《光州志》卷十《灾祥》
		罗山	蝗	康熙《罗山县志》卷八《灾异》
		内乡	秋蝗	康熙《内乡县志》卷十一《祥异》
	1691	孟津	旱，飞蝗蔽天。无禾	嘉庆《孟津县志》卷四《祥异》
		临汝	七月，蝗	道光《汝州全志》卷九《祥异》
		汝阳	蝗	乾隆《伊阳县志》卷四《祥异》
		灵宝	秋，飞蝗蔽天，食禾殆尽	乾隆《阌乡县志》卷十一《祥异》
		偃师	夏，飞蝗蔽天，食苗殆尽	康熙《偃师县志》卷四《灾祥》
		宜阳	蝗蝻迭见，损秋禾几尽。民多窜亡	乾隆《宜阳县志》卷一《灾祥》
		内黄	蝗蝻	乾隆《内黄县志》卷六《编年》
		长葛	六月，蝗	乾隆《长葛县志》卷八《祥异》
	1692	潢川	夏五月不雨，六月大旱。秋八月飞蝗	康熙《光州志》卷十《灾祥》
		孟津	春夏无雨，蝻生，遇物皆啮，结块北渡	嘉庆《孟津县志》卷四《祥异》
		灵宝	蝻食麦	乾隆《阌乡县志》卷十一《祥异》
疾病	1689	临汝	岁棱。疫厉盛行，死者枕藉	雍正《河南通志》卷五十五《名宦》

续表

类型	时间	县区	灾情实况	资料出处
疾病	1690	开封	是岁,牛畜多疫死	康熙《开封府志》卷三十九《祥异》
		尉氏	牛火疫,自春徂冬不止	康熙《洧川县志》卷七《祥异》
		新郑	牛畜病疫,十损其六	康熙《新郑县志》卷四《祥异》
		密县	牛瘟,十死八九	康熙《密县志》卷一《灾祥》
		巩县	民多瘟疫,牛畜死者十之七八,四野半以人耕	乾隆《巩县志》卷二《灾祥》
		新乡	牛死	康熙《新乡县续志》卷二《灾异》
		原阳	自春至夏不雨,麦禾尽槁,牛畜疫死	康熙《阳武县志》卷八《灾祥》
		武陟	牛马六畜疫死大半。瘟疫时行	康熙《武陟县志》卷一《灾祥》
		柘城	夏,牛疫	光绪《柘城县志》卷十《杂志》
		鹿邑	秋,牛疫	康熙《鹿邑县志》卷八《灾祥》
		淮阳	夏大旱,秋禾尽枯,牛疫死者十八九	乾隆《陈州府志》卷三十《杂志》
		项城	自夏徂秋,牛灾异常,交冬犹然	康熙《项城县志》卷八《灾祥》
		鲁山	夏旱。秋疫	乾隆《鲁山县全志》卷九《祥异》
		郏县	牛大疫	康熙《郏县志》卷一《灾祥》
		长葛	是年,耕牛大疫	康熙《长葛县志》卷一《灾祥》
		舞阳	牛大疫	乾隆《舞阳县志》卷十二《外纪》
		叶县	大疫	康熙《叶县志》卷一《祥异》

类型	时间	县区	灾情实况	资料出处
疾病	1690	禹县	是岁，禾不登。民饥，牛大疫	康熙《禹州志》卷九《灾祥》
		确山	秋旱，耕牛疫	乾隆《确山县志》卷四《饥祥》
		西平	入夏牛驴俱灾，几至绝影	康熙《西平县志》卷十《外志》
		汝南	是年牛灾，死者十之八九	康熙《汝宁府志》卷十六《灾祥》
		上蔡	牛死者十之八九	康熙《上蔡县志》卷十二《编年》
		息县	秋旱，飞蝗，牛瘟	康熙《息县续志》卷八《灾祥》
		固始	九月，牛驴疫。冬十一月，牛大疫	康熙《固始县志》卷十一《灾祥》
		潢川	牛死过半	康熙《光州志》卷十《灾祥》
		罗山	旱，牛瘟大作，倒毙殆尽	康熙《罗山县志》卷八《灾异》
		光山	十一月，牛大灾	康熙《光山县志》卷十《灾异》
		南阳	牛疫死，经年不止，积骨遍野，田多荒芜	康熙《南阳县志》卷一《祥异》
		邓县	春风霾，牛瘟死殆尽	乾隆《邓州志》卷二十四《杂纪》
		桐柏	秋，桃李始花，牛死殆尽	乾隆《桐柏县志》卷一《祥异》
		临汝	夏旱。秋疫	道光《汝州全志》卷九《祥异》
	1691	正阳	六月，天灾瘟疫，复旱	康熙《真阳县志》卷八《灾祥》
		潢川	春，牛灾	康熙《光州志》卷十《灾祥》
		南阳	岁大祲，民疫	嘉庆《南阳府志》卷一《祥异》

续表

类型	时间	县区	灾情实况	资料出处
疾病	1691	邓县	牛瘟死殆尽	乾隆《邓州志》卷二十四《杂纪》
		渑池	瘟疫时行,有故于道者	乾隆《渑池县志》卷中《义行》
	1692	开封	春夏大旱,人多疫死,是岁诏免河南地丁钱粮,并漕粮亦着停征	康熙《开封府志》卷三十九《祥异》
		尉氏	是年瘟疫大作,人多死亡	康熙《洧川县志》卷七《祥异》
		原阳	春,风霾伤麦。夏旱,人疫	乾隆《阳武县志》卷十二《灾祥》
		武陟	春旱,夏无麦。瘟疫大作,民多病死,自春徂冬不息	康熙《武陟县志》卷一《灾祥》
		沁阳	旱,大瘟疫。蠲免本年钱粮	康熙《怀庆府志》卷一《灾祥》
		修武	春旱,夏无麦。瘟疫大作	康熙《修武县志》卷四《灾祥》
		鲁山	春大风。夏秋,瘟疫盛行,令地及秦晋流移饥民死亡无算	乾隆《鲁山县全志》卷九《祥异》
		南阳	民间瘟疫,秦晋之民流亡南阳,死者无算	康熙《南阳县志》卷一《祥异》
		邓县	瘟疫盛行,自正月至七月死伤无算	乾隆《邓州志》卷二十四《杂纪》
		内乡	是年陕西饥民始流亡入境。瘟疫盛行,土著多被传染,死亡无算	康熙《内乡县志》卷十一《祥异》
		临汝	春,大风不雨,夏秋大疫,本郡及秦晋流民死亡无算	道光《汝州全志》卷九《祥异》
		宜阳	无麦。瘟疫大行	乾隆《宜阳县志》卷一《灾祥》
		洛宁	无麦。瘟疫大行	民国《洛宁县志稿》卷一《祥异》
		陕州	大疫,死者枕藉	乾隆《重修直隶陕州志》卷十九《灾祥》

　　由于此次灾害比较严重,除旱灾、蝗灾、瘟疫等之外,陕西、山西等州县人民逃亡至河南南阳等地就食,致使河南灾情更加复杂。清廷对之较为重视,康熙皇帝曾于此次灾害最严重的康熙三十年(1691)前往河南等地巡视,这可以由时任山东巡抚佛伦于康熙三十年十一月十六日的奏报中得知:"皇上方才经过遵化等地时,得知真子镇等地民粮歉收,当即颁旨免锡粮,缓征赋,并令该巡抚亲往核查。又访河南等省,令全免河南省来年钱粮,缓征陕西、山西钱粮。"[①]

(二)空间分异特征

　　参考史料中灾情记载信息,依据上述研究方法,评出河南辖区各县域灾害等级,参见表3-8,并以此得出河南省1689—1692年各年灾害等级空间分异结果(图3-3)。

表3-8　1689—1692年河南辖区州县旱灾等级

县名	1689	1690	1691	1692	县名	1689	1690	1691	1692
固始	4	2	4	5	陈留	3	2	1	3
商城	4	2	4	4	鄢陵	3	2	1	3
涉县	2	1	1	2	通许	3	2	1	2
林县	2	1	1	2	尉氏	3	2	1	2
临漳	2	1	1	2	扶沟	3	2	1	3
安阳	2	1	1	2	太康	4	3	2	5
武安	2	1	1	2	祥符	3	2	1	2
河内	2	1	1	2	杞县	3	2	1	4
济源	2	1	1	2	商丘	4	4	3	4
修武	2	1	1	2	宁陵	4	4	3	4
阳武	2	1	1	2	柘城	4	4	3	4
获嘉	2	1	1	2	虞城	5	4	4	4
辉县	2	1	1	2	夏邑	5	4	4	4
武陟	2	1	1	2	内乡	3	2	1	4
新乡	2	1	1	2	南召	4	3	3	3

① 中国第一历史档案馆编:《康熙朝满文朱批奏折全译》,北京:中国社会科学出版社,1996年,第23页。

县名	1689	1690	1691	1692	县名	1689	1690	1691	1692
内黄	2	1	1	3	南阳	5	4	3	3
延津	3	1	1	2	裕州	4	3	3	3
汤阴	2	1	1	2	镇平	4	4	3	3
汲县	2	1	1	2	鲁山	3	2	1	3
淇县	2	1	1	2	临颍	3	2	1	3
滑县	2	1	1	3	舞阳	3	2	1	3
封丘	3	1	1	3	襄城	3	2	1	3
阌乡	3	2	1	2	郏县	3	2	1	3
灵宝	2	2	1	2	郾城	3	2	1	3
永宁	2	1	1	2	遂平	3	2	1	4
卢氏	3	2	2	2	叶县	3	2	1	3
渑池	2	1	1	2	商水	2	4	1	3
伊阳	3	2	1	3	汝阳	3	2	1	3
偃师	2	1	1	2	淮宁	4	3	3	5
洛阳	2	1	1	2	西平	3	2	1	3
宜阳	2	1	1	2	西华	3	2	2	3
嵩县	3	2	1	3	项城	3	3	3	4
新安	2	1	1	2	沈丘	3	3	4	4
孟县	2	1	1	2	鹿邑	5	3	4	4
孟津	2	1	1	2	永城	5	4	4	4
长葛	3	2	1	2	浙川	3	2	3	3
禹州	3	2	1	3	邓州	4	2	3	4
原武	2	1	1	2	唐县	4	4	3	4
郑州	2	1	1	2	新野	4	3	4	4
氾水	2	1	1	2	泌阳	3	3	3	3
洧川	3	2	1	2	桐柏	4	2	3	4
温县	2	1	1	2	正阳	3	2	1	4
密县	2	1	1	2	信阳	4	4	1	4
巩县	2	1	1	2	光山	4	2	1	4

续表

县名	1689	1690	1691	1692	县名	1689	1690	1691	1692
荥阳	2	1	1	2	息县	3	2	1	4
荥泽	2	1	1	2	新蔡	4	3	1	4
新郑	2	1	1	2	确山	3	2	1	4
登封	2	1	1	2	罗山	3	4	1	4
考城	4	3	1	4	浚县	2	1	1	3
中牟	3	2	1	2	上蔡	3	2	1	3
兰阳	5	3	1	4	宝丰	3	2	1	3
仪封	4	3	1	4	睢州	3	3	3	5

据图 3-3 所示,此次大旱开始第 1 年(1689)整体灾情以偏旱、旱为主,大致分布于豫西北、豫北、豫中一带,豫西北、豫北县域灾情稍重,主要表现为旱;而仪封、睢州、太康、淮宁、新蔡、光山一线以东地区则以正常年份为主,其中夏邑等 5 县偏涝;而西部南召、裕州、唐县、桐柏、信阳一线西南表现正常。第 2 年(1690)旱情开始加重,整体上看,除豫东、豫西南部地区如虞城、镇平、信阳等 12 个县域为正常年景之外,其余区域皆表现出不同级别的旱情,其中豫北区显现大旱灾情。与陕西、山西两省相比,第 3 年(1691)依然是灾情最严重的一年,除虞城、内乡、商城等 9 个县域正常年景零星散布之外,其余区域主要显现为大旱灾情。第 4 年(1692)灾情开始缓解,旱、偏旱主要分布于豫西北、豫北区,仪封、太康、淮宁、项城、正阳、确山、桐柏、唐县、内乡一线以东、以南表现正常,其中睢州、太康、淮宁、固始等 4 个县域降水开始偏多。

四、周边其他区域

为判定此次大旱灾害中心确实分布于陕西、山西、河南三省辖区,进而对周边山东、河北、甘肃等旱灾程度进行了大致梳理和评价。

(一)山东

整体而言,山东省 1689 年属正常年景,从 1690 年开始显现偏旱灾情,但境内民众尚未缺粮,尚能自给。如 1689 年平原、夏津、鱼台、清平等个别县域出现偏旱,而其他大部分地区则收成正常,时任山东巡抚佛伦于

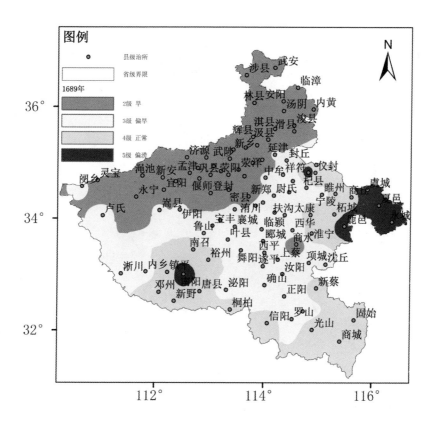

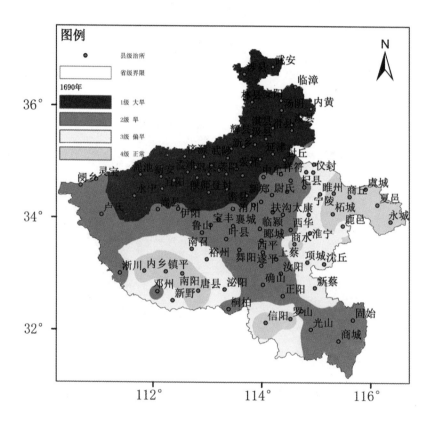

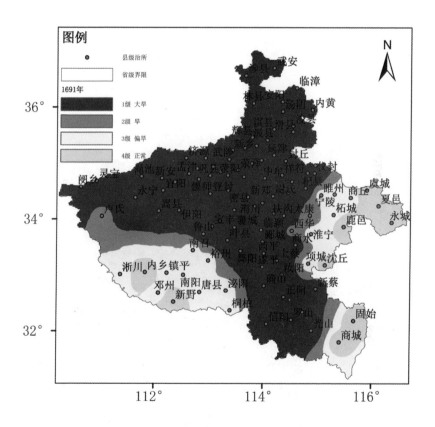

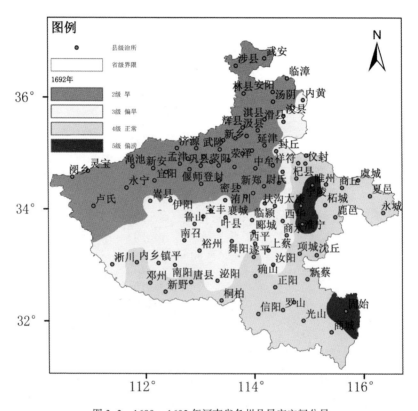

图 3-3　1689—1692 年河南省各州县旱灾空间分异

康熙二十九年（1690）五月十七日奏报该省雨水及春麦收成情形："山东省去冬今春雨雪调顺，麦子生长甚好。三月至四月中旬，因不甚得雨，复又刮风，麦子收成六、七分者亦有之，四、五分者亦有之。自四月下旬始，间得雨水，百姓正于麦茬地各齐种豆、粮。山东省所获麦子，仅供本省民食，仍可延续至秋收。"① 继而于康熙三十年（1691）六月初十日奏报：

　　　今春雨水调匀，所收麦子，丰于往年，百姓甚为欢悦。唯五月下旬，雨水稀少，于麦茬地种粟者或有之，尚未耕种者亦有之。再，春天所种之粟、高粱，今看之还好，并无旱情。为此奏闻。②

据该奏报得知本年麦子收成分数大致为：济南府属州、县合计收成共五分余；兖州府合计收成共七分；东昌府合计收成共六分；青州府合计收成共七分；莱州府合计收成共七分；登州府合计收成七分③。

由此可见，在本次干旱事件中，与陕西、山西、河南相比，山东灾情轻，除个别县域出现偏旱外，其他多数县域属正常年景。

（二）河北

在本次干旱事件中，除灾害中心陕西、山西、河南外，河北灾情亦相对较重，辖区州县多地出现大旱灾情。如 1689 年河北辖区大旱的县域有涿鹿、定州、清苑、涞源、曲阳、景县、涉县、武安等 8 县，偏旱的有灵寿、晋县、无极、宣化、万全、宣化、赤城、阳原、怀安、东安、大城、易县、沧州、吴桥、青县、献县、武强、武邑、丘县、沙河、广宗等 21 县。1690 年大旱的有完县、沧州、武安等 3 县，偏旱的有井陉、灵寿、晋县、涿鹿、丘县等 5 县。1691 年大旱的有定州、武安等 2 县，偏旱的有正定、赞皇、阳原、怀安、丰润、东光、青县、深县、武邑、涉县、邢台、广宗等 12 县。1692 年唯东光 1 县显现偏旱，其余大部分县域则表现为年景正常④。

---

① 中国第一历史档案馆编：《康熙朝满文朱批奏折全译》，北京：中国社会科学出版社，1996 年，第 16 页。
② 中国第一历史档案馆编：《康熙朝满文朱批奏折全译》，北京：中国社会科学出版社，1996 年，第 20 页。
③ 中国第一历史档案馆编：《康熙朝满文朱批奏折全译》，北京：中国社会科学出版社，1996 年，第 20 页。
④ 张德二：《中国三千年气象记录总集》，南京：凤凰出版社，2004 年，第 1990—1991、1997—1998、2006—2007、2013—2016 页。

另外,根据康熙皇帝对时任山东巡抚佛伦的满文奏折朱批中 3 次(康熙三十一年四月初三日、五月初十日、七月初四日)提到作物长势和粮食收成情况,可知北京周边范围亦属正常年景,如:

> 今年京城雨雪时调,麦粮看来优于历年,朕甚喜悦。①

> 今年京城周围麦子大收,田禾生长畅茂,早者开始吐穗,雨水无虑。数年中不曾见似此情形,故朕心不胜喜悦。②

> 京城地方田禾,不惟这三、四年,自朕董事以来,不曾见似此之禾。今已垂熟,开镰收割。朕每见田禾,内心不胜喜悦。虽言十分,但比十分多几何,尚难知之,确实太好!③

在此次大旱事件发生的 4 年间,通过上述对河北辖区大旱和偏旱发生的县域大致统计,可以看出最严重的是 1689 年,而该年在陕西、山西、河南等地干旱刚开始,之后三年,河北旱灾逐年减轻,在此次大旱最严重的 1691 年时,河北省辖区基本属偏旱。

(三)甘肃

1689 年甘肃辖区州县基本表现为正常年景,1690 年个别县域(如靖远县)出现旱情。在此次旱灾严重的 1691 年里面,甘肃省境内基本属于正常年景,甚至有部分县域出现大有年(如崇信县)。1692 年静宁、清水、两当等县域出现旱情④,但与大旱中心的几个省辖区内州县相比,灾情则较轻。

综上,根据对山东、河北、甘肃等地灾情评估情况,可以看出,此次大旱的灾害中心的确主要分布于陕西、山西、河南。

---

① 中国第一历史档案馆编:《康熙朝满文朱批奏折全译》,北京:中国社会科学出版社,1996 年,第 26 页。
② 中国第一历史档案馆编:《康熙朝满文朱批奏折全译》,北京:中国社会科学出版社,1996 年,第 28 页。
③ 中国第一历史档案馆编:《康熙朝满文朱批奏折全译》,北京:中国社会科学出版社,1996 年,第 28 页。
④ 张德二:《中国三千年气象记录总集》,南京:凤凰出版社,2004 年,第 1992、1999、2009、2018 页。

第三节　大旱事件的自然和社会因素分析

此次大旱属于发生空间尺度大于 3 个省、时间尺度上持续 4 年的大旱事件,可谓是明清小冰期大气候背景下的一次极端气候事件和重大气象灾害。由于干旱事件异常,对其成因机制的讨论必然备受关注,但受制于资料,笔者对自然原因的讨论,是对大旱的气候背景,及与可能影响的外部因子之间对应关系的说明;对社会原因的分析,一方面讨论区域社会应对旱灾中表现出的多层次社会矛盾和冲突,另一方面则试图证明这些矛盾和冲突是否反作用于旱灾,加大旱灾影响程度。

一、与自然因子的对应关系

一般而言,以历史文献记载为基础探讨历史时期极端气候事件自然成因困难较多,主要是由于缺失类似现代气象记录的大气环流场、海温场等天气数据记录,因而气候异常成因判定的天气动力学方法,难以在历史时期极端气候变化自然成因探讨中应用。

从上述对 1689—1692 年陕、晋、豫、鲁、冀、甘等 6 省旱情的分析,以及参考《中国近五百年旱涝分布图集》[①]《中国三千年气象记录总集》[②],从全国范围来看,当时这 4 年期间的旱涝空间分异特征,基本上呈现出以陕西、山西、河南三省为干旱中心的分布格局,天气亢旱,降水稀少;在这 4 年期间,我国沿海区域的台风活动记录相对往年很少,东部地区雨季亦相对异常。

(一)太阳活动

以往学者们曾对太阳活动与我国旱涝关系做过研究[③],体现出太阳

[①] 中央气象局气象科学研究院:《中国近五百年旱涝分布图集》,北京:地图出版社,1981 年,第 113—117 页。

[②] 张德二:《中国三千年气象记录总集》,南京:凤凰出版社,2004 年,第 1992—2017、1991—2017、1994—2020、1990—1991、1997—1998、2006—2007、2013—2016 页。

[③] 王绍武:《地球气候对太阳活动周期的响应》,见:章基嘉等主编:《长期天气预报和日地关系研究》,北京:海洋出版社,1992 年,第 42—53 页;张先恭:《中国东半部近五百年干旱指数的分析》,见:中央气象局气象科学研究院天气气候研究所编:《全国气候变化学术讨论会文集》,北京:科学出版社,1978 年,第 46—51 页。

活动作为旱涝变化外部影响因子之一的复杂性和区域性。1689—1692年尚无详细的太阳活动记录(太阳黑子相对数 R 值),但据太阳黑子 11 年周期参数表 [①] 可知,此时期太阳黑子极小时刻(t_m)出现时间是 1689年,极大时刻(t_M)出现时间是 1693 年,即 1689 年是太阳黑子发生的谷年,1689—1692 年则为太阳活动的上升段。有学者据黄河中游地区大旱大涝分布与太阳黑子 11 年周期位相之间关系的统计分析,认为太阳黑子发生的谷年前后和上升段,大旱年份发生频率高 [②]。而上述研究结论与本研究所论述的大旱发生时段 1689—1692 年一致。

另由上文表 3-2、3-4 整理统计的资料亦可知,大旱 4 年期间有关春季霜冻,如"三月大风雪,燕子数百集屋梁,死者大半","四月大霜,麦穗尽枯",甚至"四月连霜"、"五月霜"等记载,反映出此时期春夏转换之时气温相对偏低。春秋霜冻的同时,诸如冬季出现"黄河结冰桥"等记载,则反映出该时期冬季严寒的特征,尽管这是明清小冰期气温偏低的一个反映,但与前后几年记载相比,可见这 4 年期间冷空气十分活跃,推知太阳活动较弱。上述现象恰与"太阳活动大幅度衰减时发生特大干旱,太阳活动极度衰弱时则异常严寒" [③] 研究结论基本一致。

在季风气候背景下,降水空间分异主要受季风雨带的影响,伴随夏季风北进,雨带跳跃地向北推移,除北进外,伴随冬季风不断增强,雨带则在秋季开始南退。而本研究讨论的陕、晋、豫 3 省大部分区域处于黄河中游区,夏季风影响边缘区,无论北进还是南退,雨带移动都会受季风脉动的影响。冬夏季风强弱跟太阳活动有关系,冬季风较强,而夏季风相对很弱,降水异常偏少。加之当时蝗灾甚至变异新种虫灾、牛疫等伴生、次生灾害频发,可以大抵推断出当时气候背景基本呈现"干冷"状态。

---

① 庄威凤主编:《中国古代天象记录的研究与应用》,北京:中国科学技术出版社,2009 年,第283 页。

② 陈家其:《旱涝变化与太阳活动》,见:中国科学技术协会学会工作部:《天地生综合研究进展:第三届全国天地生相互关系学术讨论会论文集》,北京:中国科学技术出版社,1989 年,第359—364 页。

③ 王涌泉:《1662 年黄河大水的气候变迁背景》,见:中央气象局气象科学研究院天气气候研究所编:《全国气候变化学术讨论会文集》,北京:科学出版社,1978 年,第 93—106 页。

（二）强 ENSO 事件

ENSO（El Niño-Southern Oscillation）事件是全球海气相互作用的异常现象和强烈信号，作为全球规模年际气候变异的主要因子，其循环变化过程中的冷、暖两个极端位相对太平洋副热带高压和东南亚季风环流有显著影响，降水、气温等要素变化表现出一定的区域性特征[①]，ENSO 正是通过影响季风环流影响我国中东部季风气候区内的降水变化[②]。尽管现今有关赤道东太平洋海温与我国降水量变化二者的关系仍在不断的深入研讨中，但是，将此次极端干旱事件与同期 El Niño 历史记录作对照，分析两者之间有无一定相关性，也有一定积极意义。

查 El Niño 事件历史年表可知[③]，1687—1688 年与 1692—1693 年都是强 El Niño 年份，其程度皆为强级，分别为 S+、S。此次大旱最强的两年 1690 年和 1691 年，可以看作是 1688 年强 El Niño 事件后的第 2 年和第 3 年，同时又可以看作是 1692—1693 年强 El Niño 事件的前 1 年，而且大旱年份 1692 年本身亦是强 El Niño 年。根据目前有关 El Niño 事件与我国降水关系研究成果可知[④]，在 El Niño 事件的前 1 年，全国大范围区域以少雨为主要特征，在黄河中下游、海河、淮河流域和长江下游地区均有较高少雨的几率。而上述的这些特点与本研究所论述的 1689—1692 年旱灾实况几乎一致。另外，还需要提到的一个问题是，以往类似研究成果亦认为，在 El Niño 事件结束之后普遍多雨，显示出在非

[①] Ropelewski C. F., Halpert M. S.. Global and Regional Scale Precipitation Patterns Associated with the El Niño Southern Oscillation. *Mon. Wea. Rev.*, 1987, 125:1606-1626. Kiladis G. N., Diaz H. F.. Global Climate Anomalies Associated with Extremes in the Southern Oscillation. *Climate*, 1989, 2:791-802. Nils-Axel Mörner. ENSO-Events, Earth's Rotation and Global Changes. *Journal of Coastal Research*, 1989, 5（4）:857-862.

[②] 赵振国：《厄尔尼诺现象对北半球大气环流和中国降水的影响》，《大气科学》1996 年第 4 期，第 422—428 页；Zhang Renhe, Akimasa S., Masahide K.. A Diagnostic Study of the Impact of El Niño on the Precipitation in China. *Advances in Atmospheric Sciences*, 1999, 16（2）:229-241.

[③] Quinn W. H., Neal V. T.. The Historical Record of El Niño Events, In: Bradley R. S., Jones P. D. ed.. *Climate since A.D. 1500*. London and New York: Routledge, 1992, pp. 623-648.

[④] 陈菊英：《中国旱涝的分析和长期预报研究》，北京：农业出版社，1991 年，第 154—159 页；张德二、薛朝晖：《公元 1500 年以来 ElNiño 事件与中国降水分布型的关系》，《应用气象学报》1994 年第 2 卷，第 168—175 页；张德二：《相对温暖气候背景下的历史旱灾——1784—1787 年典型灾例》，《地理学报》2000 年增刊，第 106—112 页。

厄尔尼诺年多雨的特点 ①。但是,此次大旱事件却是介于两次强 El Niño 事件之间不超过 3 年时间,由此在一定程度上可推断出此时期陕西、山西、河南 3 省 4 年的大旱事件有着强 El Niño 年份控制之下的以少雨为特征的气候背景。

当然,本研究并非凭借单一案例来证明 El Niño 事件与降水关系存在确定的影响机理,仅仅是想通过这个典型的极端干旱历史事件来验证现有的相关研究结论,这对进一步增强判定二者关联的讨论,还是有积极意义的,一方面可以为目前对 El Niño 与我国降水量变化关系研究提供历史相似型;另一方面可以给 El Niño 的历史影响提供新的案例。

(三)火山活动

火山活动喷发的火山灰和气体(硫化物)进入高层大气,影响全球能量平衡和气候,使地球平均气温降低 ②。其中尘埃、火山灰通常几个月内沉降至地面,而硫化物气体却漂浮于平流层,随后逐渐转化成硫酸气溶胶环绕地球分布,因而可干扰太阳辐射到达地面的正常过程,甚至长达 2 年之久 ③。其吸收、反向散射部分太阳短波辐射,致使地球平均气温降低;而火山喷发的火山灰增加大气中吸湿性凝结核,加强和催化降水发生。同时,分布于平流层的气溶胶不但减弱太阳辐射,且间接改变大气环流,引发降水的空间分布变化。

据世界火山活动记录 ④,整理出 1689—1692 年干旱事件发生之前的 16 次全球范围内火山活动(表 3-9)。目前虽就火山活动对气候变化的影响仍在持续争论,但从以往对火山活动与我国气候变迁关系的研究来看,有学者据近五百年旱涝等级资料研究,认为低纬与中高纬火山爆

---

① 梁平德:《ENSO 事件与华北夏季降水关系的初步分析》,见:长期天气预报理论方法和资源库建立研究项目总课题组:《长期天气预报论文集》,北京:气象出版社,1990 年,第 248—253 页;陆日宇:《华北汛期降水量年际变化与赤道东太平洋海温》,《科学通报》2005 年第 11 期,第 1131—1135 页。

② Kelly P. M., Sear C. B.. Climatic Impact of Explosive Volcanic Eruptions. *Nature*, 1984, 311: 740-743.

③ Robock A.. El Chinchón Eruption: The Dust Cloud of the Century. *Nature*, 1983, 301: 373-374.

④ Simkin T., Siebert L.. *Volcanoes of the World. 2nd ed.* Tucson. Arizona: Geoscience Press Inc, 1994: 26-33.

发后,当年华北地区就可能明显变旱①。还有类似结论认为全球强火山爆发区域不同,对华北地区旱涝影响也不同,但在火山爆发之后两年内,华北夏季降水趋减,以偏旱为主②。

　　此次大旱开始时1689年之前的3年内,发生了6次不同等级的火山活动,其中有4次VEI=4的重大火山活动,且1689年当年发生1次VEI=3的火山活动,之后几年内连续8次火山活动,1690年的5次中4次VEI=3、1次VEI=4,而该年陕西、山西、河南旱灾影响较重,尤其是随后的1691年,是此次大旱事件连续几年里影响最严重的一年,这和上述研究结论具有基本对应关系。当然,至于是否因为这些火山喷发影响了东亚环流异常才形成此次连续大范围干旱事件,它们之间到底有无关联,其真正的影响机理等问题,目前尚不清楚。

表3-9　1686—1692年全球范围火山活动统计

名称	时间	区域	纬度	经度	量级
Iwate	1686-2-29	日本本州	39.850	141.000	4
Gamalama	1686-9	印尼哈马黑拉岛	0.800	127.325	4
Orizaba, pico de	1687	墨西哥	19.030	-97.268	3
Gamalama	1687-3-10	印尼哈马黑拉岛	0.800	127.325	4
Iwate	1687-3-26	日本本州	39.850	141.000	3
Serua	1687-6-15	印尼班达海	-6.300	130.000	4
Etna	1689-3-14	意大利	37.734	15.004	1
Iwate	1689-6-22	日本本州	39.850	141.000	3
Banda api	1690	印尼班达海	-4.525	129.871	3
Guntur	1690	印尼爪哇岛	-7.130	107.830	3
Unzen	1690	日本九州	32.750	130.300	3
Chikurachki-tatarino	1690	千岛群岛	50.325	155.458	4

①刘永强、李月洪、贾朋群:《低纬和中高纬度火山爆发与我国旱涝的联系》,《气象》1993年第11期,第3—7页。
②张富国、张先恭:《强火山爆发与我国华北地区夏季旱涝的关系》,《灾害学》1994年第2期,第69—73页。

名称	时间	区域	纬度	经度	量级
Koshelev	1690	俄罗斯堪察加半岛	51.350	156.730	3
Reventador	1691	拉美厄瓜多尔	-0.077	-77.655	3
Aso	1691–5	日本九州	32.880	131.100	2
Serua	1692–6–4	印尼班达海	-6.300	130.000	0

（四）石笋记录

李红春等对采集于陕西省柞水县的石笋进行了检测,其所记录的过去750a来高分辨率气候变化显示出,公元1520—1820年期间,$\delta^{18}O$（the stable oxygen isotope）的值都低于平均值,显示气温低于平均气温,这一时期正好对应于明清小冰期。而根据 $\delta^{13}C$（Carbon isotope）的值普遍低于平均值的情况来看,这一时期主要为湿冷气候。但是,公元1690—1740年这50a中气候较干,显示了冷干的气候组合,这段时间是夏季风很弱而冬季风很强的时期[1]。其结论与史料中对这几年所记载的冷、旱事件相吻合,同时也与上述太阳活动及 ENSO 事件对应关系一致。

二、复杂的社会因素

有关此次旱灾下的社会背景,在当时多种历史文献里有所涉及,尤其值得注意的是社会应对旱灾中的多层次社会矛盾和冲突,反过来讲,亦可认为社会的矛盾和冲突无疑也加大了旱灾的影响程度,致使旱灾的影响雪上加霜。本部分通过追寻旱灾中的区域社会矛盾和冲突,试就社会因素对旱灾影响的叠加作用进行剖析。

（一）地方官员腐化、赈灾不力

1. 借灾敛财

针对此次大旱灾害的赈济等善后,以及处理地方官员损公肥私等事宜,康熙皇帝于康熙三十一年冬,将自己心腹官员佛伦（时任山东巡抚）

---

[1] 李红春等:《陕南石笋稳定同位素记录中的古气候和古季风信息》,《地震地质》2000 年增刊,第 63—78 页。

调往陕西任川陕总督,专办此事。在佛伦已被任命川陕总督而未上任之前,佛伦就派自己亲信先行至陕西,对当时陕西的灾情进行了大致摸底,尤其是针对赈灾实况及地方应对效果进行了访查,如其所说:

> 顷闻授奴才为总督之旨,即先派可信家人前往陕西省访查,共到十七州、县地方而还。其中十余州、县之官吏,既无安抚之才,且贪苛残暴者亦有之,借故私派扰民者亦有之,极其庸愚,放纵衙役、家人肆行苛取者亦有之。是故,民人视若仇敌。
>
> 奴才分派两路查访之人,尚未返抵。然而,此十七处官员中,即有十余劣员。由此可知,陕西通省官员,均以摊派克扣为常事。更有甚者,或有正副官员,在职期间,平素肆行贪苛,继而又向被灾民人倍加派征,攫为己有,反捐纳而离去者亦有之。此等者情更可恶。
>
> 奴才复访查得,先视察灾情,赈济饥民时,民得实惠者,寥寥无几,而借口用于饮食、骑用之项而摊派之项颇多。①

引文指出了当时大旱中地方官员的多种腐败状况,其灾害管理和应对措施几乎已成摆设,所访查的 17 处州县,其中有 10 余处官员风气败坏,即其所讲的"贪苛残暴者"、"借故私派扰民者"、"反捐纳而离去者",均以摊派克扣视作常事。以至于出现视察灾情、赈济饥民、民得实惠者寥寥无几,因此民众视贪官污吏若仇敌,官民之间的矛盾已然上升至敌我矛盾。此种背景之下,天灾叠加人祸,灾情怎能不加重?

刚上任不久的佛伦,在康熙三十一年十一月十六日的一份满文密折中,奏报了其亲临踏察陕西地方被灾州县情形,据所勘察结果,再次确认了之前派亲信访查的情况,此次旱灾不仅是由"天灾"所致,更夹杂"人祸"因素,正如其在密案中陈述:

> 总督臣佛伦谨奏:为恭陈奴才所见所闻,奏闻地方破败,百姓流离,不可诿以天灾情形事。窃照陕西省西安、凤翔所属地方民人,虽遭旱灾,甚为穷蹙,以致流离者,非唯天灾,实因地方大小官吏不行安抚,唯利是图,摊派扣克,故地方破败,民穷至极,不能立足,四处

---

① 中国第一历史档案馆编:《康熙朝满文朱批奏折全译》,北京:中国社会科学出版社,1996年,第 32 页。

流散。①

显而易见，此次大旱"不可诿以天灾情形"，在旱灾肆虐的同时，地方官员不能尽心安抚赈济，反而借天灾以肥私利，"唯利是图，摊派扣克"，实质则是对旱灾影响的推波助澜。缺乏旱灾的积极应对和妥善管理，致使"地方破败，民穷至极，不能立足，四处流散"。随后，佛伦在康熙三十一年十二月二十一日再次提及此次灾害形成的原因乃是天灾与人祸的共同作用，如："奴才接任后看得，西安、凤翔所属地方，民流田荒，残破至极。如此情形，不可仅推于天灾。"②

大旱之下，何以陕西省多数官员风气败坏、贪污腐化竟至此种地步？佛伦在密折中也提到相关问题，有助于进一步理解官员贪污腐化的原因。如其所讲：

> 奴才曾在山东，察山东、陕西二省情形，大有异处。山东省乡宦、秀才颇为强暴，人性急燥。是故，奴才钦遵皇上训示，曾以强暴为先，稽察官吏为副。今抵陕西看得，乡宦、秀才强暴者寡，且人性忠直，惧官守法。惟地方官员、衙役知民之性，均以贪暴为常事，各自效尤，蔚然成风。
>
> 奴才以为，若不一次严定吏治，严厉惩治，则恶习终难改弃。是以奴才无奈，陈奏革职赎罪效力事，在内大臣不准施行，亦未可料。惟奴才荷蒙皇上深厚之恩，何敢顾虑为人仇斥，知于国于民有益之实事而不直陈以奏。③

因佛伦前任山东巡抚，对地方政务、民风实情等颇为熟悉，通过比较山东和陕西之后，陕西民情如"乡宦、秀才强暴者寡"，"人性忠直，惧官守法"，致使地方官员"均以贪暴为常事"，甚或"各自效尤"，以至官场贪污腐化"蔚然成风"。

---

① 中国第一历史档案馆编：《康熙朝满文朱批奏折全译》，北京：中国社会科学出版社，1996年，第32页。
② 中国第一历史档案馆编：《康熙朝满文朱批奏折全译》，北京：中国社会科学出版社，1996年，第36页。
③ 中国第一历史档案馆编：《康熙朝满文朱批奏折全译》，北京：中国社会科学出版社，1996年，第32—33页。

佛伦多方勘察,向康熙皇帝陈述了当时灾情实况及给出灾害原因之后,康熙皇帝对其实心办差大加赞赏:"所奏甚好,矜悯尔赤忠,几乎落泪!"① 但同时告诫佛伦,赈灾中出现的此类巨额亏空等问题,不可在汉文题本中提及,如"见尔密奏,内心甚喜。惟此等之言,断不可书于题本"②。其原因大概是,康熙皇帝担心官员腐败事实被广而知之而引发更多不便,尤其不想因此使当下最要紧的赈灾事宜再受影响。然而,在当时传统制度背景之下,此类事件绝非偶然。

2. 贪污腐化之佐证

以上论及的地方官贪污腐化情形,皆出自佛伦一人所奏的密折,不免使人怀疑似有夸张成分,恰此类情形在俞森的《郧襄赈济事宜》里提供了相应佐证,当时俞森于赈灾过程中,亲自问及一位逃荒就食襄阳的陕西籍灾民,如:

> 本道逐细详询,有一生员惠古恸哭陈情,云本地颗粒无收,旱荒已极,不止一次。皇上发帑赈济,官府率皆按籍给散。某户纳一丁钱粮者,止赈一丁而已。若给银五,止好买粮食一斗。生员一妻四子,共计六口,一斗之粮,四日便了,此外何以支吾?有银无处买粮,贫者无以存立,十分之中已逃七分,田地抛荒,家业尽弃。遍问多人,如出一口。③

由灾民言及本籍灾情显而易见,陕西本地赈灾是"按丁赈济",并非"按口赈济"。但在俞森的《郧襄赈济事宜》里记载安抚襄阳流民时,是按陕西赈济灾民规定进行给赈,其赈济规定是"按口赈济",如"合应遵照陕西每大口米三合;若赈谷,应给六合"④。可见,实际赈济并未按赈济规定给赈,如此操作,地方官员即可从中克扣赈灾之钱粮,从而中饱私囊。

---

① 中国第一历史档案馆编:《康熙朝满文朱批奏折全译》,北京:中国社会科学出版社,1996年,第33页。

② 中国第一历史档案馆编:《康熙朝满文朱批奏折全译》,北京:中国社会科学出版社,1996年,第39页。

③（清）俞森:《郧襄赈济事宜》之《再详赈济流民》,见:李文海、夏明方、朱浒:《中国荒政书集成》,天津:天津古籍出版社,2010年,第1144页。

④（清）俞森:《郧襄赈济事宜》之《再详赈济流民》,见:李文海、夏明方、朱浒:《中国荒政书集成》,天津:天津古籍出版社,2010年,第1142页。

（二）捐纳亏空：赈灾中的不义之举

为应对大旱，官府实施民间捐纳措施，然而由此却引发了大额捐纳亏空等不义之举，重灾区陕西辖区尤为严重。时任川陕总督佛伦刚上任不久，清查了陕西各州县赈灾捐输账目和布政司库，发现只有账目，未见银两，且数目多有讹误不实之处，于康熙三十一年十一月十六日上报康熙皇帝：

> 经奴才粗查，本年八月前捐纳银两数目颇多，至或州县银两，奴才咨访，据称有内外大臣官员央求者，故仅有数而实无此数银两。①

康熙三十二年三月二十四日又上报说：

> 窃奴才去岁接任后，查访陕西省州、县捐纳银两，亏空者甚多。彼时，若即查参奏，则亏空银不能盈数，反于事无益。若不陈奏，该省捐纳银两颇多，恐误公事。念及于此，奴才于去年十二月奏请将各州、县捐纳银两，一个月内送交布政司库。
>
> 奴才屡行文布政司严催各州、县，或州、县送十分之一二者有之，送十分之四五者有之，或州、县丝毫未送者亦有之。项由西安府属咸宁、长安二县交捐纳银两亏空实情，将捐纳者姓名、欠下未给之数目，造具细册，由该司参报到奴才。奴才查阅档册，咸宁县亏空银二万余两，长安县亏空银十五万余两，奴才见之甚惊。据此二县如许亏空，可知其余州、县亦有如此亏空者颇多。
>
> （康熙朱批）此事即依尔所奏为好，汉文单子留下了。钦此。②

密折内容所反映情况显而易见，由于当时主要面临的问题是赈灾，佛伦建议对捐纳银两亏空责任暂缓追究，限期送交布政司库，再行请旨严行查办，如此可保全所捐银两不至于一时难以补偿，当时赈灾事宜千头万绪，且有罪官员，可赎罪图功。当然，这也是当时无奈之举，因为亏空之事"内外牵连之人甚众"，亏空数额亦较多，仅咸宁、长安两个县就

---

① 中国第一历史档案馆编：《康熙朝满文朱批奏折全译》，北京：中国社会科学出版社，1996年，第33页。
② 中国第一历史档案馆编：《康熙朝满文朱批奏折全译》，北京：中国社会科学出版社，1996年，第40页。

达十七万余两之巨,如若立即查办捐纳银两亏空数额参劾,各州、县必会相互揭穿上报各自央求捐纳后所欠之人,事将更繁,从而延误赈灾应急。由此可知,借着义赈之事,却行不义之举,不止一人、一县、一府。对于最后清查所有州县捐纳亏空,密折档案中对此亦有所反映,如康熙三十二年五月二十三日载:

> 今长安、咸宁、洛南、富平、华阴、武功、眉县、耀州等八州、县将捐纳后未给银两亏空数目及承捐人名,造册呈布政司,参送到奴才。奴才查得,西安、凤翔所属二十九州道、县、卫,共捐纳银二百七十一万余两。其中,除将支用银两及户县知县李福石亏空银二千两,另行奏报、严查外,各州、县共送银一百一万余两,尚未送到银一百八万余两,其中亏欠银六万余两。[①]

核查之后,捐纳银两最初达到二百七十一万,数额如此巨大,之后经佛伦追缴,未运送至布政司库与持续亏欠的仍有一百一十四万两,而当时清廷对灾区的赈济银两就一个县而言,大致为四千余两,如"赈济银四千三百一十八两六钱,赈济米一千三百四十石"[②]。而当时对陕西西安、凤翔两府被灾饥民的两次赈济款额才十万两,如"陆续派臣二次,动用库银数十万两赈济"[③]。相形之下,"十万"对于"二百七十一万"来说,简直不值一提,由此可知,倘若捐纳银全部及时用于赈济旱灾,将会起到多大的作用,但情况恰恰相反,捐纳银两亏空数额至此,旱灾赈济迟迟未能起到明显成效已不言而喻,由此可确认本次大旱除"天灾"之无情,"人祸"之险恶亦是绝不容小觑的主要因素之一,双重影响叠加,致使旱灾影响进一步扩大。

(三)粮食危机·社会冲突·旱情升级

1. 赈灾漕粮运送折射出的官场斗争与地方利益纠结

清康熙朝漕粮的重要性毋容置疑,"国之大事,惟兵与漕"[④],"漕米

---

① 中国第一历史档案馆编:《康熙朝满文朱批奏折全译》,北京:中国社会科学出版社,1996年,第42页。
② 光绪《夏县志》卷五《灾祥》。
③ 中国第一历史档案馆编:《康熙朝满文朱批奏折全译》,北京:中国社会科学出版社,1996年,第23页。
④ 林起龙:《请宽粮船盘诘疏》,《清经世文编》卷四六《户政二十一漕运上》。

一项,上自玉食,以至百官俸廪、各役养赡,咸于是赖"①。在此次旱灾应对中,漕运理所当然发挥了其重要作用。正如时任川陕总督的佛伦,在康熙三十二年七月二十一日上奏康熙皇帝的满文密折中,回忆前一年赈灾情景时提到:"奴才去年搬任之际,由湖广所运米十万石,再江淮米十万石,俱至接济,于军需大有裨益。从此粮价每石超不过五两,逐渐下跌,故万民有余,能种此废弃之田,招徕流民。"②

此次大旱应对截粮济灾,由外省运粮至当时重灾区陕西,调运粮食路线主要有四条,分别是,东:河南陆路运至潼关,南:襄阳水运至商州,西:甘肃陆运至西安,北:湖滩河朔水运至渭河。按当时调运条件,常用以调运大量漕粮的路线是东线,但运粮路途相对其他几条要远,因而开辟了南、北两条从未承运的路线,正如康熙三十二年七月二十一日佛伦上奏的满文密折中所载:

> 万岁主一时为拯救要区,权衡行事,后又洞鉴远方粮谷不可重行捐送,视事方便易行,从湖滩河朔,将漕米由亘古未运之河输送,又遣大臣,将襄阳粮谷,从汉江通商州之河挽运至西安粜卖,以平粮价。③

然而,问题在于,当时灾害影响严重,急需大量赈济钱粮,各线运粮都在进行,地方官员之间多有评论:

> 自湖滩河朔至潼关一带黄河之间,有龙王迪、禹门等窄险之地,水流湍急,且处处有滩,拉纤路断。龙王迪百里之间,皆以驴驮人负,由陆路运输装船,方运往潼关。因向非漕运之路,行走颇艰。由商州通襄阳之河,河源出自秦岭,山险,地势高,河水湍急而浅,底皆滩石,故水涨之际,不能逆流纤船,水退则浅,行走颇艰。是故,商家视机,以小船载米数石运至商州龙驹寨地方贸易,以图小利。惟万石之米,若运至龙驹寨,需小船一千余只,亦非易事。

---

① 光绪《户部漕运全书》卷一《兑运额数》。
② 中国第一历史档案馆编:《康熙朝满文朱批奏折全译》,北京:中国社会科学出版社,1996年,第49页。
③ 中国第一历史档案馆编:《康熙朝满文朱批奏折全译》,北京:中国社会科学出版社,1996年,第49页。

内阁学士德珠等称：自本年二月所运米万余石，四月至今，先后运至西安之襄阳米，总共只有三千余石，尚未到龙驹寨者亦有之。挽运此米时，船夫逃避，不能及时运至龙驹寨，民夫亦颇受劳苦。况且，运此米至西安时，总计水陆雇工钱，每石米需银三两余。现因麦收，西安省城米价，每石银仅二两一、二钱。是故，襄阳总兵官王化兴亲来西安，售其运到之米，因无人购买，只售米百余石，余米储之。①

显而易见，一方面认为北线与南线沿途艰难及以前尚未进行调运，运粮速度慢、运量小，断不可行；一方面又认为东线"运输民人颇受苦"，亦不可行。从表面上看，似乎都是在讨论路线运力等问题，看不出有丝毫官场斗争痕迹。但据康熙皇帝对佛伦的朱批中可以看出，其讨论内容实质成为地方官员明争暗斗的一种借口，且湖广襄阳等处，距潼关相近，且道路平坦，易于转输，并非如同地方官员所说那样，如：

此事无益之处，朕早已知之，曾大发议论。诸大臣仅以河南陆路运输民人颇受苦为题目，其本意使傅拉塔、延兴邦倒台。②

湖广襄阳等处，距潼关相近，且道路平坦，易于转输。襄阳等处所有积贮米谷，应令该督抚运至潼关，陕西督抚接受转运，庶于散给兵饷，赈济饥民，均有裨益。③

可见康熙皇帝熟知其中争斗原委。由于南线襄阳水运至商州速度慢、运量小，川陕总督佛伦认为不如以运米雇工钱，在秋收之时，在西安所属州、县粮价低贱之地采买积储，如此可不费钱粮，不劳民力，对陕西省大有裨益，湖广、河南、山西省民，皆系皇帝之赤子，他不敢只为陕西省考虑。但当时是在没有粮食的情况之下，如今论事的前提是有粮，两者不可同日而语。因而康熙即评论了其他地方官员的短视和内斗，亦提醒佛伦要全局考虑。

---

① 中国第一历史档案馆编：《康熙朝满文朱批奏折全译》，北京：中国社会科学出版社，1996年，第49页。

② 中国第一历史档案馆编：《康熙朝满文朱批奏折全译》，北京：中国社会科学出版社，1996年，第49页。

③ （清）陈梦雷纂：《古今图书集成·经济汇编·食货典》卷八十六。

去年,倘若将由黄河水运襄阳陆运之米,不以河南之力运至西安,则西安绿营兵无以安抚。今据现成之言,谓明知水路而未运,知民而使之受苦之。等情。不过以浅陋无识之言,信口胡诌而已。[1]

前因尔所奏筹划陕西地方一本,牵扯各地,多无决断,今言者即以此为话柄,表面虽说为河南,为陕西,但暗中皆欲嫁祸于尔,指望日后有复仇之对头。况且,天理人事不可预定。若谓河南民人运米辛苦,而今则由水路挽运,岂有不用民力之处耶?今此挽运官员努力,日后则谓之劳民;如不努力,则于事无益。事非仅此一次,将来国家凡有运粮运草之事,惟以民劳之辞先之,则日后或有军务,其苦不止于此。今若谓河南民人苦于运米,设使此项米石未曾运至,则至今给西安兵吃甚么?[2]

灾区周边各自为政的地方官员,既要为自己禁止粮食自由流通找理由,又以东线运粮劳民伤财为借口说明东线运粮官员傅拉塔办事不利。但康熙对此事却是统揽全局,当时主要解决的问题是赈济旱灾。这从江南、江西总督傅拉塔的密折里可清楚看到,亦反映出重灾区陕西周边各省的确存在遏籴等逆律而行之事。如:

命将江南、湖广三十万余石米送至潼关、蒲州等地预备,故陕西之民断然无妨。运送该米之事,乃圣主神机妙算,绝非臣工所能为也。

陕西省邻省山西、河南、湖广、四川民人、商贾交易粮谷。该四省地方官员因恐各自省内粮价上涨,禁止商民出境买卖粮谷,亦未可料。普天之下皆为圣主臣民,岂可如是各自为政耶?倘若严禁,邻省商民图利,纷纷卖往陕西省,则陕西粮价似即贱也。[3]

综上史料分析可知,首先在此次大旱应对中,以康熙为首的上层统治阶级进行了有组织的管理,但必须承认地方官员既无成本意识,更无

---

[1] 中国第一历史档案馆编:《康熙朝满文朱批奏折全译》,北京:中国社会科学出版社,1996年,第49页。

[2] 中国第一历史档案馆编:《康熙朝满文朱批奏折全译》,北京:中国社会科学出版社,1996年,第40页。

[3] 中国第一历史档案馆编:《康熙朝满文朱批奏折全译》,北京:中国社会科学出版社,1996年,第24页。

长远规划思想。当然,这跟地方官员调动过于频繁有关,新任官员不谙地方治理本质,这些给地方上带来了众多问题,此次旱灾应对一个案例已能明显反映。其次,地方官员讨论截漕粮以赈济旱灾路线中折射出的官场斗争与地方利益纠结,既干扰了灾害应对的正常进行,更重要的是在一定程度上使旱灾影响升级。

2. "遏籴"与"禁遏籴"的两难选择

因旱灾连年粮食紧缺,但灾区周边诸地却行使地方保护主义,出现了"遏籴"现象,影响粮食自由贩卖,迫使粮价走高,对灾区来说无疑使灾情升级。如在康熙三十一年三月初九日,时任两江总督的傅拉塔奏报康熙皇帝的一份满文密折中提到:"陕西省邻省山西、河南、湖广、四川民人、商贾交易粮谷。该四省地方官员因恐各自省内粮价上涨,禁止商民出境买卖粮谷,亦未可料。普天之下皆为圣主臣民,岂可如是各自为政耶?"[①] 这种行为无疑对灾区粮食供应有一定消极影响,因而地方官府为此专门发文明令禁止,尤其是重灾区陕西省,《郧襄赈济事宜》中提到了总督巡抚部院宪牌令,其中专门提到"为移明疏通粮路以救灾黎事",禁止"遏籴":

> 本年十二月十二日,奉总督巡抚部院宪牌准川陕总督部院葛咨开:陕西省地方,今岁荒歉,秋禾失望,明岁麦苗枯槁将尽,茕茕百姓,全赖邻省接壤州县往来籴贩,以有易无,在秦中饥民可藉以资生,楚豫居民以此获利,实属两有裨益。近闻楚省邻秦州县,不许秦民籴贩,以致秦民资生无策,相应咨请转饬所属邻近陕省州县各官,如遇秦民来彼籴买粮石,令其照常行走,公平交易,不许盘禁阻挠,使陕省灾得免饥馁之虞等因。准此,为照各省百姓,均系朝廷赤子,凡值岁时荒歉,自应听邻省灾民往来籴籴,以济时艰,无容奸民遏籴,藉端阻挠。今准前因,合行出示晓谕,示仰督属军民人等知悉,嗣后如遇秦民来楚籴买米谷,听其照常往来,公平交易,不许生端盘禁,及高抬时价,刁背阻挠。敢有故违,许被背之人赴该管地方官陈禀,查拿解究,以凭重处。各宜凛遵毋违等因,除出示晓谕外,合并

---

① 中国第一历史档案馆编:《康熙朝满文朱批奏折全译》,北京:中国社会科学出版社,1996年,第23页。

严饬。①

文中提到：应使邻省灾民自由往来籴粜，以救济灾民，不容许奸民"遏籴"，及各种形式的阻挠。若敢有故违者，查拿并交由地方官从重处罚。此牌令规定即代表官府行为，通过官方明令禁止"遏籴"现象发生，对灾区民众有着积极意义。当然，若抛开"一方有难八方支援"的当代灾害应对理念不谈，仅就当时历史而言，这对襄阳来说，无疑略有城门失火殃及池鱼之祸，这在俞森的《郧襄赈济事宜》亦表现得淋漓尽致，正如其所说：

> 普天之下，尽属朝廷赤子，何敢作秦越之视？粮食一任陕豫籴买，不忍禁遏，除两属薄收，仅可自给，此外惟襄、枣、宜三邑有收而为数无几，邻省驼运车盘昼夜不绝，粮价涌贵，今已五倍。襄民自食将尽，既无以应外省之贩买，尚安有余粒，以济寄食数万之流民耶？②

显而易见，俞森在"禁遏籴"与"遏籴"之间的权衡，其矛盾心理跃然纸上，从一个侧面亦说明了当时清廷救灾过程中存在的问题，以及在传统社会制度下，这种现象的出现是一个历史必然。旱灾本就缺粮，"遏籴"又间接地引发灾情升级。

3. 陕、晋、豫流民与鄂西北区土著民众的矛盾

在此次大旱中，饥荒迫使大量人口背井离乡，多处流移求食，陕、晋、豫三地流民的一个主要流向是湖北襄阳，仅仅在康熙三十年冬月至康熙三十一年三月四个月间短时期内，流移至襄阳的流民就大致有四万余口，大量人口压力必然致使流民与当地土著民众之间产生各种冲突。

首当其冲的，自然是粮食问题。当时既不能禁止粮食自由买卖，又要安抚流民，还要调拨粮食运往灾区，体现出外来人口增加与本地粮食短缺的矛盾。正如：

---

① （清）俞森：《郧襄赈济事宜》之《三详赈济流民》，见：李文海、夏明方、朱浒：《中国荒政书集成》，天津：天津古籍出版社，2010年，第1145页。
② （清）俞森：《郧襄赈济事宜》之《再详赈济流民》，见：李文海、夏明方、朱浒：《中国荒政书集成》，天津：天津古籍出版社，2010年，第1143页。

夏秋之际,每石只卖三钱,如今贵至六钱、七钱。若使饥民来者不止,贩户买者频来,不但汝等没饭吃,连襄阳人也没饭吃了。奈何? 奈何? 汝等在本籍受饥饿、愁死亡,是你本籍官府的事;今在襄阳,是襄阳官府的责任。①

且据《郧襄赈济事宜》记载,为了解决这些矛盾,俞森曾未接上级批示,擅自开仓(常平仓)放粮以解燃眉之急。

本道为汝等再四踌躇,日不安坐,夜不安眠,细细思量,要在无可赈济之中再商救济之法,只有借动常平仓一法。但此仓粮,不但本道不能作主,连督抚大老爷也不便擅发。一有动用,部议必不肯依,处分立至,赔累不免。今本道尽力救济汝等,恳恳切切,详请两院咨部题本,毕竟要那动赈济,以活汝等。②

粮食一任陕豫籴买,不忍禁遏,除两属薄收,仅可自给,此外惟襄、枣、宜三邑有收而为数无几,邻省驼运车盘昼夜不绝,粮价涌贵,今已五倍。襄民自食将尽,既无以应外省之贩买,尚安有余粒,以济寄食数万之流民耶? 本道计无他出,惟有不顾一己之身命,仰体皇上轸恤赤子之德意,将现储仓谷暂行给散,救垂死之流民,全本土之黎庶,静听处分。③

根据俞森陈述,足见当时因粮食紧张,土、流二者难以权衡安抚,擅自开仓可谓无奈之举,与此同时亦反映出一个重要问题,即从传统制度层面上看,当时粮仓管理制度运作方式与地方赈灾需求之间存在较大冲突。

其次,区域社会治安问题。自流民入境,地方社会治安问题必然引起官府重视。如俞森在《示谕饥民》文告中说:

本道又闻府城之外一二十里地方,天色昏黑,孤客独行,多遭闪

---

① (清)俞森:《郧襄赈济事宜》之《示谕饥民》,见:李文海、夏明方、朱浒:《中国荒政书集成》,天津:天津古籍出版社,2010 年,第 1141 页。
② (清)俞森:《郧襄赈济事宜》之《示谕饥民》,见:李文海、夏明方、朱浒:《中国荒政书集成》,天津:天津古籍出版社,2010 年,第 1141 页。
③ (清)俞森:《郧襄赈济事宜》之《再详赈济流民》,见:李文海、夏明方、朱浒:《中国荒政书集成》,天津:天津古籍出版社,2010 年,第 1143 页。

棍,虽未必确系饥民所为,但从前无此等事,今忽有之,又焉得不疑及汝等? 汝等千万谨饬,毋作非为。要紧! 要紧! ①

显而易见,俞森认为这些社会治安问题皆因流民涌入引起。因此要求襄阳土著民众严行"保甲制度",如"倘本甲有容留来历不明及游手无业之人,左右邻察出,即报甲长,照前申报"②。并禁止流民入山,"惟襄阳、光化、枣阳、宜城四邑可以安插,其余山邑险隘,不便安插,并宜严禁防守,不许流民入山"③。这些都反映出当时在旱灾影响之下,流民与土著之间不可避免冲突之表现。

第四节　1689—1692 年大旱灾的社会应对

近年来,对历史时期灾害与社会应对之间的互动关系讨论,已成为历史研究的一项重要课题,并被积极拓展为灾害与社会变迁关系研究中的一个新领域,历史气候研究亦对此关注较多。笔者则据以往研究基础,通过对 1689—1692 年间陕西、山西、河南发生的大旱事件,详细考察区域社会的应对措施,以及此次旱灾事件在区域社会变迁中的作用。

上文复原了 1689—1692 年陕西、山西、河南等地大旱史实,及灾情发展的空间分异特征,已经可以明显看出,在长达 4 年时间干旱发展过程中,出现了大范围饥荒、人口流亡情形,以至于"民流田荒,残破至极"④,加之大旱期间伴生虫灾、低温冷冻等严重灾情,致使社会经济遭受巨大损失。又如康熙三十一年二月初四日上谕档案载:"前闻陕西西安、凤翔各属饥荒,已经特颁谕旨蠲免钱粮,并发帑金,专遣大臣赈济,仍拨给别省钱粮刻期运送,务使均沾实惠,人获更生。近又闻颁赈之前,尚有

① (清)俞森:《郧襄赈济事宜》之《示谕饥民》,见:李文海、夏明方、朱浒:《中国荒政书集成》,天津:天津古籍出版社,2010 年,第 1141 页。

② (清)俞森:《郧襄赈济事宜》之《严行保甲》,见:李文海、夏明方、朱浒:《中国荒政书集成》,天津:天津古籍出版社,2010 年,第 1148 页。

③ (清)俞森:《郧襄赈济事宜》之《再详赈济流民》,见:李文海、夏明方、朱浒:《中国荒政书集成》,天津:天津古籍出版社,2010 年,第 1143 页。

④ 中国第一历史档案馆编:《康熙朝满文朱批奏折全译》,北京:中国社会科学出版社,1996 年,第 36 页。

贫民散入四方,流离失业,势不能复还乡井,倘不曲加抚绥,必致转于沟壑,深为可悯。"①

除上述史料记载之外,这些影响在档案中也有详细的反映。其中有一部分是以满文形式记载②,根据翻译内容,可以看出康熙皇帝对此次灾害消极影响的重视程度,如在佛伦刚上任后,康熙朱批其满文奏报时说:"今年(1692)京城周围麦子大收,田禾生长畅茂,惟西安、凤翔灾重,一时尚不能拯救,为此仍忧虑。"③从康熙对灾害的忧郁程度,可知灾害消极影响的严重程度。而在佛伦奏陕西被灾情形折中康熙的朱批是"见尔密奏,内心甚慰。惟此等之言,断不可书于题本"④,反映出康熙担心陕西被灾的真实情形引发全国其他地方治安,同时,亦反映出此次灾害确实是超乎寻常。

"天灾流行,国家代有",为了减轻自然灾害对社会经济的破坏,历代统治阶层在灾害应对的实践中,逐步整理出一套救灾措施和政策,称之为"荒政"。其本质是以儒家之"民本"、"仁政"理念及道家(阴阳家)的"阴阳五行"学说为思想基石,在具体执行上,则体现出"顺天应人"和"禳灾佑福"的意味。据有关研究,中国古代"荒政"经历了一个漫长的丰富、完善过程。早在先秦时期,至迟在春秋战国时期"荒政"就已经出现了雏形,至清代时,这一制度已达到发展的鼎盛阶段,集历代救灾理念、措施之大成⑤。如《大清会典·户部·田土荒政》载:

> 恤荒之政,诚为拯民急务。我朝深仁厚泽,立法补救。凡遇水旱虫雹,议报勘、议缓征、议蠲、议赈,规制具在。虽值岁荒,民不失所,法至善也。凡蠲免,有皇恩特行蠲恤者,有因水旱蝗蝻等灾者,

① (清)陈梦雷纂:《古今图书集成·经济汇编·食货典》卷八十六。
② 中国第一历史档案馆编:《康熙朝满文朱批奏折全译》,北京:中国社会科学出版社,1996年。
③ 中国第一历史档案馆编:《康熙朝满文朱批奏折全译》,北京:中国社会科学出版社,1996年,第28页。
④ 中国第一历史档案馆编:《康熙朝满文朱批奏折全译》,北京:中国社会科学出版社,1996年,第39页。
⑤ 李向军:《试论中国古代荒政的产生与发展历程》,《中国社会经济史研究》1994年第2期,第7—18页;吴十洲:《先秦荒政思想研究》,《中华文化论坛》1999年第1期,第45—52页;叶依能:《清代荒政述论》,《中国农史》1998年第4期,第59—68页。

有因冰雹、飓风、霜灾、地震者,膏泽屡沛,款目繁多。①

亦如《大清会典》载十二荒政之规定:"一曰备复,二曰除孽,三曰救荒,四曰发赈,五曰减粜,六曰出贷,七曰蠲赋,八曰缓征,九曰通商,十曰劝输,十有一曰兴土筑,十有二曰集流亡。"②可谓囊括了中国古代官府救灾的基本措施。

针对此次大旱灾害的应对,上至清廷上层阶层下至地方官府,都在积极互动,采取了多种救灾措施。为了便于说明,笔者参考以往对灾害赈济分类的相关研究③,分为行政、市场与民间三类应对措施进行论述。

一、行政干预

所谓行政干预,主要是指在官府行政职责范围内的救灾措施。其具体内容包括赈给、赈贷、蠲免、缓征、养恤、抚流民、设官仓、除害、兴修水利、募兵、宽禁捕等措施。一方面,该措施具有单向性的施与特征,较少考虑经济效率;另一方面则是王权的"仁政"表达。

(一)从"灾情查勘"到"蠲免赈给"

据康熙三十一年十二月二十一日"川陕总督佛伦奏报亲临踏察被灾州县情形折"中的记载:

> 思之再三,暂停奏请赴京请万岁主安,欲于西安、凤翔之被灾州、县,奴才自己率巡抚,分地亲临逐一踏察所余民人生计情形、流民有无归业、田地荒废之多寡毕,其流移者如何从速招徕、荒废者如何从速开垦、地方如何从速拯救之处,详议具奏请旨。事关甚重,奴才不可不亲临踏勘。
>
> (康熙朱批)朕体大安,着尔放心,从速成事,而后来请安,亦不迟矣。④

---

① (清)陈梦雷纂:《古今图书集成·经济汇编·食货典》卷八十五。
② 嘉庆《大清会典》卷十二。
③ 张文:《两宋赈灾救荒措施的市场化与社会化进程》,《西南师范大学学报》(人文社会科学版)2003年第1期,第124—129页;葛全胜等编著:《中国自然灾害风险综合评估初步研究》,北京:科学出版社,2008年,第29—38页。
④ 中国第一历史档案馆编:《康熙朝满文朱批奏折全译》,北京:中国社会科学出版社,1996年,第36页。

可以看出,佛伦亲自带领陕西巡抚等各级官员查勘陕西州县灾情,主要包括灾民生计、流失人口、田地荒芜数量等内容。如"奴才(佛伦)于去年十一月初三日抵潼关,严饬同商道员,牌行潼关、耀州、宁羌州、鄜州、陇州、华亭、三水、宝鸡等八路州、县,令逐一详查流移各省之民有无返回者,及内地民有无出省流移者,限半月具报一次"①。并据查勘结果制定灾中赈济和灾后重建之政策,譬如一些灾后重建的措施为如何招徕流失人口重归乡里,如何重新开垦荒芜田地等。

对于灾中应急的具体措施,如康熙三十年九月十九日上谕户部的档案载:"念河南一省连岁秋成未获丰稔,非沛特恩蠲恤,恐致生计艰难,康熙三十一年钱粮着通行蠲免,并漕粮亦着停征。至山西、陕西被灾州县钱粮,除照分数蠲免外,其康熙三十一年春夏二季应征钱粮,俱着缓至秋季征收,用称眷爱黎元、抚绥休养至意。"②又,康熙三十年山西夏县,因旱"二麦全无。人民卖妻鬻子,道殣相望,奔窜河南者数千家",官府赈济"皆免地丁银二万五十三两一钱八分有奇,又发赈济银四千三百一十八两六钱,赈济米一千三百四十石"③。又,康熙三十一年三月初九日,时任两江总督的傅拉塔奏报康熙皇帝的一份满文密折中亦提到:"陕西西安、凤翔两府被灾饥民,蒙圣主轸念,即准全免地丁钱粮,又陆续派臣二次,动用库银数十万两赈济……命将江南、湖广三十万余石米送至潼关、蒲州等地预备。"④再如康熙三十二年正月十八日"川陕总督佛伦奏陈陕西被灾情形折"所记载内容,"缘西安、凤翔二府所属地方被灾,民人流离,农田荒芜,皇上宵旰勤劳,以内库银两、各省钱粮及粮石协拨赈济,得给籽种,并将现年钱粮、历年拖欠钱粮,俱行蠲免,凡事筹划周详"⑤。又,康熙三十三年三月二十三日上谕档案亦载:"山西平阳府泽州、沁州所属地方,前因蝗旱灾伤,民生困苦,已经蠲免额赋,并加赈济,而被荒失业

---

① 中国第一历史档案馆编:《康熙朝满文朱批奏折全译》,北京:中国社会科学出版社,1996年,第38页。

② (清)陈梦雷纂:《古今图书集成·经济汇编·食货典》卷八十六。

③ 光绪《夏县志》卷五《灾祥》。

④ 中国第一历史档案馆编:《康熙朝满文朱批奏折全译》,北京:中国社会科学出版社,1996年,第23页。

⑤ 中国第一历史档案馆编:《康熙朝满文朱批奏折全译》,北京:中国社会科学出版社,1996年,第38页。

之众犹未尽睹乾宁。其康熙三十年、三十一年未完地丁钱粮及借赈银米,若仍令带征,刻期完纳,诚恐闾阎力绌,益致艰难。着将所遗欠钱粮五十八万一千六百余两、米豆二万八千五百八十余石,通行蠲豁,用纾民力。"①

　　除上述灾中应急之外,调拨他省钱粮加以赈济,如于江南、直隶、山西、河南、湖广、四川等六省,"急拨内库钱粮及他省粮饷以拯救,又屡颁洪恩,蠲免旧年拖欠钱粮及现年钱粮之处俱行列出;又以冬季大雪,麦子生长颇佳等语缮具招徕告示,咨行各省总督、巡抚等,交给有流民之州、县遍示晓谕"②。

　　另外,除针对灾害赈济一般措施之外,大赦牢狱、宽禁捕亦作为一项赈济措施的补充形式存在。如康熙三十一年十月十二日上谕刑部:

　　　　朕保乂黎元,崇尚宽大,每于刑狱之事,辄廑矜恤之怀。秦省西安等处地方比岁荐饥,闾阎困苦,业已多方赈恤,屡谕蠲租,尤宜大沛仁恩,特加赦宥。凡陕西巡抚所属今年秋审情真缓决人犯,内除十恶及军机获罪官员犯罪不赦外,其余自谕旨到日,通省免死,照例减等发落。有见在审拟未经结案者,亦如之。嗣后务令革心向善,副朕法外生全至意。尔部即遵谕行。特谕。③

　　从上述史料记载可见,针对大旱的具体应对措施,首先根据查勘的灾情严重程度,分别给予各处灾民以赈给、赈贷等灾害应急赈济措施,其次继以养恤、蠲免、缓征、加赈、宽禁捕等灾害的善后处理,多种应对方式并行,可以看出清初荒政中的基本措施已然相对完备。

(二)流移的"安抚"和"招徕"

1.异地安抚

　　大旱导致粮食短缺,饥荒迫使大量人口背井离乡,多处流移求食。正如康熙三十一年二月初四日上谕档案记载,"陕西西安、凤翔各属饥荒,已经特颁谕旨蠲免钱粮,并发帑金,专遣大臣赈济,仍拨给别省钱粮

---

① (清)陈梦雷纂:《古今图书集成·经济汇编·食货典》卷八十六。
② 中国第一历史档案馆编:《康熙朝满文朱批奏折全译》,北京:中国社会科学出版社,1996年,第38页。
③ (清)陈梦雷纂:《古今图书集成·经济汇编·食货典》卷八十六。

刻期运送……颁赈之前，尚有贫民散入四方，流离失业，势不能复还乡井，傥不曲加抚绥，必致转于沟壑，深为可悯。凡流民所至地方，应令该省督抚率有司区画赈济，令各得所。"①为了安抚逃亡他省就食的流民，康熙多次下旨流民所经之地，地方官员应就地赈济、安插。

在此次大旱中，陕、晋、豫三地流民的一个主要去向，即湖北襄阳，在时任湖广荆南道道台俞森②所著《郧襄赈济事宜》③中有详细记载，尤其是对流移灾民的具体安抚操办事宜的记载，皆属其亲身经历，内容详实可靠，这对考察 1689—1692 年的大灾事件无疑有着宝贵参考价值。

大旱期间，湖北襄阳等地年景正常，粮食收成较丰，三省饥民闻风涌入，"今年山、陕、河北饥馑，楚省郧、襄郡……年称大有，米麦颇贱，以致山陕之民闻风而来者，日多一日"④。加之襄阳辖区州县，距离灾区最近，其所处位置即"襄阳一郡，北连豫省，西通秦晋，诚南北之要冲也。今年秦晋灾荒，流民徙，尽到襄阳，而豫省之来者亦有其人。夏间始来，入秋而盛，至冬而多"⑤。除襄阳距离灾区较近之外，灾区周边其他省辖区对流亡求食饥民以驱逐对待，而襄阳则并未驱逐并加以"安插"。因此，襄阳所聚集流民越来越多，"其所以盛且多者，缘他处皆严于驱逐，而襄阳听其居处，加以安插，所以闻声而来盛且多也"⑥。如此，致使短时间内襄阳等地流民人口数量猛增。经过襄阳官府自流民初来之始"抚恤稽察"与

① （清）陈梦雷纂：《古今图书集成·经济汇编·食货典》卷八十六。
② 按：俞森，《清史稿》无传，仅在卷一百四十六《志一二一》中提及《荒政丛书》，其他史籍如《清史列传》《碑传集》等亦无其传。其简历主要参考《钦定四库全书总目》卷八十二："森号存斋，钱塘人，由贡生官至湖广布政司参议。是书（即《荒政丛书》）成于康熙庚午，辑古人救荒之法，成书五册，其官河南金事时所撰也，末附《郧襄赈济事宜》及《捕蝗集要》，其官分守荆南道时所撰也。"另见雍正《湖广通志》卷二十九《职官志》："俞森，浙江钱塘人，康熙三十年任。"
③ 按：《郧襄赈济事宜》是俞森在康熙三十年、三十一年之间将应对本次旱灾的一些重要公文、信函整编而成，附于《荒政丛书》之后。其内容包括十部分：《示谕饥民》《详请赈济流民》《再详赈济流民》《三详赈济流民》《禀覆督院》《上两院禀》《与襄阳王镇台书》《严行保甲》《禁宰耕牛》《晓谕饥民》。
④ （清）俞森：《郧襄赈济事宜》之《再详赈济流民》，见：李文海、夏明方、朱浒《中国荒政书集成》，天津：天津古籍出版社，2010 年，第 1143 页。
⑤ （清）俞森：《郧襄赈济事宜》之《详请赈济流民》，见：李文海、夏明方、朱浒《中国荒政书集成》，天津：天津古籍出版社，2010 年，第 1141—1142 页。
⑥ （清）俞森：《郧襄赈济事宜》之《详请赈济流民》，见：李文海、夏明方、朱浒《中国荒政书集成》，天津：天津古籍出版社，2010 年，第 1142 页。

"挨查造册",包括暂住数日而另投他所者,及暂过而于第二天即行者,以是而计,平均每天涌入流民数量大致超过百人之多。

"(康熙三十年)夏秋之时……农务方殷,需人力作,佣工觅食,犹可分给也,则其安顿也犹易。今则来者日众矣……农功已毕,岁晚务闲,佣工觅食之路又绝矣。如此而安顿之则难。"[1]显而易见,由于流民越来越多,"数月以来,三省之民就食于楚、过襄不留者不可胜纪,其暂住及久住者亦不下三四万人"[2]。时至冬季,"佣工觅食"等方式受到农时限制,而不能进行,为安抚流民,俞森向上级申请,启动常平仓之粮加以赈济,根据流民所需谷粮的"二万八千八百石"计算,可知在康熙三十年冬月至康熙三十一年三月四个月间,流移至襄阳的陕、晋、豫等地流民大致有四万余口。

当时针对大量流民的安抚应急措施,俞森亦详细做了列举并说明利弊原委,大致包括:

(1)"安插之流民,急宜救济也"。按照当时重灾区陕西的赈济新例,大口米三合,每口先给一月,小口不算外,计谷一斗八升,约应共给一千八百石。(2)"安插流民,宜散不宜聚也"与"续到之流民,急宜安全也"。流民不宜安插城内,宜散之村镇。由于较多土著之民居为草屋,无闲房则不能强令其收留借住。同时,之前安插在寺庙房舍之内的,现俱已盈满,按照当时上谕令不能驱逐,而收养又无多余之地,露宿街头荒郊岂是长策?因此,给前来襄阳辖区流民赈济谷粮,按日计程令其前往他处求食。倘中途或有疾病死亡,所在给棺,掩埋标记。另外,从郧襄两属地势上看,只有襄阳、光化、枣阳、宜城四邑可安插,其余山邑险隘,不便安插,严禁防守,不许流民入山。(3)"单式宜详且明也"。为了核查流民以备安抚,给流入襄阳地界之口发放票据,票据上表明"本年某月某日,查有某省某府某州某县某里人某某,年若干岁,父某母某氏兄某弟某妻某氏子某女某各若干岁,共几人,于本年某月某日由陆路自某处来,历某府州县到此,验明合行给票,前往某处查验换给"。(4)"饥民之逃亡,

---

① (清)俞森:《郧襄赈济事宜》之《详请赈济流民》,见:李文海、夏明方、朱浒《中国荒政书集成》,天津:天津古籍出版社,2010年,第1142页。
② (清)俞森:《郧襄赈济事宜》之《三详赈济流民》,见:李文海、夏明方、朱浒《中国荒政书集成》,天津:天津古籍出版社,2010年,第1145页。

宜重惩有司也"。百姓流亡必须问责本籍官府,流民隔省远徙,当地官府不仅不能驱逐,若有驱逐则痛加处分,而对于尽心安插者,优其升擢,由此则贤者益鼓舞,不肖者亦知儆惕,而百姓实则受其福。(5)"饥民之妻子,宜严禁沿途贩卖也"。流民相顾不暇,则有卖妻鬻子者,富贵之人贱买,奸徒则贱买而贵售,如此人口买卖,必伤及人伦道义,因此,官府题明严禁人口买卖,若被缉拿犯罪者痛加处分。

继上述赈灾应急,并配以"严行保甲"与"禁宰耕牛"等措施。

严行保甲。主要因外省饥民流寓襄阳附属辖区甚多,为了统计流民入境数量以备安插赈济,命令无论城乡土著居民,每家分给1牌,10家为1甲,立1甲长,并给甲长1张总牌;10甲为1保,立1保长,并给10张总牌;10保为1里,编制清册(1式4份,保、县、府、道各存1份)。甲长逐次统计流寓饥民数量,凡是后续到者,下次写单据上报。若某甲有容留来历不明及游手无业之人,左右邻居察出并报告甲长。如此应对措施,在流民大量入境的特殊时期非常重要,其优点表现为,在地方日常安全得以保证的基础上,使流民最大限度得到安插与赈济。

禁宰耕牛。由于当时农业耕种,主要依靠牛力,耕牛少则不能多垦。但因本次大旱期间,陕、晋、豫等地人畜疫病多有流行,其中河南牛疫肆虐异常,遍及周边地区,襄阳亦不例外,史料记载耕牛"死将殆尽",因此禁宰耕牛。规定若有宰牛者,相互举报以重罪惩治,并罚10头牛,补充给没有耕牛的穷民,等等款项。这些措施对于灾后农业生产恢复和重建有着重要意义①。

2. 原籍招徕

持续四年的大旱,就重灾区的陕西而言,正如佛伦刚上任川陕总督时,途经各处后所讲:"尚不知陕西省致于如此残破"②,灾区农田耕地大面积荒芜,饥民背井离乡四散求食,"流移七八分者有之,流移四五分、一二分者亦有之……合计弃田有五万二千一百余顷"③。致使本籍经济萧

---

① (清)俞森:《郧襄赈济事宜》之《与襄阳王镇台书》,见:李文海、夏明方、朱浒:《中国荒政书集成》,天津:天津古籍出版社,2010年,第1148—1149页。

② 中国第一历史档案馆编:《康熙朝满文朱批奏折全译》,北京:中国社会科学出版社,1996年,第36页。

③ (清)陈梦雷纂:《古今图书集成·经济汇编·食货典》卷八十六。

条,残破不堪。

为恢复灾后农业生产,当地官府施行赈救、转粟蠲租、散给牛种等多种应急措施,招徕流民返乡。据康熙三十二年正月十八日满文奏报载:"今据潼关等地频频具报:流民返回者络绎不绝,出省流移者无一人。查所报之数,返回民口近万。奴才与巡抚吴赫,亲赴被灾州、县踏察,看得西安、凤翔所属州、县之田,弃六七分者有之,弃三四分者有之,全耕种者亦有之。"①

在原籍招徕的同时,流民流寓地方官府亦因流民涌入太多,致使难以全部安插赈济,以及流民和土著之间的冲突等原因,而采取应急措施劝其返乡,有些地方甚至以驱逐方式不让流民入境。俞森在《郧襄赈济事宜》中多处提及流民安抚、赈济、管理的种种难处,诚如其所说,流民愈来愈多,襄阳等地虽有余粮,可以临时安插赈济,但由于灾区与襄阳之间的粮食粜籴,短时间内襄阳当地粮价已然疯涨,正如所记:"自秋至今,三省籴贩不绝于路,买去粮食不可胜数,饥民就食又多,襄属粮食将尽,米价腾贵,小米已卖至七八九钱矣。"②而对于此问题的解决,一味安插赈济并非长策,正如俞森在与襄阳的王镇台书信中,陈述如何安抚和遣返流民的观点:

> 本道见邸抄中皇上发帑赈济陕西,夫陕西在家之民犹可支吾,其逃出者苦且十倍。今仰体皇恩,擅动仓谷,先赈一月,遍谕饥民……然必须给至麦熟,或多给些,有资生之策可以还归故土,方是长策。老镇台与本道同守此地,痛痒相关,今人觐天颜,恐皇上一时垂问,伏望老镇台启奏,使陕西在外流民与在家者一体沾恩,再给路费,使可还里。陕楚生灵,受福无量矣。③

据其所述,可知俞森本人主要的建议是,在多策应急安抚赈济的同时,还应向流民陈述清楚流寓和返籍的利弊,鼓励流民返乡接受当地赈

---

① 中国第一历史档案馆编:《康熙朝满文朱批奏折全译》,北京:中国社会科学出版社,1996年,第38页。

② (清)俞森:《郧襄赈济事宜》之《与襄阳王镇台书》,见:李文海、夏明方、朱浒:《中国荒政书集成》,天津:天津古籍出版社,2010年,第1147页。

③ (清)俞森:《郧襄赈济事宜》之《与襄阳王镇台书》,见:李文海、夏明方、朱浒:《中国荒政书集成》,天津:天津古籍出版社,2010年,第1147—1148页。

济及恢复生产,才是从长计议之法,并考虑到给与流民返乡路费等细节问题。

经过多种招徕措施,流民陆续返乡,如康熙三十二年十月十二日上谕户部的档案载:"陕西西安、凤翔二府地方连被灾伤,朕多方赈救,转粟蠲租,又招集流移,散给牛种,然后四方仳离之民渐次复还乡井。今查……各州、县流民,今正陆续返回。"①

(三)祈雨拜山:消极甚或无奈的抗旱措施

陕西、山西、河南三省大部分辖区具有干旱、半干旱的大陆性季风气候特征,季节、年际分配不均,降水变率较大,降水量较少的年份,则不能满足农业生产的正常需水要求,即出现干旱灾害。在古代,解决干旱的方法,除却区域互动赈济、灌溉等方式之外,受制于当时经济状况和技术水平,人们可能会选择从精神上寻求一定程度的帮助——祈雨。

此次大旱开始的第一年,康熙二十八年(1689)春季,陕西凤翔府辖区春季未有降水,从而出现旱情,其间有祈雨成功案例,如凤翔县"春大旱,爰步祷太白,获澍雨尺余"②。另外,档案中也有类似记载,如康熙三十年四月十七日的"内务府总管海拉逊奏报道士祈雨情形折"中记载:

> 窃照本年四月十四日,以道士张大宾祈雨,明日即完……自本月十四日开始祈雨,十六日卯时微雨而止,酉时少下雹大雨,不久即止。现仍令张大宾祈雨,着今再祈雨七日。
>
> (康熙朱批)亦令喇嘛等黾勉祈雨。③

大旱结束的第二年,康熙三十二年五月二十三日的"川陕总督佛伦奏报麦收大概情形折"中,提到了该年四月大阿哥曾来祭拜华山,但未详细说明此次祭拜的目的。而在康熙四十二年十一月十七日,康熙颁布给川陕总督华显、陕西巡抚鄂海、甘肃巡抚齐世武的一道上谕中,我们找到了有关康熙三十二年四月皇长子拜祭华山的意图,如"……自康熙三十二年遣皇长子致祭华山以来,雨旸时若,年谷丰登,间阎微有起

---

① (清)陈梦雷纂:《古今图书集成·经济汇编·食货典》卷八十六。
② 乾隆《凤翔府志》卷十《艺文》。
③ 中国第一历史档案馆编:《康熙朝满文朱批奏折全译》,北京:中国社会科学出版社,1996年,第19页。

色"①。显而易见,此次拜祭华山真正目的是针对本次大旱的祈雨措施,并非常规性的拜祭行为,且之前和之后未见类似隆重的拜祭记载。因此,一方面,拜山祈雨是当时旱灾的行政干预措施之一;另一方面亦反映出陕西是此次大旱灾情最严重的区域。

另外,据相关研究表明,受干旱影响,已经形成了超出单次干旱应对的祈雨形式,形成了一套相对固定的祈雨风俗和信仰②。在陕西、山西这种祈雨风俗很普遍,民众对专司降雨职责的龙王等塑造出的"司雨泽之神"的祈祷甚是虔诚,祈雨之用的龙王庙与类似神庙分布较多。例如山西保德县"龙神庙,一在南郭关帝庙之东,一在静乐都五十里龙池之旁……一在东沟徐家垴,四乡尚多,难以备载"③,仅保德一县,就有龙神庙十多座,且"难以备载",足见其地域分布之广、民众崇拜之深。另有翼城县祭祀活动,发展为盛大的赛神活动,"风雨龙神庙……每年阴历七月十九日赛会,九十六村结社敬神演戏六天……为全县冠,是庙神机灵应,能驱除邪魔,祷雨辄应"④。

尽管上述史料中提到一些祈雨成功的记载,但是,祈雨绝不可能每次都是绝对地随时祈祷随时响应,而仅仅是一种消极甚至无奈的抗旱方式。那些被载入史籍的祈雨成功事件是少数案例,多数祈雨是失败的结果,只能隐匿在渴望获得成功的历史记录的背后,且很容易被冠以祈雨不虔诚导致祈雨失败等类似借口,而被记载者认为不具备记录价值忽略掉。正如有学者通过对太白山信仰中有关祈雨史料的研究之后,认为"祈雨成功的例证,其实都经过了历史选择性的记忆"⑤。

祈雨成功的案例,绝不能代表祈雨就是解决干旱的一种积极措施,可以说是统治阶层权力的神化与封建文化表达的复杂形式。但是无论如何辩解,作为一种旱灾应对方式,祈雨行为在当时社会背景下的的确

---

① (清)陈梦雷纂:《古今图书集成·经济汇编·食货典》卷八十六。
② 庞建春:《旱作村落雨神崇拜的地方叙事——陕西蒲城尧山圣母信仰个案》,见:曹树基主编:《田祖有神——明清以来的自然灾害及其社会应对机制》,上海:上海交通大学出版社,2007年,第3—27页。
③ 康熙《保德县志》卷二《形胜·庙祀》。
④ 民国《翼城县志》卷十七《祠祀》。
⑤ 张晓虹、张伟然:《太白山信仰与关中气候——感应与行为地理学的考察》,《自然科学史研究》2000年第3期,第203页。

确存在着,若非要说出其特定的意义是什么,笔者认为主要表现在两个方面:

其一,少数祈雨成功的案例,可以增强灾民抗击旱灾的自信心,而旱魃的现实危害和巨大压力,则得到了一定程度的缓解。

其二,多数祈雨失败的现实,可以促使民众对巫术欺骗性本质的逐渐认知,从而寻找和依靠另一种务实科学的应对措施,比如发展水利灌溉等。

（四）由"井灌"与"水利纠纷"案例管窥旱灾的社会应对

1.《井利说》反映的旱灾应对

旱灾是中国历史上主要农业灾害之一,水利灌溉则为传统社会抗旱及农业生产得以正常运作的主要措施。此次大旱持续时间较长,灾区的官府与民众都在寻求水利灌溉方式,以期应对旱魃。譬如,康熙二十八年（1689）陕、晋、豫等地已开始出现旱情,饥民开始流亡他乡就食,时人王心敬（陕西户县人）发现富平、蒲城等县流离死亡的人甚少,哪怕其他县域因旱无收,亦有一定收成,得知是因该县多有"井灌抗旱"之利,然后著述一文为《井利说》,正如其中所讲:

> 吾陕之西安、凤翔二府,则西安渭水以南诸邑十五六皆可井,而民习于惰,少知其利,独富平、蒲城二邑井利颇盛,如流渠、米原等乡,有掘泉深至六丈外以资汲灌者,甚或用砖包砌,工费三四十金,用辘轳四架而灌者,故每值旱荒时,二邑流离死亡者独少。①

该文论述了陕西关中凿井为何要考虑人口数量、地势、乡约等条件,如"何以言首视村堡人丁多寡之数"、"何以必视高下浅深之宜"、"何以言要紧在乡约得人"等。最值得注意的是,其言辞之中,劝民打井、陈述井灌与抗旱利弊、提倡发展井灌等建议跃然纸上。尤其是对针对抗击大旱非一人之力,应该通力合作,"户户备旱之具无有不豫",如此抗旱"其利岂非王政之大者哉"。如:

> 一郡之内,村村大小之井相间而成,户户备旱之具无有不豫。

---

① （清）贺长龄编:《清经世文编》卷三十八《户政（十三）》,另见（民国）《续陕西通志稿》卷六十一《水利五·附井利》。

凡工费不足者,皆乡约通融酌剂,或禀官借谷,或保借于村中,即于秋成,责其计谷之价,用加二之息一一尽还。而此外如地高难井石田、绝水之乡与夫寡妇孤儿单丁独户,僧尼流客师巫乐工,或有人而无田,或有田而无丁,或有田有人而无食用之资,皆须乡约悉心计处,禀官施行,不使一人一家不同,其利岂非王政之大者哉。①

井灌是兴修水利抗旱的一种形式,亦即所谓的农田"水利化"②,如此可调节地区水情,应对和防治水旱灾害。据以往研究,明清时期全国曾出现中小型农田水利化发展高潮,泉水利用、冬水田等技术发展亦包括在内,对陕西关中井灌也做过一些探讨③。而受此次大旱事件影响之后,当时陕、晋等地以"井灌"为代表的中小型农田水利化得到了大力发展,对传统农业旱涝灾害的应对,特别是对旱灾防治有着巨大贡献。

如上所述,井灌乃抗旱应对方式之一,但仅仅停留在这一层次是不够的,值得特别注意的是,深入剖析《井利说》中详细论述的掘井诸项条件,如自然条件(地势、掘井季节)和社会条件(费用、乡约民情),应该可以看出其反映出了当时自然与社会之间的互动关系,而对这种关系的分析,似乎可用中外学术界提到的明清时代"水利共同体"④有关理论加以说明。

水利共同体概念被提出以来,学术界曾用该概念解释中国明清时期水利社会及其相关问题,并进行过热烈讨论。如日本学者丰岛静英以绥

---

① (清)贺长龄编:《清经世文编》卷三十八《户政(十三)》,另见(民国)《续陕西通志稿》卷六十一《水利五·附井利》。

② 按:水利化是指人类社会对自然界中的水资源进行开发、控制和调配,以调节地区水情,防治水旱灾害,促进农业稳产高产的农田水利建设活动。见《中国大百科全书·水利卷》,北京:中国大百科全书出版社,1992年,第1页。

③ 郭文韬等:《中国农业科技发展史略》,北京:中国科学技术出版社,1988年,第366—368页;李令福:《关中水利开发与环境》第6章《清代关中井灌的勃兴与中小型灌溉工程的布局》,北京:人民出版社,2004年,第305—316页。

④ (日)丰岛静英:《中國西北部における水利共同體について》,《歷史學研究》,第201号,1956年,第23—35页;(日)森田明:《明清時代の水利團體——その共同體の性格について》,《歷史教育》,第13卷第9号,1965年,第32—37页;钞晓鸿:《自然环境·水利·水利共同体——以清代关中中部水利为例》,见:李文海、夏明方主编:《天有凶年——清代灾荒与中国社会》,北京:生活·读书·新知三联书店,2007年,第300—350页。

远、山西、河南等地为例,将水利与共同体相联系,提出水利共同体。笔者不想纠结于该理论的若干辨析,仅试图通过上述案例,从旱灾事件、水利灌溉、区域社会三者互动关系上,对所谓水利共同体理论提出一点认识。结合上述《井利说》提到的:

> 何以言首视村堡人丁多寡之数也? 凡乏河泉之乡,而欲兴井利,必计丁成井。大约男女五口,必须一圆井,灌地五亩;十口则须二圆井,灌地十亩;若人丁二十口,外得一水车方井,用水车取水,然后可充一岁之养,而无窘急之忧。井若不称人数,即所产不敷人用,虽欲不流离死亡,宁可得乎? ①

从表面上看,"五口一圆井,十口则须二圆井"已将散户通过掘井组成一个"井级共同体"(以单个井为中心),进而又形成一个"村堡级共同体"(以整个村落井灌设施为中心)。如此可知,其一,各户民众对水利设施有着平等支配权利,即水利设施是共同体的共有财产。其二,尽管各户利用共有财产灌溉每户私有耕地,但这并非是指各级别共同体内部有矛盾,而是共同体内部权利与义务的表现,亦符合水利共同体理论所讲的农田、夫役、费用、用水为一有机整体。为什么呢? 因为官府"不使一人一家不同",如此,既能应对突如其来的干旱灾害,"可充一岁之养,而无窘急之忧","不流离死亡",又可保证地方统治、管理和税粮收缴,正所谓"其利岂非王政之大者哉",传统社会的上层管理者为何不如此操作? 因而,水利共同体的实质亦可表述为"土地、夫役、水利、税粮"的有机体。

2. 康熙二十九年鹭鹭泉水利纠纷

在此次大旱事件中,若说仅仅井灌一个案例不足以说明气候事件、水利灌溉、区域社会三者互动关系的话,那么,恰恰发生在大致相同时间内的一个水利纠纷事件,应该对此问题的理解提供了进一步的案例支撑。

清康熙二十九年(1690),受大旱影响,民众急于灌溉,当时山西

---

① (清)贺长龄编:《清经世文编》卷三十八《户政(十三)》,另见(民国)《续陕西通志稿》卷六十一《水利五·附井利》。

省介休县鸑鷟泉①水沿河村堡,由于用水屡屡发生纠纷,时任知县的王埴②,为了解决诉讼,召集当地的"水老人"询问情况,厘清鸑鷟泉水利原有约定后,根据实际情况重新调整和确定了各自用水多寡,妥善解决了当时的水利纠纷,所有当时分水情况被记入《复鸑鷟泉水利记》。如其中记载:

> 今夏雨泽愆期,农民急资灌溉,聚讼愈多。中西两河之民,谓石屯人以圪塔水相混,有使中霸西、使西霸中之弊;石屯村谓西河人以五分作一刻,紊乱旧规,互相攻讦……石屯应得西河水六分,大约于七十日之内用九程十一时;应得中河水四分,大约于四十五日之内用四程五时二刻三分五厘,合中西两河之水,共一十四程四时一刻三分。③

大旱期间土地缺水异常,灌溉紧急,因而上游中西两河之民众私改用水约定,增加自身用水量,从而侵害下河石屯村民众用水权,为保证用水相对公正,私自增水量行为应即刻禁止,如王埴所讲"私增水利,固大不可,宜即禁止"。

值得注意的两个问题是:其一,如《复鸑鷟泉水利记》所述,旱灾事件致使利用同一水源的几处村堡争相用水,破坏了原有用水约定。据以往研究④,在传统水利社会中,水利设施是共同体各个出资组织所共有的财产,共同体内部各组织的用水权利和维修义务是统一的,水利维护、修浚所需的夫役(即劳动力费用)由所有用水户口共同承担,即王埴所讲的"水各有地,地各有主"。如此一来,各村水权需根据"所负担的夫役来分配",尽管在此次厘定纠纷中未提到各自分担的夫役,但是,既然旧约有定,也就是说:田地、夫役、费用、用水构成了一个有机整体,即所谓的水利共同体。如此解决,与上述同理,可保证地方统治、管理和税粮收缴。

---

① 按:鸑鷟[yuè zhuó]泉,今称"洪山泉"。据乾隆《汾州府志》卷四《山川下》载:"鸑鷟泉出介休县东南洪山,民间引渠资溉,无通流正川,其余水北入于汾。"
② 按:王埴,陕西榆林县监生,康熙二十八年任,后升河南光州牧。性倜傥,能以庄重宽仁为政,莅介既久,境内民生疾阒不周知,修文庙躬亲土木,百工咸励,以故规模有加于昔。洪山水渠岁久填淤,侵估滋讼,公亲度水渠,酌与舆论一一裁定,较昔更为详密,讼端永息。见嘉庆《介休县志》卷五《职官》《宦迹》。
③ 嘉庆《介休县志》卷十二《艺文》。
④ (日)森田明著,郑樑生译:《清代水利社会史研究》,台北:"国立编译馆",1996年,第342—397页。

其二,《复鸑鷟泉水利记》是明代万历十六年《鸑鷟泉水利记》的后继之作,据史料记载,《鸑鷟泉水利记》亦因为当时旱荒,引发鸑鷟泉水利纠纷,最后经立法分水裁之。据其载:

> 昔时水之所至,地即灌之,今豪强之徒,视为利薮,往往多垄断谋,故有有地无水、有水无地诸弊。有地无水者,自来无买水券,不能引水溉地,旱则苗槁。有水无地者,自来有买水券,虽无地可浇,得以市利。于是讼者四起矣。[①]

当时介休县知县王一魁认为:“地者粮之自出,水者地之资生,粮与地不能判而为两,则地与水能离而为二乎?”经过详细调查缘由,结合实地情况,据“立法以水随地,以粮随水”解决之,即:地方统治阶层对田地、水源与用水权之间的买卖分离现象,采取的是抑制政策。正如记载:

> 不论水券之有无,惟既输水地之粮,即当案程分灌。后凡卖水地者,水即随之,不得卖地不卖水,卖水不卖地,复循夙弊。如此有水无水,皆晓然于人之耳目,纵有豪强之徒,亦知法之画一,无所施其狡狯。宁不贫富相安,争夺可息耶?父老听断之下,无不称便,乃与主簿浦君,命书吏取水地图籍,与民朱券校对,计亩分水。[②]

可以看出,倘若卖地不卖水,或者卖水不卖地,致使水与地分离,则由水源(包括水利设施)、村堡(包括农户、田地)组成的水利共同体趋于分离,即田地、夫役、费用、用水不再是一个有机整体,小则区域社会内部多有诉讼纠纷,大则若地方旱荒而民众流离死亡。

综上分析,可以看出每次水利纠纷的发生,恰恰是在旱荒用水紧张之时。因而,应该说旱灾事件在水利灌溉与区域社会二者之间起着重要的导引作用,即水利共同体(田地、夫役、费用、用水)中的“用水”是对旱灾的应对措施,可以说气候事件、水利灌溉与区域社会三者亦构成了一个有机统一体。而传统的地方社会统治管理阶层,采用诸如上述的解决水利纠纷方式,既能应对突如其来的干旱灾害,又可稳定地方统治、管理和保证税粮正常收缴。

---

① 嘉庆《介休县志》卷十二《艺文》。
② 嘉庆《介休县志》卷十二《艺文》。

二、市场调整

市场调整即市场性措施,主要包括赈粜、禁遏籴、罢官籴、工赈、减商税、弛禁榷等形式。此次大旱期间,灾区粮食减产甚至绝收,粮食价格飞涨,官府赈粜、禁遏籴、工赈等起到重要作用。

(一)旱灾发生与粮价变动

旱灾期间降水稀少粮食短缺,加之旱灾持续,粮价一直居高不下。如大旱开始的第1年(1689)河南清丰县就因旱灾"无禾,米价腾涌"①。第2年(1690)陕西蒲城县"康熙庚午至壬申三载旱荒,米价每石七两"②。至第3年(1691)山西、陕西、河南等省辖区内州县大旱持续,粮价继续走高,如山西介休县"岁大饥,斗米银四钱,诸粟腾贵不等,流离饿莩载道"③。陕西铜川县"岁饥,斗米六钱"④。商县"大旱,斗米五钱"⑤。大致比较各州县粮价,即可看出重灾区的陕西各州县高于山西、河南等地。到第4年(1692),旱灾的持续致使灾区粮价又一次浮涨,尤其是重灾区的陕西州县,如川陕总督佛伦在康熙三十一年十二月二十一日给康熙皇帝的满文密折中说:"今年为荒年,各项物品皆涨价之际。"⑥而关中中部的长安县"遭奇荒,斗米七钱"⑦。咸阳县"无麦,斗粟价至七钱"⑧。高陵县"无麦,斗米六钱"⑨。关中东部韩城县"大荒,人多饿死,斗米八钱"⑩。与陕西韩城县一河之隔的河南省灵宝县"斗米银七钱,死亡枕藉"⑪。至康熙三十二年(1693),重灾区的陕西仍有部分州县粮价一直走高,如陕西淳化县"连旱,菽麦俱枯,本邑斗粟六钱"⑫。又据康熙三十二年正月十八

---

① 咸丰《大名府志》卷四《年纪》。
② 康熙《蒲城县续志》卷二《赋役》。
③ 康熙《介休县志》卷一《灾异》。
④ 乾隆《同官县志》卷一《祥异》。
⑤ 乾隆《直隶商州志》卷十四《灾祥》。
⑥ 中国第一历史档案馆编:《康熙朝满文朱批奏折全译》,北京:中国社会科学出版社,1996年,第35页。
⑦ 嘉庆《咸宁县志》卷二十二《义行》
⑧ 乾隆《咸阳县志》卷二十一《祥异》。
⑨ 雍正《高陵县志》卷四《祥异》。
⑩ 康熙《韩城县续志》卷七《灾异》。
⑪ 乾隆《阌乡县志》卷十一《祥异》。
⑫ 康熙《淳化县志》卷七《灾异》。

日佛伦的密折中记："今西安粮谷,每石银三两八九钱。"①

另外,因灾区缺粮,而临近如湖北襄阳"年称大有,米麦颇贱,以致山陕之民闻风而来者,日多一日"②。贩户亦多在此地收买籴粮,以至襄阳与山陕灾区粮价相差无几,如《郧襄赈济事宜》载:"(康熙三十年)今年虽然有收,但添了汝等(流民)居住,每日约万余人口粮,又兼河南、陕西地方米贵,贩户多来收买,襄阳总不禁止,以致去者愈多,市价日贵。夏秋之际,每斗只卖三钱,如今贵至六钱、七钱。"③

诸如上述州县的灾害期间的粮价涨幅记载较多,此处限于篇幅不一一列出。尽管如此可以在一定程度上反映出旱灾对粮价的影响,但是,有一个值得注意的问题是,其反映的仅仅是旱灾期间粮价涨幅,这不足以说明旱灾对粮价之影响程度,应进一步分析与旱灾前后正常年份粮价对比。据旱灾之后第二年(1693)陕西澄城县"是岁,大有年,麦价一石值银二钱五分"④。陕西眉县"(康熙)三十五、六、七年大有,斗麦钱二十文"⑤。

史料中提到的粮价单位混乱,且含有多种类型,有米价,有谷价,而且有的分等级有的又不分,另有指通省的价格,有指地方府县的价格。常用的单位是银两/石,或钱文/升,没有统一标准,银两单位还有库平、漕平、关平的区别,这在以往研究有所讨论⑥。笔者为了统一标准比较,将记录的粮价按官方单位统一理解为"库平两/仓石",简单记为"银两/石"。另外,据学者对清初粮价研究可知,1681—1690年与1691—1700年间全国的平均粮价分别为:604文/石、626文/石⑦。若按1两=1000

① 中国第一历史档案馆编:《康熙朝满文朱批奏折全译》,北京:中国社会科学出版社,1996年,第39页。
② (清)俞森:《郧襄赈济事宜》之《再详赈济流民》,见:李文海、夏明方、朱浒:《中国荒政书集成》,天津:天津古籍出版社,2010年,第1143页。
③ (清)俞森:《郧襄赈济事宜》之《示谕饥民》,见:李文海、夏明方、朱浒:《中国荒政书集成》,天津:天津古籍出版社,2010年,第1141页。
④ 咸丰《澄城县志》卷五《灾异》。
⑤ 雍正《郿县志》卷七《事纪》。
⑥ Chuan, H. S., Kraus, R. A.. *Mid-Ch'ing Rice Markets and Trade: An Essay in Price History*. East Asian Research Center Harvard of Universlty, 1975. 龚胜生:《18世纪两湖粮价时空特征研究》,《中国农史》1995年第1期,第48—59页;彭凯翔:《清代以来的粮价:历史学的解释与再解释》,上海:上海人民出版社,2006年,第23—28页。
⑦ 彭信威:《中国货币史》,上海:上海人民出版社,1958年,第571页。

文计算,可得出 1689—1693 年 5 年的平均粮价为 :0.6、7、5、7、3.8(单位 :银两 / 石)。

由此可大致看出,旱灾发生的第 2、4 年粮价是初期 1689 年的将近 12 倍之多,而旱灾发生的第 3 年,粮价略有回落,可能的原因是,当时朝廷分两次对灾区赈济,且从外省调粮平抑。至第 4 年又涨,这跟连旱继续缺粮及两次赈济粮食已大量消耗有很大关系,加之地方未有存粮,周边亦因调粮、民间贩卖等使得粮价再度走高。

(二)"调拨、减粜、禁遏籴"以平粮价

缘于粮价异涨,灾区民情不安,诸多州县"十走七八"、"十室九空",流移他处就食,这在上文中已作详细分析,此处不再赘述。而统治阶层为安抚灾民及招徕流民返籍,在临近地区调拨粮食赈济灾民的基础上,采取减粜、禁遏籴等平抑粮价措施。

诸如调拨、减粜等措施,据康熙三十一年二月初四日上谕档案载 :"陕西西安、凤翔各属饥荒,已经特颁谕旨蠲免钱粮,并发帑金,专遣大臣赈济,仍拨给别省钱粮刻期运送,务使均沾实惠,人获更生。"[1]可以看出,在旱灾初期,清廷已派专员赈济灾民,并调拨粮食平调粮价。类似情况又如康熙二十九年(1690)"庚午至壬申三载旱荒,米价每石七两,民食草根树皮,妻子莫顾,逃亡流离。发帑赈济,开例输粟,又将吴楚粮米从龙驹砦小河运入平粜,民情稍辑"[2]。

据上述史料可知,由外省运粮至当时重灾区陕西的线路,明确提到的仅襄阳至陕西商州一条。其实,在此次灾害应对中,主要调运粮食路线有四条之多,分别为 :襄阳运至商州,东 :河南运至潼关,南 :襄阳运至商州,西 :甘肃运至西安,北 :湖滩河朔[3]运至渭河。这在康熙四十二年十一月十七日的一份上谕档案中被提到,当时康熙对川陕总督华显、陕西巡抚鄂海、甘肃巡抚齐世武提及康熙二十八至康熙三十一年大旱时讲到 :

---

① (清)陈梦雷纂 :《古今图书集成·经济汇编·食货典》卷八十六。

② 康熙《蒲城县续志》卷二《赋役》。

③ 按 :康熙三十五年(1696)阴历十月末,黄河流凌。康熙皇帝巡省边隅,曾驻跸"湖滩河朔",大致相当于今黄河北岸的土默川平原。见《清实录》:"康熙三十五年十月。辛亥,上驻跸湖滩河朔。"

秦省为天下要地,时廑朕怀。曩者连岁荒旱,即多方筹画,运米拯救,一由襄阳运至商州,一命河臣由黄河运至潼关,一由湖滩河朔运至渭河,一由甘肃运至西安,分行赈济蠲赋,已责安集流离,秦民始得少苏。自康熙三十二年遣皇长子致祭华山以来,雨旸时若,年谷丰登,间阎微有起色。[①]

其实,因陕西辖区内部灾情轻重不等,汉中较轻,亦调粮运往关中等地,如"康熙庚午、辛未、壬申旱荒,奉督抚命督运汉米入西安,以济兵饷,北出云栈"[②]。仅由当时多条调粮线路可知此次灾情的严重程度。

除调拨粮食以平抑灾区粮价之外,"佣工以求食"、"禁遏籴"亦有记录,《郧襄赈济事宜》载:"夏秋之时,饥民之来犹少也,襄阳之米价犹贱也,且农务方殷,需人力作,佣工觅食,犹可分给也,则其安顿也犹易。今则来者日众矣;市上之米,各省搬运,义切救邻,全无遏籴,出产有限,米谷渐空,而米价倍增矣。"[③]据俞森所说,流民涌入襄阳之初,人数较少,官府让土著雇佣流民为佣工,以使流民得以觅食安抚。然而,流民愈来愈多,加之旱灾期间灾区周边区域皆未禁遏籴,唯襄阳粮食可自由贩卖,如此又让襄阳本地缺粮而粮价走高。这反映出在旱灾应对中,地方各自为政,未有赈灾的全局观念。

综上所述,地方官府采取了"调拨、减粜、禁遏籴"等多种方式,试图缓解因连旱粮价居高不下的灾情,即对粮食的市场供求关系进行调控。作为此次旱灾救济过程中的重要应对措施,尽管仍存在很多问题,但客观上看,各种措施都还是起到了一定的积极作用。

三、民间义赈

(一)义赈措施:捐纳、散财、散粮、煮粥

民间义赈是除上述行政干预、市场调整之外的救灾措施,主要指利用民间的自发行为,包括劝分、设义(社)仓,及其他不同形式的民间互

---

① (清)陈梦雷纂:《古今图书集成·经济汇编·食货典》卷八十六。
② 道光《留坝厅志》之《留坝厅足征录》卷一《留侯庙记》。
③ (清)俞森:《郧襄赈济事宜》之《详请赈济流民》,见:李文海、夏明方、朱浒:《中国荒政书集成》,天津:天津古籍出版社,2010年,第1142页。

助赈济措施。为了调动民间救济力量，清廷对参与此类赈济的士民以奖励，在顺治十年（1653）曾有一次定例，至康熙七年（1668）重新改定了捐输助赈奖劝则例（表3-10）。

表3-10　康熙七年捐输助赈奖劝则例

捐额	奖叙	捐输者身份
银1000两或米2000石	加一级	
银500两或米1000石	纪录二次	满蒙汉军并现任文武官弁
银250两或米500石	纪录一次	
200两或米400石	准入监读书	生员
300两或米600石	准入监读书	俊秀
300两或米600石	九品顶戴	富民
400两或米800石	八品顶戴	富民

说明：资料来源于（清）杨景仁辑：《筹济编》卷十《劝输》。转引自张建民、宋俭：《灾害历史学》，长沙：湖南人民出版社，1998年，第338页。

针对本次旱灾，有诸多义士仁人捐输钱粮以赈济灾民。以下分省摘录几例，以示说明，譬如：

陕西：康熙辛未、壬申间大荒，长安人刘名翰"散粟八千余石，长、鄠两邑全活甚夥"[1]。柏覆皇"散粟八千余石，长、鄠两邑全活甚夥，族党贫乏者，畀以田种"[2]。董成梅"捐粟出赈，又劝谕亲党素封之家，协力捐输，分户散给，乡人赖举，活者甚众，郡邑闻其行义，历举乡饮正"[3]。康熙三十一年（1692）淳化县王御风"捐俸以助祭典，又贷粟赈恤灾黎"[4]。康熙三十二年（1693）泾阳县"大饥，刘镰捐济族里四十余家"[5]。

山西：在平顺县，因"二十八、二十九两年连岁大旱，五谷未登，民多饥荒，卖儿鬻女者不可胜数，平北乡尤甚"。作为一县之主的杜之昂，率先"捐己资施米施粥，发仓谷数千石赈济饥民，全活者甚众"[6]。绛县，康

---

① 嘉庆《长安县志》卷二十九《孝友》。
② 雍正《陕西通志》卷六十二《人物八·孝义》
③ 雍正《陕西通志》卷六十二《人物八·孝义》
④ 乾隆《淳化县志》卷二十《士女》。
⑤ 乾隆《泾阳县志》卷八《义行》。
⑥ 康熙《平顺县志》卷八《祥灾》。

熙三十年"旱蝗为害,民饥馑。(乡绅)史宗逸出粟以赈乡里,计口授食,本庄人多全活"①。康熙辛未、壬申间三晋荒欠,猗氏县王予穀"散财散粟煮粥赈济,亲疏均沾,全活甚众"②。

河南:康熙二十八年(1689),河南新乡县"春夏旱,知县周毓麟与院司道府厅各宪台并捐给麦种,煮粥振饥"③。永城县"民饥,奉大宪捐资煮粥赈济,至次年三月而止"④。康熙三十一年(1692)辉县"大饥,孟发祥自出谷三千石赈荒,全活者以千计"⑤。

可以看出,民间义赈这类社会性救灾措施,与上述行政干预、市场调整等灾害应对,区别在于国家一般只是起到组织和疏导作用,而不提供资金和物资。此种救灾措施被广泛提倡,清廷通过对士民助赈行为的奖励,倡导散财、散粮、煮粥,不拘形式;可以救助一人、一户、一村、一堡、一乡、一邑,不定规模。

(二)义赈捐纳的弊病

值得注意的是,在此次民间捐输中出现了严重的捐纳亏空弊病,重灾区陕西辖区尤为严重,当时满文密折中专门记载了陕西各州县赈灾捐输账目和布政司库账目与银两严重不符,捐纳银两亏空甚巨,达到200多万两。"天灾"叠加"人祸",致使旱灾影响进一步扩大。

一般而言,旱荒非常时期实施"捐纳",表面上看是一种积极措施,但在一定情况下清廷统治阶层对此措施管理和操控欠妥,尤其在捐纳中夹杂官员、富户的"以权利谋私己"情况,即会存有较多弊病,以至于使灾害影响雪上加霜。当然,在当时传统社会背景下,其弊病的出现有着一定历史必然性。单就此次旱灾应对而言,其措施的实施乃是无奈选择,可以从康熙三十一年十一月十六日满文密档所载内容看出,如"窃西安、凤翔所属,因连旱荒,地方残破不堪,是以皇上无奈准行捐纳之例"⑥。

---

① 乾隆《绛县志》卷九《人物》。
② 雍正《猗氏县志》卷五《人物》。
③ 康熙《新乡县续志》卷二《灾异》。
④ 康熙《永城县志》卷八《灾异》。
⑤ 乾隆《辉县志》卷十《义侠》。
⑥ 中国第一历史档案馆编:《康熙朝满文朱批奏折全译》,北京:中国社会科学出版社,1996年,第33页。

另外,在此次大旱应对捐纳措施实施之后,弊病多有显示,除过上述提到重灾区陕西等府县捐纳银亏空外,在俞森的《郧襄赈济事宜》中亦就捐纳之弊端有论述,"本郡捐纳之例,断不可拟也",表达出自己对襄阳当地施行捐纳持否定意见,并提出了两点弊病,正如:

> 地有远近肥瘠,民有多寡富贫,岂可一概定例?肥邑则民富,本地捐纳,有司勒索使费,拜门生有礼,送旗送匾有礼,烦费浮于谷价,弊一。

> 地瘠则民贫,民贫则糊口不充,谁来捐纳?即以郧阳一府而论,捐纳者寥寥无几,按册而稽,率皆外省。外省既停,捐者绝响,此地瘠民贫之明验也。弊二。

> 天下州县若郧阳,恐复不少。此必须仍开外省捐纳之例,庶几仓谷广储,倘遇荒岁,赈济有资。①

捐纳的弊病显而易见,诸如勒索使费、拜见送礼等费用甚至高过谷价,该用于赈济的钱粮,却浪费于这些俗套的铺张浪费之上。据此,我们也就不难理解佛伦建议康熙皇帝先追究亏空钱粮,再追究亏空责任,因为亏空之事"内外牵连之人甚众"。相比之下,直接散财、散粮赈济灾民,不求加官进爵和要求非分奖赏的"义商侠富",在此次民间义赈应急中则起到了不容忽视的积极作用。

总而言之,此次大旱的各种应对措施,不论是行政干预、市场调节,还是民间义赈,几乎所有措施基本可谓有动员、有组织、有管理,其应对旱灾的史实反映出清代救荒活动的特点和水平。尤其是大量陕、晋、豫籍流民涌入鄂西北地区的情况下,仍能保持社会生活不至发生较大骚乱,避免了以往类似因大旱灾害导致不同程度的社会动乱,甚至引发更深层的社会矛盾与冲突,反映出当时灾害应对水平较高。当然,因粮食短缺等利益冲突致使地方矛盾增多,在一定程度上加深了灾害影响程度。对此次灾害事件的分析,可以对我们当前和今后灾害应对提供重要历史借鉴与启示。

---

① (清)俞森:《郧襄赈济事宜》之《再详赈济流民》,见:李文海、夏明方、朱浒:《中国荒政书集成》,天津:天津古籍出版社,2010年,第1144页。

第五节 本章小结

本章内容主要剖析了发生于 1689—1692 年(康熙二十八年至三十一年)陕、晋、豫三省重大旱灾事件,分别以省区为单位对旱情影响、发生过程、空间分异图景进行了史实复原。从各省灾情发展过程所体现出的空间分异特征来看,在长达 4 年时间的干旱事件中,大范围饥荒、人口流亡,以至于重灾区出现"民流田荒,残破至极"等情景,加之大旱期间虫灾、低温冷冻、瘟疫等伴生、次生灾害,致使灾害涉及范围内社会经济遭受巨大损失,此次旱灾可谓发生空间尺度大于 3 个省、时间尺度持续 4 年的极端干旱事件。

从自然背景的角度出发,将其发生时间与太阳活动、ENSO 事件、火山活动、石笋等自然记录进行对比之后,可以看出,此次干旱可谓明清小冰期大气候背景下的极端干旱事件。

深入分析复杂的社会历史背景,是细致解读旱灾事件的区域社会应对的一个突破点。在对此次大旱史实和特征复原的基础上,从行政干预、市场调整和民间义赈等三方面,充分剖析了此次大旱的社会应对的详细始末。一方面讨论了大旱事件中表现出的多层次社会矛盾和冲突,另一方面也可以看出这些复杂矛盾和冲突亦强有力地反作用于旱灾,加大了旱灾影响程度。这些都体现出了此次旱灾事件在社会变迁中的作用,为评估当前或未来气候极端事件给人类社会带来的可能影响提供了典型案例。

第四章　嘉庆二十四年(1819)黄河中游极端降水事件诊断

第一节　研究问题与思路

一、问题的提出

PAGES 的研究目的是获取高分辨率(至少为 10 年、理想要求为年)下的地球环境详细变化历史,对变化的时空分辨率要求越来越高。在历史时期气候研究方面,重建高分辨率的时空变化,是目前研究前沿和发展趋势[①]。以往对历史时期洪涝灾害及降水事件的研究[②],主要通过梳理和提取史料中相关气象信息,试图对过去旱、涝等要素变化进行细致考察,并以此复原和重建过去环境的高分辨率变化图谱。可以看出,深入分析极端年份气候事件是提高气候变化分辨率的一种模式和途径,对揭示历史时期区域气候差异,及预测未来气候变化,亦有较好的指导意义。然而,以往对历史时期的降水研究只侧重于灾情和影响,而对降水异常的幅度等定量问题涉及较少。

本章所论的 1819 年(清嘉庆二十四年)黄河中游极端降水事件正是

[①] 满志敏:《历史自然地理学发展和前沿问题的思考》,《江汉论坛》2005 年第 1 期,第 95—97 页。

[②] 满志敏:《光绪三年北方大旱的气候背景》,《复旦学报》(社会科学版)2000 年第 5 期,第 28—35 页;Nordli P Ø. Reconstruction of Nineteenth Century Summer Temperatures in Norway by Proxy Data from Farmers' Diaries. *Climatic Change*, 2001, 48:201-218;赵会霞、郑景云、葛全胜:《1755、1849 年苏皖地区重大洪涝事件复原分析》,《气象科学》2004 年第 4 期,第 460—467 页;杨煜达、郑微微:《1849 年长江中下游大水灾的时空分布及天气气候特征》,《古地理学报》2008 年第 6 期,第 659—664 页;郝志新等:《1876—1878 年华北大旱:史实、影响及气候背景》,《科学通报》2010 年第 23 期,第 2321—2328 页;潘威、王美苏、杨煜达:《1823 年(清道光三年)太湖以东地区大涝的环境因素》,《古地理学报》2010 年第 3 期,第 364—370 页;张德二、陆龙骅:《历史极端雨涝事件研究——1823 年我国东部大范围雨涝》,《第四纪研究》2011 年第 1 期,第 29—35 页。

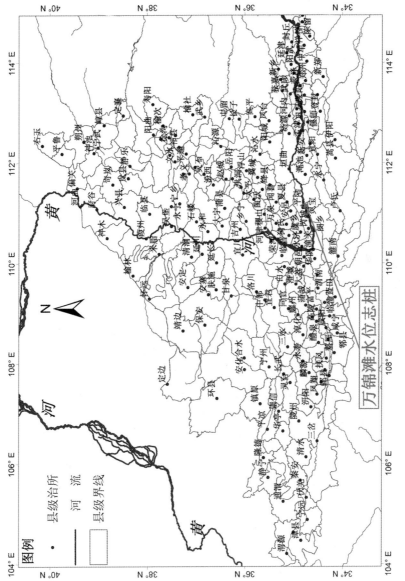

图 4-1　1819 年黄河中游县域分布与万锦滩水位志桩位置

此类研究,依据较充足的史料,将流域降水时空分析与河流水位定量重建结合分析,重建历史时期重大气候异常事件的史实和影响,为未来人类适应气候变化提供历史背景或气候相似型,及评估当前或未来气候极端事件的可能影响提供案例。

研究范围包括黄河中游干流、窟野、无定、汾、洛、泾、渭、伊洛等流域,涵盖 1819 年甘肃、陕西、山西、河南等 4 省 44 个府 187 个厅、州、县(图 4-1)。该区属暖温带半湿润气候区,降水特征表现为季节性强、变率大,旱涝灾害频繁,上中游的连旱、暴雨等气象灾害直接或间接对下游产生极大影响[①]。

二、研究思路

复原档案和方志中涉及黄河中游各县域降水信息,与万锦滩水位记录重建结果对比,评估该年黄河中游夏秋(6—9 月)降水时间分异特征,进一步采用水文频率分析应用模型 Pearson-Ⅲ 型分布曲线检验分析。之后,以 1 偏旱、2 正常、3 偏涝、4 涝、5 大涝为界定标准,对各县域降水级别进行量化,分别定为 5 级,以各县治为县域的代表站点(县域政区、县治等采用复旦大学、哈佛大学 CHGIS_V4.0 数据),借助 ArcGIS10 的空间反距离加权法进行插值分析,得出降水的空间分异结果。

第二节　雨情与灾情

1819 年黄河中游雨涝影响范围广,涝灾级别高。从《中国近五百年旱涝图集》[②]可大致看出,该年全国有两个主要雨涝中心,即黄河中游与淮河中下游,其他区域则主要表现为不同程度的旱灾。该年黄河流域发

[①] 张汉雄:《黄土高原的暴雨特性及其分布规律》,《地理学报》1983 年第 4 期,第 416—425 页;赵宗慈:《黄河流域旱涝物理成因模拟与分析》,《应用气象学报》1990 年第 1 期,第 415—421 页;郑景云、郝志新、葛全胜:《黄河中下游地区过去 300 年降水变化》,《中国科学》D 辑 2005 年第 8 期,第 765—774 期。

[②] 中央气象局气象科学研究院:《中国近五百年旱涝分布图集》,北京:地图出版社,1981 年,第 180 页。

生的大范围严重雨涝灾害,可谓极端气候事件。雨涝区主要包括陕西、山西大部、内蒙古东南部,最严重的区域则为黄河中游干流区、汾渭流域的多数州县,甘肃东南部、河北、山东等区次之。

一、泾、洛、渭河流域及黄河中游干流陕西辖区

渭河流域上游区甘肃之州县,从四五月份开始,就普遍降雨,且已有部分州县因降雨过多而遭受不同程度的涝灾影响,如档案所记:"甘肃各厅州县禀报,五月内得雨一、二寸至三、四寸及深透不等",至"本年六七月间,阴雨过多,山水涨发,各属间有冲没田庐,毙人口之处"[①],可见涝灾损失惨重(表4-1)。

表4-1　1819年7—9月渭河上游部分县区雨涝灾情[②]

受灾县区	人口伤亡	房屋倒塌
成县	淹毙民人大小三百七十八口	冲塌房屋一千四百九十五间
镇原县	淹毙民人大小三十四口	冲塌房屋八十七间,土窑四十七座
秦安县	淹毙民人大小八口	冲塌房屋一十五间
秦州	淹毙民人大小四口	冲塌房屋四间
平凉县	淹毙民人五口	冲塌房屋二间
伏羌县	压毙民人大小一十三口	冲塌房屋四十六间

泾、洛、渭河及黄河中游干流所经陕西辖区各州县,因夏秋持续大雨,雨涝灾害影响惨重。如"陕省自七月二十二日至八月初六日,大雨连续,昼夜不息,黄、渭、泾、洛各河同时涨发,宣泄不及。潼关之东水、姚女湾等村屯;华阴之西北、东北两乡,并近河之三阳等村堡;华州之西北乡杜家堡至东北乡石村北堡;朝邑之东南两乡,又附近低洼处所;大荔之兴平等村,被水淹浸"[③]。又据方志记载,长安县"秋八月,霪雨

---

① 水利电力部水管司科技司、水利水电科学院编:《清代黄河流域洪涝档案史料》,北京:中华书局,1993年,第484—485页。

② 表中内容根据档案整理所得,见水利电力部水管司科技司、水利水电科学院编:《清代黄河流域洪涝档案史料》,北京:中华书局,1993年,第485页。

③ 水利电力部水管司科技司、水利水电科学院编:《清代黄河流域洪涝档案史料》,北京:中华书局,1993年,第487页。

四十一日,渭水溢,冲没民田"①。华县"秋雨四十一日,渭水冲崩大涨村二百余户"②。千阳县"八月,大雨,城外西河水暴涨盛大,跨东岸流,冲毁民宅,人有漂没者"③。佳县"七月二十日,黄河大溢,沿河居民尽为淹没"④。

二、汾河流域及山西北部诸县区

汾河流域诸州县,亦是该年一个主要降水地带。据档案记载,太原府辖境汾河河道两侧曾有护城堤堰一道,编列成长、堤、永、固、汾、泽、安、澜八字号,计长一千一百二十九丈,每年额设岁修银六百两,该设施可导引发源于宁武府之管岭山,汇集静乐、岚县诸山之水而南下。但于1819年"七月二十三、四等日,阴雨连绵,河水涨发,致将汾、固字号堤堰冲塌。……固字号堤身冲坏一百二十丈,汾字号堤身冲坏一百二十五丈。所需工料等,撙节确估共需银二千九十九两三钱零"⑤。另据方志记载,可见该年山西北部及汾河流域多数县区降雨异常,雨情与灾情参见表4-2。

表4-2　1819年山西北部及汾河流域部分县区雨情和灾情

降水县区	降水概况	灾情实况	资料出处
怀仁县	七月,大雨七日夜	—	光绪《怀仁县新志》卷一《祥异》
河曲县	秋霖雨	河水损坏民庐甚多	同治《河曲县志》卷五《祥异》
平定州	四月间,大雨	淤没庄沟,炭窑内湮浸二人,驴骡四五十口;夏,嘉水溢,居民被患	光绪《平定州志》卷八《义行》光绪《平定州志》卷五《祥异》
汾西县	雨涝	大饥,斗米千钱	光绪《汾西县志》卷七《祥异》

---

① 民国《咸宁长安两县续志》卷六《祥异》。
② 光绪《三续华州志》卷四《省鉴》。
③ 道光《重修汧阳县志》卷十二《祥异》。
④ 光绪《葭州志》之《灾祥》。
⑤ 水利电力部水管司科技司、水利水电科学院编:《清代黄河流域洪涝档案史料》,北京:中华书局,1993年,第511页。

降水县区	降水概况	灾情实况	资料出处
岳阳县	秋霾雨	—	民国《新修岳阳县志》卷十四《祥异》
太平县	秋霾雨	—	光绪《太平县志》卷十四《杂记》
安邑县	八月大雨	姚暹决，冲坏任村民房数十座	光绪《安邑县续志》卷六《祥异》
夏县	秋雨暴作	白沙河水决，南堤崩决，损伤民田无数	光绪《夏县志》卷五《灾祥》
临猗县	秋，阴雨连绵	—	光绪《续修临晋县志·艺文》

三、黄河下游河南、山东诸县区

相比黄河上、中游，下游诸县除人员伤亡、田庐损毁外，还表现在沿河堤坝多处决溢，河工破坏严重。如《清史稿·河渠志》载："（河）溢仪封及兰阳，再溢祥符、陈留、中牟……又决马营坝，夺溜东趋，穿运注大清河。"两侧河堤被水冲开多处口门，最宽处达 200 余丈（表 4-3）。沿河州县被水灾情，如档案中记载："查兰阳、仪封二处漫口，兰阳、仪封、杞县、睢州、宁陵、鹿邑、柘城等厅州县均系大溜经，居民田庐多被顶冲漂失。此外，因祥符、陈留、中牟、武陟、考城等汛塌堤漫水，下游祥符等二十四州县同被淹浸。……兰、仪漫口在睢州下汛以上一百数十里，被水顶冲州县较十八年（1813）多。加以南北两岸漫缺之水，又有被淹二十余县，虽情形轻重不同，现在兰阳、仪封二处口溜势未定，一时尚难预计。""……节气已届立冬，为时已促，无如本年黄沁两水至今尚旺，溜势未平。马营坝夺溜十余日，而正河尚有黄水涓涓下注，不能即时断流，皆向所罕见之事。"[1]

---

[1] 水利电力部水管司科技司、水利水电科学院编：《清代黄河流域洪涝档案史料》，北京：中华书局，1993 年，第 491 页。

表 4-3　1819 年黄河中下游决溢概况

决口时间	决口地点	口门宽度		洪水经行线路	合龙时间
		原始宽度	换算宽度（m）		
1819年9月12日	兰阳县八堡	180余丈	≥576	"兰阳县八堡"掣溜九分，浸水由凤、颍、涡、淮等处纡曲串注，汇入洪泽湖，其余路线未知	武陟马营坝决口夺溜后各口挂淤，当年冬堵合
	仪封上汛三堡	100余丈	≥320		
	考城汛旧南堤	—	—		
	祥符上汛六堡、下汛六七堡	70余丈	≥224		
	中牟县上汛八堡	50余丈	≥160		
	陈留汛七八堡	—	—		
1819年9月25日	武陟县马营坝	200余丈	≥640	夺溜东趋，穿运注入大清河	嘉庆二十五年三月十三日合龙

注：(1) 本表据《清代黄河流域洪涝档案史料》记载整理所得；(2) 原始尺寸为清宫营造尺寸，按 1 尺 =0.32 米换算成公制。

受黄河中游极端降水影响，泾、洛、渭、汾、沁等河同时涨发汇入黄河，河道宣泄不及，河水漫溢，致使豫省沿河州县多数被水，正如档案中反映的"豫省本年黄水漫溢，各州县被淹较广"[1]，当时兵部尚书吴璥奏报称："自入豫境后，询之彰德府及各县，并留心访问，兵民佥称今年伏秋汛内，万锦滩黄水接连增长二十余次，沁河、洛河同时并涨，七月下旬至八月初旬，处处水与堤平，且有高于堤顶一、二、三尺者，不一而足。兼之阴雨连绵，河工地方各官分投抢护，实属人力难施。询之八十岁上下之老民、老兵，俱云从未见过如此大水。"[2] 沿河州县方志记载了该年黄河决口所致灾害情况，参见表 4-4。

① 水利电力部水管司科技司、水利水电科学院编：《清代黄河流域洪涝档案史料》，北京：中华书局，1993 年，第 494 页。

② 水利电力部水管司科技司、水利水电科学院编：《清代黄河流域洪涝档案史料》，北京：中华书局，1993 年，第 493 页。

表 4-4　1819 年黄河决溢影响河南部分州县之灾情

受灾县区	灾情实况	资料出处
滑县	黄水漫至城南，大饥	民国《重修滑县志》卷十八《义行》
长垣县	秋八月，河决沁口，损民庐舍，县城雉堞倾覆二十余丈	道光《续修长垣县志》卷下《祥异》
睢县	河决南岸	光绪《续修睢州志》卷十二《灾异》
扶沟县	八月初旬，黄水由上南厅漫溢，境内各河堤坝冲决无算，贾鲁河陆桥迤上平、梁、张、陈四姓决口尤甚，堤陷计九十余丈	道光《扶沟县志》卷三《疆域》
尉氏县	八月初二日，黄河水溢，稼尽渰	道光《尉氏县志》卷一《祥异》
兰阳、仪封	兰阳、仪封一带河决数十处，县城尽陷，南北之极不通，衰鸿遍野	咸丰《重修沧州志稿·人物》
鹿邑县	秋七月，水。八月，河决开封，泛及县境，平地水数尺，坏庐舍无算	光绪《鹿邑县志》卷六《民赋》
淮阳县	黄河水溢，淹没田禾	道光《淮宁县志》卷十二《五行》
原阳县	八月，河决武陟缕坝，决口水自原武入境，城被围，几陷，城南北平地水深数尺	民国《阳武县志》卷一《河防》

　　下游山东大部分州县被水情况与河南沿黄河干流区情况类似，被水州县损失惨重。据山东巡抚程国仁在灾后第二年（1820）上报的灾情奏折内容，可窥见 1819 年洪涝灾情损失状况，参见表 4-5。另外，本年黄河下游区山东诸州县夏秋未有过多降雨，降雨主要发生在冬季，因而可以判断出，下游区洪涝灾害主要是由于中游极端降水引发黄河涨水间接造成的。

表 4-5　1819 年黄河决溢影响山东部分州县之灾情 [①]

受灾县区	受灾村庄（数量）	受灾程度	成灾分数
濮州	马家庄等（1084）	极重	九分
范县	宋名庄等（565）	极重	九分

---

① 本表根据档案整理所得，见水利电力部水管司科技司、水利水电科学院编：《清代黄河流域洪涝档案史料》，北京：中华书局，1993 年，第 500 页。

受灾县区	受灾村庄（数量）	受灾程度	成灾分数
寿张县	南三里庄等（609）	重	六分
东阿县	汤家井等（283）	重	六分
东平州	戴家庄等（154）	重	六分
阳谷县	东西更名等（242）	重	六分
利津县	六庄盖等（292）	极重	九分
沾化县	李家庄等（296）	重	六分
蒲台县	北关等（79）	重	六分
滨州	北镇等（357）	重	六分
惠民县	楼子孙庄等（121）	重	六分
齐东县	盛家官庄等（30）	重	六分

注：成灾分数在档案中未说明，表中数据是依据嘉庆八年对灾害赈济成例推算而得。

第三节　降水时空分异特征分析

一、时间分异

据上述史料所辑气象信息对水情实况反映，渭河流域上游区，泾、洛、渭及黄河中游干流流经晋陕辖区，及汾河流域州县，其降水时段分布如图4-2所示，反映了降雨时段开始与结束时间由南向北递次推迟，显示出降雨带自春至夏季节性向北移动的特征。同时，该年中游降水集中于夏秋两季，雨期长且以连阴雨为主，且多大到暴雨，二级流域（汾、渭河流域）4—11月降水区雨日甚至高达40日以上。需要说明的是，为便于统计分析，除所引原始文献外，其余提到的时间全部为公历。

为弄清主要降雨区和雨情，笔者利用《清代黄河流域洪涝档案史料》所载该年陕州万锦滩水位记录，对该年黄河中游夏秋（6—9月）降水变化特征进行评估。万锦滩水位记录是清代地方河道总督上奏黄河水位变化较为系统的观测数据，在时间上有一定连续性，是复原历史时期降

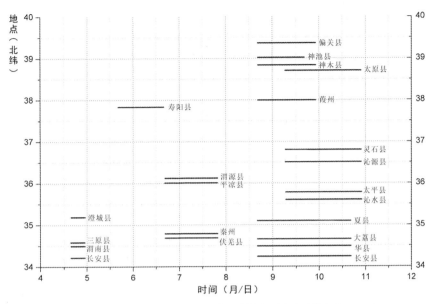

图 4-2　1819 年 4—11 月黄河中游主要降水时段变化

水变化分辨率最高的材料之一,可作为考察黄河中游降水变化的一项重要指标。需要说明两点:(1)据以往对清代万锦滩水位记录的"底水位"研究[1],涨水前的"底水位"未知,且"报涨不报落",因此图 4-3 中的水位数据是每次奏报涨水的原始尺寸,并非当时洪峰实际水位。(2)水位奏报记录中有将几次观测值累计奏报的现象,为保证统计数值皆为单次观测值,其中累计数值经考证做了相应的订正。如档案中所记当时河东河道总督叶观潮的奏报:"万锦滩黄河于五月初七、初八、十二、十五(6月 28、29 日,7 月 3、6 日)等日,四次共长水一丈一尺五寸",当时两江总督孙玉庭奏报亦提到本次涨水的情况,如"五月初七、八日(6 月 28、29日)万锦滩又长水五尺二寸,江境黄河益形浩瀚"[2],再通过参考前后单次观测值及当时对雨涝记载情况,将上述四次涨水分别订正,其中所缺观测数值则通过水位变化曲线的线性内插来恢复,并将观测水位的原始尺寸换算为公制(m),则 1819 年 6—9 月万锦滩志桩水位变化曲线如图 4-3 所示。

① 高秀山:《黄河中下游一七六一年洪水分析》,《人民黄河》1983 年第 2 期,第 6—10 页。
② 水利电力部水管司科技司、水利水电科学院编:《清代黄河流域洪涝档案史料》,北京:中华书局,1993 年,第 501 页。

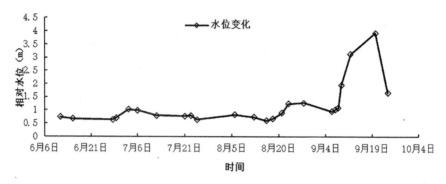

图 4-3　1819 年 6—9 月万锦滩志桩水位变化曲线图

　　对比分析图 4-2、4-3,可判断该年 7 月初中游有一次降水,正如图 4-5(夏季)所示渭河流域的渭源、平凉、渭南等县发生降水,与万锦滩该时段水位有小幅涨水基本一致。该年极端降水时间主要集中在 8 月中旬至 11 月初,从该时段起,中游从南到北大范围多县域发生降水,9 月中下旬出现该年极端降水事件,如档案中所载的"陕省自七月二十二日至八月初六日(9 月 11—24 日),大雨连续,昼夜不息,黄、渭、泾、洛各河同时涨发,宣泄不及"[①],此时黄河万锦滩志桩水位显示出极高峰值(图 4-3)。又如:"七月十七、十八、十九、二十等日(9 月 6、7、8、9 日),据陕州申报,万锦滩五次长水一丈六尺二寸,前水未消,后水踵至……复于二十三日(9 月 12 日)寅刻,据陕州申报,万锦滩于二十二日子卯二时,陡长水九尺八寸"[②],且随后又出现了该年黄河堤坝最大决溢事件,即 1819 年 9 月 25 日的武陟县马营坝溃坝,口门宽达 200 余丈(表 4-3)。正如档案中所记:"适值八月初四、五、六(9 月 22、23、24 日)等日大雨连朝,沁、黄同时骤涨,水高堤顶二、三尺,于初七日(9 月 25 日)寅时堤身过水,坐垫三十余丈。堤身浸沧日久,现已塌宽二百余丈……"[③]

　　对上述水位观测数据,进一步采用水文频率分析应用较多的

① 水利电力部水管司科技司、水利水电科学院编:《清代黄河流域洪涝档案史料》,北京:中华书局,1993 年,第 487 页。

② 水利电力部水管司科技司、水利水电科学院编:《清代黄河流域洪涝档案史料》,北京:中华书局,1993 年,第 505 页。

③ 水利电力部水管司科技司、水利水电科学院编:《清代黄河流域洪涝档案史料》,北京:中华书局,1993 年,第 493 页。

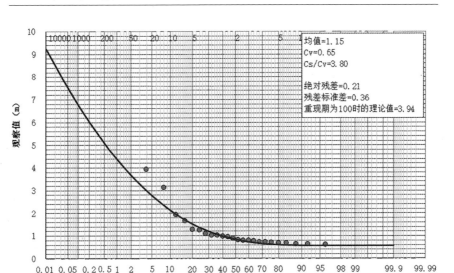

图 4-4　万锦滩涨水尺寸观测值与 Pearson-Ⅲ型分布曲线拟合图

Pearson-Ⅲ型（皮尔逊Ⅲ型）分布曲线分析检验。Pearson-Ⅲ型曲线是一条一端有限一端无限的不对称单峰、正偏曲线，数学上称伽玛分布。据有关研究证实，Pearson-Ⅲ型概率分布曲线常用来拟合汛期洪流水位、降水量等极值分布，其概率分布具有广泛概括和模拟能力，能与经验分布点有很好的拟合，且有很强的适应性和稳健性[1]。利用该理论频率曲线拟合 1819 年 6—9 月万锦滩水位观测值，可以得到出现大于观测值 1m（平均值为 1.15m）的概率为 40.90%（图 4-4）。

　　图中 C_v、C_s 分别表示样本（观测值）离差系数、偏态系数，拟合过程主要通过调整 C_v、C_s 值得以实现，当 $C_v=0.649$、$C_s=2.468$ 时，图中理论值（线）和观测值（点）拟合最优，且此时百年一遇相对涨水水位是 3.94m，与观测值 3.937m 最接近。通过分析检验，图 4-3 的观测数值可靠度高。从理论百年一遇相对涨水水位 3.94m 与实测 3.937m 几乎一致，亦能推断该年中游降水确为极端降水年份，与档案和方志记载情况基本吻合。

　　通过上述分析，下游区虽有部分州县亦发生降雨，但多数发生于冬

① 高绍凤等：《应用气候学》，北京：气象出版社，2001 年，第 124—127 页。

季,而黄河中游降水与中下游涨水、溃坝以及沿河诸州县遭受被水等事件的时间相互对应。由此,我们可判断出该年中下游洪涝灾害主要受中游极端降水影响。

二、空间分异

(一)降水等级界定标准

对各县区雨涝等级界定需考虑两个因素:(1)该年降水明显,区域整体特征表现为偏涝;(2)存在少数县域未降水、单季或单月干旱等情况。基于上述因素,参考《中国近五百年旱涝分布图集》和《中国历史时期气候变化研究》对旱涝等级定义的思路与标准[①],制定降水等级界定标准如表4-6。根据标准,首先对夏、秋两季进行降水级别界定,然后再确定全年降水级别。

表4-6　1819年降水等级界定标准

等级	特征	表现	史料举例
1级	偏旱	单月降水少、成灾稍轻的干旱	"万荣县秋旱"、"洛宁县旱,岁大饥"等
2级	正常	丰收、庄稼收成正常	"靖远县是年大熟,斗米白银四钱"、"左云县大有年"、"得雨一、二寸至三、四寸及深透不等"、"沿边丰穰,各州边蓄皆足"等
3级	偏涝	单月成灾不重的持续性降水,或局地被水但经勘察不至成灾	"八月,霖雨伤稼"、"夏秋禾间有被水、被雹之处……勘不成灾"、"间有被淹田禾,旋即疏消,秋收仍在五分有余,无须抚恤调剂"、"此次被水之处所,虽勘明不致成灾,若将应征银粮草束仍照旧征收,恐民力不无拮据"等
4级	涝	持续时间较长、强度较大的降水,或较大范围的大水灾	"阴雨过多,山水涨发,各属间有冲没田庐、淹毙人口之处"、"被黄水漫溢直到城根,庐舍、田禾悉被淹浸,居民迁居高阜搭盖席棚栖止,被灾甚重,亟须妥为抚恤"等

---

① 中央气象局气象科学研究院:《中国近五百年旱涝分布图集》,北京:地图出版社,1981年;满志敏:《中国历史时期气候变化研究》,济南:山东教育出版社,2009年,第296页。

等级	特征	表现	史料举例
5级	大涝	持续时间长、强度大的降水，或大范围的大水灾	"六、七两月雨多水涨，不及趋避，以致淹毙，竟有数百口之多"、"秋雨四十一日，渭水冲崩大涨村二百余户"、"阴雨连绵，河工地方各官分投抢护，实属人力难施。询之八十岁上下之老民、老兵，俱云从未见过如此大水"等

（二）空间分异特征

据本章研究方法，得出 1819 年春、夏、秋季及全年雨涝等级（表 4-7），并绘制降水等级分异图（图 4-5 ）。

表 4-7　1819 年各州县春、夏、秋季及全年的降水等级

县名	春	夏	秋	年	县名	春	夏	秋	年	县名	春	夏	秋	年
安化	1	2	2	2	安定	1	2	2	2	介休	2	3	2	2
环县	2	1	1	1	保安	2	2	1	1	汾阳	2	2	2	2
合水	2	2	2	2	甘泉	2	2	2	2	宁乡	2	2	2	2
陇西	2	4	2	4	肤施	2	2	2	2	孝义	2	3	2	2
渭源	2	5	1	5	延川	2	2	2	2	平遥	2	3	3	3
通渭	2	3	1	3	延长	2	2	2	2	交城	3	3	2	2
静宁	2	3	1	3	岐山	2	3	3	3	阳曲	2	2	2	2
平凉	3	5	1	5	麟游	2	2	3	3	太谷	3	3	3	3
华亭	3	5	2	5	永寿	2	2	3	3	太原	3	4	2	2
隆德	2	3	1	3	三原	3	4	3	5	徐沟	3	3	3	3
宁州	3	3	2	2	长安	3	4	5	5	文水	3	3	2	3
崇信	3	4	2	4	兴平	3	3	3	3	祁县	3	3	3	3
灵台	3	3	2	3	鄠县	3	3	3	3	榆次	3	3	3	3
镇原	3	5	2	5	泾阳	3	3	3	4	榆社	3	3	2	3
漳县	2	4	2	4	咸宁	3	3	3	4	寿阳	4	3	2	2
宁远	2	4	2	4	咸阳	3	3	3	4	吉州	2	3	3	3
伏羌	2	5	2	5	武功	2	3	3	3	大宁	2	2	3	3
秦安	3	5	2	5	醴泉	2	3	3	3	临汾	2	3	4	4

县名	春	夏	秋	年	县名	春	夏	秋	年	县名	春	夏	秋	年
三岔	3	4	2	5	临潼	3	3	4	4	襄陵	2	3	4	4
清水	3	5	2	5	高陵	3	3	3	4	汾西	2	3	3	3
河内	2	2	5	5	华州	3	4	5	5	洪洞	2	3	4	4
济源	2	2	5	5	渭南	3	4	5	5	蒲县	2	2	3	3
修武	2	2	4	4	富平	3	4	3	4	岳阳	2	3	5	5
阳武	2	2	3	3	蒲城	3	4	4	4	灵石	2	3	3	3
获嘉	2	2	4	4	蓝田	3	3	4	4	赵城	2	3	3	3
武陟	2	2	5	5	大荔	3	4	5	5	屯留	2	3	3	3
新乡	2	2	3	3	耀州	2	3	3	3	长子	2	3	3	3
延津	2	2	3	3	宜川	2	2	2	2	沁源	2	3	5	5
封丘	2	2	3	3	中部	2	2	2	3	武乡	2	3	3	3
阌乡	2	3	5	5	同官	2	2	2	2	万泉	2	3	4	4
灵宝	2	3	4	4	洛川	2	2	2	2	临晋	2	3	4	4
永宁	2	2	3	3	澄城	4	5	4	5	河津	2	3	4	4
卢氏	2	2	3	4	宜君	2	2	2	3	荣河	3	3	4	4
渑池	2	2	4	3	郃阳	4	5	5	5	猗氏	2	3	4	4
伊阳	2	2	2	2	韩城	3	3	4	4	乡宁	2	3	4	3
偃师	2	2	4	4	凤翔	2	2	3	3	稷山	2	3	4	4
洛阳	2	2	3	3	郿县	2	3	3	3	曲沃	2	3	4	4
宜阳	2	2	3	3	汧阳	2	2	5	5	浮山	2	3	4	4
嵩县	2	2	2	2	华阴	2	3	5	5	安邑	2	3	5	5
新安	2	2	2	3	潼关	2	3	5	5	闻喜	2	3	4	4
孟县	2	2	5	5	朝邑	3	3	5	5	垣曲	2	3	4	4
孟津	2	2	4	4	雒南	2	3	5	5	夏县	2	3	4	5
原武	2	2	4	4	白水	3	3	3	4	绛县	2	3	4	4
郑州	2	2	4	4	盩厔	2	3	3	3	翼城	2	3	4	4
汜水	2	2	5	5	陇州	3	3	5	5	高平	2	3	3	3
温县	2	2	5	5	安塞	2	2	2	2	凤台	2	2	4	4

续表

县名	春	夏	秋	年	县名	春	夏	秋	年	县名	春	夏	秋	年
密县	2	2	3	4	定边	1	1	1	1	阳城	2	3	4	4
巩县	2	2	4	5	岢岚	1	2	3	3	沁水	2	3	5	5
荥阳	2	2	4	4	右玉	1	2	2	2	永济	3	3	5	5
荥泽	2	2	4	4	偏关	1	3	5	5	芮城	2	3	4	4
新郑	2	2	3	3	河曲	1	3	4	4	虞乡	2	3	4	4
登封	2	2	3	4	平鲁	1	3	3	3	平陆	2	3	4	4
中牟	2	2	3	3	宁武	1	2	5	5	清涧	2	2	2	2
兰阳	2	2	3	3	神池	1	2	5	5	吴堡	2	2	2	2
仪封	2	2	3	3	朔州	1	2	3	3	扶风	2	2	3	3
陈留	2	2	3	3	兴县	1	2	3	3	淳化	2	2	3	3
祥符	2	2	3	3	岚县	1	2	2	2	长武	2	2	2	3
府谷	1	2	4	4	静乐	1	2	3	3	三水	2	2	2	3
榆林	1	4	3	5	定襄	1	1	3	3	米脂	1	2	2	2
葭州	1	4	5	5	崞县	1	1	2	2	永和	2	2	3	3
神木	1	4	5	5	临县	1	2	3	3	太平	2	3	5	5
靖边	1	1	1	1	石楼	2	2	2	2					
怀远	1	2	2	2	永宁	2	2	2	2					

　　据图4-5可知,该年降水主要集中在夏秋,尤其是秋季降水异常偏多,且随着时间推移,降水级别不断增强,整体发生进程自西北向东南不断地扩大。如在春夏之交,降水主要发生在陕甘局部州县,而后向北扩展到陕西北部和山西北部;秋季大范围严重降水覆盖晋、陕大部分州县,程度远超于夏季;冬季中游史料未见记载,而此时黄河下游区诸多州县普降大雨雪,尤其山东多数州县降水异常偏多。图4-5全年降水分异图中反映出该年黄河中游有3个降水中心:(1)黄河中游干流北部河曲县至葭州段;(2)泾、渭流域上游区;(3)汾河流域中下游与黄、渭、洛三角区。需要说明的是,其中汾河流域与黄、渭、洛三角区出现降水异常区,即中、下游交接区出现涝灾最严重的区域之一,这指示出该区有夏季雨带徘徊,与满志敏曾指出7月下旬在晋南一般有雨带滞留,且雨带会延

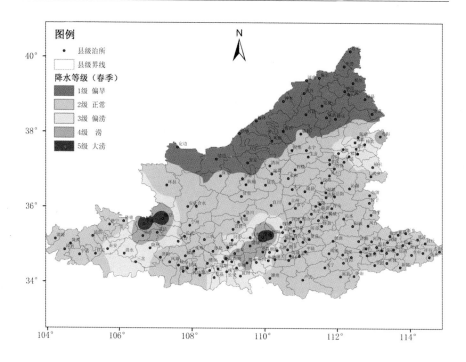

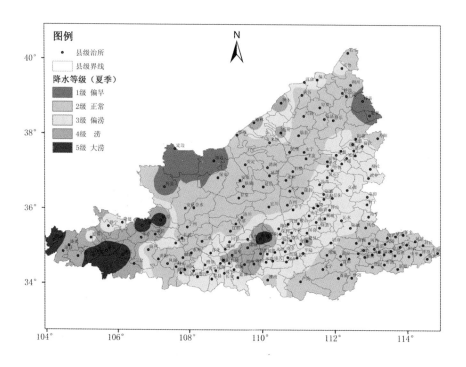

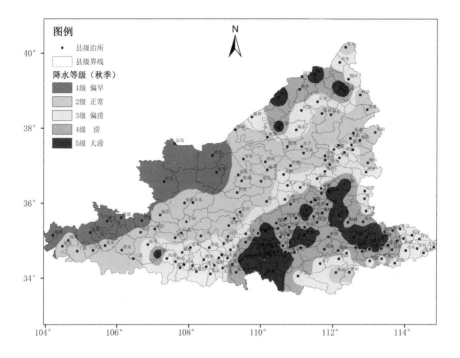

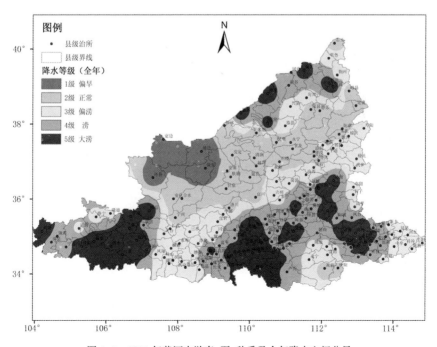

图 4-5　1819 年黄河中游春、夏、秋季及全年降水空间分异

伸至陕西关中中西部的结论基本一致 ①。

第四节　气候背景推断

从概率理论意义上说,极端气候即远离气候平均态的小概率事件,其成因机制非常复杂。由于没有现代气象记录的大气环流场、海温场等天气资料,用于判定气候异常成因的天气动力学方法,对历史时期极端气候变化研究不可能采用。但 1819 年黄河中游极端雨涝事件如此异常,对其成因的讨论必然备受关注,笔者仅就一些可能的驱动因子进行讨论。

一、ENSO 事件与南极涛动指数（AAO）

ENSO 事件是全球海气相互作用的异常现象和强烈信号,作为全球规模年际气候变异的主要因子,其循环变化过程中的冷、暖两个极端位相对太平洋副热带高压和东南亚季风环流有显著影响,降水、气温等要素变化表现出一定的区域性特征 ②, ENSO 正是通过影响季风环流影响我国中东部季风气候区内的降水变化 ③。查 El Niño 事件历史年表可知 ④,1819 年为中等强度（级别为 M+ ）的厄尔尼诺年,据现有关于我国大范围及其区域性（华北）降水与 ENSO 事件关系的研究结论来看,认为在 El Niño 事件结束之后普遍多雨,显示出在非厄尔尼诺年多雨的特

---

① 满志敏:《光绪三年北方大旱的气候背景》,《复旦学报》(社会科学版)2000 年第 5 期,第 28—35 页。

② Ropelewski C. F., Halpert M. S.. Global and Regional Scale Precipitation Patterns Associated with the El Niño Southern Oscillation. *Mon. Wea. Rev.*, 1987, 125:1606-1626. Kiladis G. N., Diaz H. F.. Global Climate Anomalies Associated with Extremes in the Southern Oscillation. *Climate*, 1989, 2:791-802. Nils-Axel Mörner. ENSO-Events, Earth's Rotation and Global Changes. Journal of Coastal Research, 1989, 5 (4):857-862.

③ 赵振国:《厄尔尼诺现象对北半球大气环流和中国降水的影响》,《大气科学》1996 年第 4 期, 第 422—428 页 ;Zhang Renhe, Akimasa S., Masahide K.. A Diagnostic Study of the Impact of El Niño on the Precipitation in China. *Advances in Atmospheric Sciences*,1999, 16 (2):229-241.

④ Quinn W. H., Neal V. T.. The Historical Record of El Niño Events, In: Bradley R. S., Jones P. D. ed.. *Climate since A. D. 1500*. London and New York: Rout ledge, 1992, pp. 623-648.

点①。尽管这些结论为判定1819年黄河中游降水异常提供了气候背景的重要参考，但问题是该年情况和上述结论并非完全一致，即除黄河中游与淮河流域中下游多雨外，其他区域则表现为不同程度旱灾的厄尔尼诺年特征，这正体现出该年黄河中游降水的异常性。因此，笔者认为非厄尔尼诺年并非如以往研究所讲的大范围降水偏多的一般性特征，很可能存在一种空间随机关系。

以往研究认为南极涛动指数（AAO）变化与我国华北降水有明显的负相关关系，二者作用机理是：AAO正异常（增强）时，热带西太平洋对流减弱；西太平洋对流的减弱将激发东亚－太平洋波列或日本－太平洋波列，使得西太平洋副热带高压偏南，华北降水减少，反之则增加②。又据张自银等重建的1500年以来南半球夏季的南极涛动指数（DJF-AAO）可知③，1810s的AAO以正位相为主，表明DJF-AAO偏强，即1810s应是以降水偏少为主，而1819年除黄河中游与淮河流域中下游多雨外，其他区域则表现为不同程度旱灾的特征，可以看出，该年的极端降水事件与南极涛动指数（AAO）变化并不对应，反映出该年黄河中游极端降水的特殊性。

二、太阳活动

在季风气候背景下，降水空间分异主要受季风雨带的影响，伴随夏季风北进，雨带跳跃地向北推移，除北进外，伴随冬季风不断增强，雨带则在秋季开始南退。而黄河中游大部分地区处于夏季风影响边缘区，无论北进、南退，雨带移动都会受季风脉动的影响。冬夏季风强弱跟太阳

---

① 梁平德：《ENSO事件与华北夏季降水关系的初步分析》，见：长期天气预报理论方法和资源库建立研究项目总课题组：《长期天气预报论文集》，北京：气象出版社，1990年，第248—253页；张德二、薛朝晖：《公元1500年以来ElNiño事件与中国降水分布型的关系》，《应用气象学报》1994年第2期，第168—175页；陆日宇：《华北汛期降水量年际变化与赤道东太平洋海温》，《科学通报》2005年第11期，第1131—1135页。

② Wang H. J., Fan K.. Central-north China Precipitation as Reconstructed from the Qing Dynasty: Signal of the Antarctic Atmospheric Oscillation. *Geophys Res Lett*, 2005, 32: L24705, doi:10.1029/2005GL024562. 郝志新等：《1876—1878年华北大旱：史实、影响及气候背景》，《科学通报》2010年第23期，第2321—2328页。

③ 张自银等：《近500年南极涛动指数重建及其变率分析》，《地理学报》2010年第3期，第259—269页。

活动有直接关系,据太阳活动记录[①],1819 年正值太阳活动周第 7 周的较小年,太阳黑子相对数 R 年平均为 23.9,这是自 1749 年以来 200 多年间的较低值,最高峰值为 201.3(1957 年),相当于 1819 年的 8.4 倍。受太阳活动较弱影响,该年气温偏低、冷气团相对活跃,如图 4–5 反映出的,中游降水雨带和季风推进的大体方向基本一致,可大致判断出 1819 年极端雨涝事件和东亚季风移动有关。该年中游多个县域除夏秋多雨外,冬春降水亦较往年异常增多,长安、三原、渭南等县 4 月份普降大雪,如"四月初六(4 月 29 日),大雪"[②],澄城县降雪更甚,"三月二十八日大雪,深数尺,四月朔始晴(4 月 22 日 –24 日)"[③]。而黄河下游河南、山东等地,夏秋降水较少,但降水主要发生在冬季,尤其黄河下游山东辖区诸州县,冬季降水异常增多。譬如,河南鹿邑县"十二月,木冰,折树无算"[④];淮阳县"十二月,雨木冰,树木尽折"[⑤];山东庆云县"十二月十八日,大雪,平地深数尺,晨起门不得出,人多冻死者"[⑥];单县"冬,大雨冰,地冻五六寸,厚滑不可行,树枝多坠折"[⑦];成武县"冬,大雨冰,地积半尺许,滑不可行,树枝压折"[⑧]。郓城县、定陶县等"十二月十九日,夜雨,草木挂冰,树多坠折"[⑨]。以上此类冬季降水异常事件颇多,表明 1819 年黄河中游夏秋多雨与冬季冷湿的气候特征,正是在该时期太阳活动较弱,冷气团活跃冬季风强劲的东亚季风移动异常背景下雨带异常的反映。

三、火山活动

1815 年 4 月 10 日至 11 日,印度尼西亚坦博拉(Tambora)火山爆发,受火山活动影响,全球范围内气候突变,气候转寒,之后几年全球多

① 庄威凤:《中国古代天象记录的研究与应用》,北京:中国科学技术出版社,2009 年,第 284 页。

② 民国《咸宁长安两县续志》卷六《祥异》;光绪《三原县新志》卷八《杂记》;光绪《新续渭南县志》卷十一《祲祥》。

③ 咸丰《澄城县志》卷五《祥异》。

④ 光绪《鹿邑县志》卷十六《杂记》。

⑤ 道光《淮宁县志》卷十二《五行》。

⑥ 民国《庆云县志》之《灾异》。

⑦ 民国《单县志》卷十四《灾祥》。

⑧ 道光《城武县志》卷十三《祥祲》。

⑨ 光绪《郓城县志》卷九《灾祥》;民国《定陶县志》卷九《灾异》。

地区同步出现持续低温、极端降水等异常天气①。此次火山活动对中国的影响亦较强劲且持久，自此以后中国进入持续几十年的冷湿期，灾荒连年②。那么，坦博拉火山活动和之后的寒冷事件、灾荒事件之间到底是一种什么关系？在中国学界亦有一些讨论，如在《学术界》2009年总第138期，有一组文章专门对"坦博拉火山爆发与中国社会历史"进行了专题讨论③；又如杨煜达等认为1815—1817年云南大饥荒，即因此次火山爆发引发气候突变造成粮食大量减产所致④。当然，火山活动是否为中国清代嘉道以后气候突变转寒的直接动因，还有待继续探讨。但是，通过梳理1819年档案和方志等史料，其中冬春大雪、夏季雨雹、秋雨连绵等恶劣天气多有记载，可见该年黄河中游大范围极端雨涝事件的气候背景应该和此次火山活动有很大关系。

影响黄河中游降水的气候系统十分复杂，学界还未有成熟的定论，尤其是人类活动对气候变化影响并不显著的历史时期，极端降水事件应是自然变率的直接结果，但其具体的影响因子、方式、幅度等仍需继续深入探讨，这将为当前所关注和强调人类活动可能会导致未来极端事件频率增加、强度增强等看法提供了一个参考。

第五节　本章小结

1819年（清嘉庆二十四年）黄河中游发生大范围降水和中下游重大

① Stothers R. B.. The Great Tambora Eruption in 1815 and Its Aftermath. *Science*, 1984, 224 （4654）:1191. Bernice de Jong Boers. Mount Tambora in 1815: A Volcanic Eruption in Indonesia and Its Aftermath. *Indonesia*, 1995, 60（Oct）:52. Edward Skeen C.. The Year without a Summer: A Historical View. *Journal of the Early Republic*, 1981, 1（1）:51-67. 按：受火山活动影响，全球范围内气候突变，气候转寒。在西方学界，对之后出现的几次大的寒冷事件与坦博拉火山之间到底是一种什么关系有许多讨论，主流意见一般倾向于两者之间存在因果关系。
② 张丕远：《中国历史气候变化》，济南：山东科学技术出版社，1996年，第389页。
③ 在《学术界》（2009年总第138期）有一组文章专门对"坦博拉火山爆发与中国社会历史"进行了专题讨论，见曹树基：《坦博拉火山爆发与中国社会历史——本专题解说》，第37—41页；李玉尚：《黄海鲱的丰歉与1816年之后的气候突变——兼论印度尼西亚坦博拉火山爆发的影响》，第42—55页。
④ 杨煜达、满志敏、郑景云：《嘉庆云南大饥荒（1815—1817）与坦博拉火山喷发》，《复旦学报》（社会科学版）2005年第1期，第79—85页。

气象灾害,是在明清小冰期大气候背景下的极端气候事件。笔者利用清宫档案和方志等史料记载,复原了该年雨情与灾情图景、天气特征、洪涝灾害及影响,并尝试着对可能涉及的影响因子作了初步探讨。

该年黄河中游各县域降雨时段开始与结束时间由南向北递次推迟,显示出降雨带自春至夏季节性向北移动的特征,降水集中于夏秋两季,雨期长且以连阴雨为主,且多大到暴雨,二级流域(汾、渭河)6—9月降水区雨日高达40日以上,与该年6—9月黄河中游万锦滩报汛志桩的相对水位变化基本一致,下游洪涝灾害主要受中游极端降水所致,其最大水位乃百年一遇的涨水表征。

该年黄河中游有3个降水中心:(1)黄河中游干流北部河曲县至葭州段;(2)泾、渭流域上游区;(3)汾河流域中下游与黄、渭、洛三角区。降水异常不是非厄尔尼诺年大范围降水偏多的一般性特征的表现,相对全国范围而言,很可能存在一种空间随机关系,与南极涛动指数(AAO)变化未能对应也说明该年黄河中游极端降水的特殊性。同时,降水异常的原因与太阳活动周期的较小值年、坦博拉火山活动持续影响等因子有较大关系。

第五章 清代黄河中下游决溢与气候波动关系讨论（1751—1911年）

第一节 问题的提出

黄河流域在我国历史时期及当代政治、经济、文化等方面都有着重要地位，但该区气候特征表现为季节性强、变率大，旱涝灾害频繁，尤其黄河中下游屡次泛溢、改道造成惨重的生命、财产等损失。因此，学界对该流域洪水灾害、河道变迁，及其气候因子等相关研究一直颇为重视①。纵观以往研究，取得了较多精彩的成果，但针对气候变化，尤其是中游降水波动与黄河决溢影响程度相互关系讨论不多。基于此，笔者通过充分梳理、提取和深入解读史料中涉及黄河中下游河流决溢的相关信息，以清中后期黄河中下游河流决溢程度与气候波动关系为切入点，通过对决溢发生次数、决口口门宽度、河工修缮经费等3个指标的量化，尝试着对河流决溢程度与气候波动进行评估，希望为气候变化的社会响应研究提供个案参考。

本章所用资料主要为正式出版的档案（奏折、上谕等）和搜集的未正式出版的黄河水利委员会存档，这些档案所载黄河中下游河患、河工治理相关信息较为详细，包括经费（河工工程预算、钱粮和题销账目等）信息和工程信息在这些资料中都比较系统。

---

① 叶青超：《黄河流域环境演变与水沙运行规律研究》，济南：山东科学技术出版社，1994年，第1—223页；吴祥定等：《历史时期黄河流域环境变迁与水沙变化》，北京：气象出版社，1994年，第1—169页；郑景云、郝志新、葛全胜：《黄河中下游地区过去300年降水变化》，《中国科学》D辑2005年第8期，第765—774页。

第二节　黄河中下游决溢事件及气候背景

一、清中后期黄河中游降水变化

　　一般而言,我国中东部地区主要受季风雨带影响,夏半年伴随夏季风北进,雨带跳跃地向北推移;冬半年冬季风不断增强,雨带则在秋季开始南退。对于黄河中下游区而言,大部分处于季风交汇区,对此变化特别敏感,尤其是冷暖气流在此交锋滞留,导致降水增加。就百年变化尺度而言,明清小冰期[①](Little Ice Age)内全球气候波动大体上是同步的,但在百年尺度以下,不同区域之间存在较大差异。郑景云等基于清代雨雪档案记载、现代器测气象记录及农田土壤含水量观测资料,根据降水入渗与水量平衡模型和田间试验验证,定量复原了 1736—1910 年黄河中下游地区 18 个站点的降水量,并建立了黄河中下游地区及其 4 个子区 1736 年以来的降水变化序列,认为黄河中下游地区 1791—1805年、1816—1830 年及 1886—1895 年等三个时段降水明显偏多[②],说明清代中后期黄河中下游区降水变化存在明显波动,即小冰期在不同区域和小于百年尺度下存在明显差异的一种体现。这种波动常常伴随出现一些极端年份气候事件,亦有多位学者[③]对该区几次极端降水事件和洪涝灾害进行过分析。当然,黄河中游极端降水亦造成中下游出现频繁决溢事件,可见黄河中游降水与中下游决溢存在对应关系,下文以四次极端降水说明之。

二、决溢事件典型案例剖析

(一)1761 年

　　据上述档案可知,1761 年(乾隆二十六年)阴历七月间,雨水甚多,

[①] 按:竺可桢曾根据河湖结冰及降雪落霜记载,推测公元 15 世纪到 19 世纪中叶为近五千年来第四个寒冷期,见:竺可桢:《中国近五千年来气候变迁的初步研究》,《中国科学》1973 年第2 期,第 168—169 页。

[②] 郑景云、郝志新、葛全胜:《黄河中下游地区过去 300 年降水变化》,《中国科学》D 辑 2005 年第 8 期,第 765—774 页。

[③] 张德二、陆龙骅:《历史极端雨涝事件研究——1823 年我国东部大范围雨涝》,《第四纪研究》2011 年第 1 期,第 29—35 页。

各处山泉同时并涨,以致下游宣泄不及,中下游多处决溢。时任河东河道总督张师载在奏报中称:"下游埽坝工程俱漫水底,其大堤有出水数寸者十之一、二;水与堤顶相平者十之四、五;与堤顶子埝相平者十之三、

表5-1　1761年黄河中下游决溢情况简表

时间	地点	口门宽度	漫口数量	合龙时间	洪水经行路线
8-17	祥符县北岸二十一堡	50余丈	1	七月二十一日挂淤	(1)8月17日祥符县北岸二十一堡路线:二十一堡北溢入东明之毛相河,泛淹濮州、范县、寿张、阳谷、东阿入运
	祥符县埽头十九堡	50余丈	1	十月二十五日前	
	祥符县南岸程家寨十六堡	2—6丈	5		
	祥符县南岸时和驿	50余丈	1	七月二十一二日挂淤	(2)8月18日祥符县南岸时和驿路线:漫溢祥符县境-水趋县城
8-18	曹县北岸十四堡、二十堡	198丈、84丈	2	九月二十八日、七月二十七日	(3)8月18日曹县北岸十四堡、二十堡路线:黄水直趋曹县城下,冲入西门,城内水深丈余,漫淹城武、定陶、菏泽、巨野、单县、金乡、鱼台、济宁等县,入昭阳等湖
	祥符县南岸焦桥五堡	12丈、13丈、8丈、30丈	4		
	祥符县南岸湾庄九堡	6丈、6丈、50丈、20丈	4		(4)8月19日中牟县南岸杨桥路线:杨桥决口夺溜,经由尉氏县之贾鲁河十分之七,经由惠济河十分之三。均入淮汇湖。杨桥夺溜后,下游断流
	祥符县南岸湾庄十堡	60余丈	1		
8-19	阳武县北岸十三堡、十七堡	20余丈、30余丈	2	十月二十五日前	
	荥泽县南岸五堡	30余丈	1		(5)8月19日兰阳县南岸头堡、三堡路线:入祥符县丁家庄,漫泛大东门,又由小东门汇趋南门,东南入惠济河,与杨桥漫水汇流至太康入涡河
	武陟县北岸五堡	20余丈	1		
	兰阳县南岸头堡(2处)、三堡	40余丈、80余丈、60余丈	3		
	中牟县南岸杨桥	200余丈(后陷至500丈)	1	十一月初一日	

四,两岸堤工尺尺寸寸皆为危险。"① 现代已有研究认为,此次洪水主要来自三门峡至花园口区间,并推算出当时花园口洪峰流量为 32000m³/s② ;统计该年各处奏报中提及的 8 月决溢信息,自河南荥泽至山东曹县两岸堤防漫决达 27 处之多(表 5-1)。

当时在"黑岗口"下游"时和驿"漫决,水到开封城,已将五门堵塞。正如中牟杨桥河神祠碑文上记录乾隆皇帝为此次决溢事件书写的诗句:"初漫黑岗口,复漾时和驿,侵寻及省城,五门填土闭。"③ 杨桥口门最后扩宽到 500 余丈。大河夺溜后,正流主要由贾鲁河、惠济河下注。贾鲁河受黄水约十分之七,此一股流向东南,开封朱仙镇首当其冲,下经尉氏、扶沟、西华、淮阳而下入沙河,从沈丘达安徽阜阳、颍上,由正阳关入淮河。惠济河受黄水约十分之三,此一股略偏于东,陈留县首当其冲,下经杞县、睢州、柘城、鹿邑而下涡河、浍河于太和、亳州一带。涡河从蒙城、怀远入淮,浍河从凤台峡石口入淮④。时任河南巡抚的刘统勋在奏折上称:"查此次豫省被灾各处,其水冲入城者共十州县⋯⋯汜水县计 14 村庄,共塌瓦草房 1041 间,淹毙人口大小 116 口;河内县计 270 村,共塌瓦草房 69842 间,淹毙人口大小 1301 口;武陟县计 148 村,共塌瓦草房 15073 间,并无淹毙人口;原武县计 194 村,共塌瓦草房 11551 间,淹毙人口大小 517 口;偃师县计 71 村,共塌瓦草房 5678 间,淹毙人口大小 214 口;巩县计 45 村,共塌瓦草房 2303 间,淹毙人口大小 35 口;阳武县计 420 村,共塌瓦草房 15428 间,淹毙人口大小 95 口;封丘县计 297 村,共塌瓦草房 2264 间,并无淹毙人口;延津县计 143 村庄,共塌瓦草房 5826 间,并无淹毙人口;济源县计 115 村,共塌瓦草房 3804 间,淹毙人口大小 11 口。"⑤

此次黄河决溢灾情惨重,从档案记载大致可判断出其形成原因,主

---

① 水利电力部水管司科技司、水利水电科学院:《清代黄河流域洪涝档案史料》,北京:中华书局,1993 年,第 246 页。

② 高秀山:《黄河中下游 1761 年洪水分析》,《人民黄河》1983 年第 2 期,第 6—10 页。

③ 转引徐福龄:《河防笔谈》,郑州:河南人民出版社,1993 年,第 73 页。

④ 水利电力部水管司科技司、水利水电科学院:《清代黄河流域洪涝档案史料》,北京:中华书局,1993 年,第 249 页。

⑤ 水利电力部水管司科技司、水利水电科学院:《清代黄河流域洪涝档案史料》,北京:中华书局,1993 年,第 239 页。

要受该年黄河中下游降水异常影响所致。山西降水情形：时任山西巡抚鄂弼在奏报上称："晋省六月内雨水连绵,通省普遍沾足。现今(七月)初六至初十(8月5—9日),每日皆有阵雨……"另据(官职缺)萨哈岱在奏报说:"(晋省)今岁自六月以来,时多阴雨。近于七月十三、十五、十六、十七(8月12、14、15、16日)等日,连降大雨……至十八日(8月17日)大雨不止,水势更盛……"陕西降水情形：当时陕西巡抚钟音在奏报中称:"省之西、同、凤等府,乾、邻、商、郿等州,各于七月初一、四、五、九(7月31、8月3、4、8日)等日普雨均沾。沿边之延、榆、绥三府州属亦各具报六月下旬暨七月初间先后复得透雨。华州、华阴县地处渭河下游,据报河水涨发,近河滩地皆有被水淹之处。"[1]河南、河北降水情形：时任河南、河北镇总兵官田金玉的奏报称:"奴才属汛地方,六月以后连绵甘露。七月十二、十三(8月11、12日)日,连得密雨,本无妨碍,忽于十四至十六(8月13—15日)等日,昼夜大雨如注,连绵不息,奴才驻扎之怀庆府地方,平地水深四、五尺,丹、沁两河同时异涨,加以众山水奔腾齐下……"[2]山东降水情形：时任山东巡抚的阿尔泰奏报称:"东省六月中旬(7月12—21日)以后,大雨连绵,山水骤发,以致东平、汶上、宁阳等州县,洼地积水……自七月初三日以至初六、七、八(8月2—7日)等日,又复大雨如注,查德州附近之处,如济南府属之禹城、齐河、济阳、长清,东昌府属之聊城、博平、茌平、高唐、东昌卫、临清卫、堂邑,武定府属之商河、乐陵、惠民、海丰,兖州府属之济宁卫、阳谷……青州府属之乐安、高苑,以上二十三州县,现据续报雨泽过多,河已平槽,坡水汇注,宣泄不及,境内洼地积水,自数寸以至一、二尺不等。"[3]

上述奏报所记录的水情和灾情,证实该年曾出现大范围、长时间异常降水,其范围主要发生在黄河中下游陕、晋、豫、鲁,包括河北大部等多数地区,从7月上旬至8月中旬,长达1月之久,导致黄河中下游出现严

① 水利电力部水管司科技司、水利水电科学院:《清代黄河流域洪涝档案史料》,北京:中华书局,1993年,第230页。

② 水利电力部水管司科技司、水利水电科学院:《清代黄河流域洪涝档案史料》,北京:中华书局,1993年,第233页。

③ 水利电力部水管司科技司、水利水电科学院:《清代黄河流域洪涝档案史料》,北京:中华书局,1993年,第241页。

重的决溢灾害事件。

（二）1819 年

嘉庆二十四年（1819）黄河中游雨涝影响范围广，涝灾级别高。从《中国近五百年旱涝图集》①可大致看出，该年全国有两个主要雨涝中心，即黄河中游与淮河中下游，其他区域则主要表现为不同程度的旱灾。该年黄河流域发生的大范围严重雨涝灾害，可谓极端气候事件。受中游雨涝影响，下游黄河较之常年发生百年不遇的漫溢、决口等灾害事件。时任河东河道总督叶观潮在奏折中提到："查黄河各路来源，向来伏秋长水最大之年，不过积长至七丈七尺余寸，即为异常盛涨。本年截至七月十八日，各来源已积长至八丈八尺一寸，较之往年已多至一丈有余，而日内接长不已，自系来源仍有续涨，实为从所未有。"②

受中游极端降水影响，黄河中下游诸县除人员伤亡、田庐损毁外，还表现在沿河堤坝多处决溢，河工破坏严重。如《清史稿·河渠志》载："（河）溢仪封及兰阳，再溢祥符、陈留、中牟……又决马营坝，夺溜东趋，穿运注大清河"，黄河两侧河堤被水冲开多处口门，最宽处达200余丈（表5-2）。沿河州县被水灾情惨重，如："查兰阳、仪封二处漫口，兰阳、仪封、杞县、睢州、宁陵、鹿邑、柘城等厅州县均系大溜经，居民田庐多被顶冲漂失。此外，因祥符、陈留、中牟、武陟、考城等汛塌堤漫水，下游祥符等二十四州县同被淹浸。……兰、仪漫口在睢州下汛以上一百数十里，被水顶冲州县较十八年（1813年）多。加以南北两岸漫缺之水，又有被淹二十余县，虽情形轻重不同，现在兰阳、仪封二处口溜势未定，一时尚难预计。""……节气已届立冬，为时已促，无如本年黄、沁两水至今尚旺，溜势未平。马营坝夺溜十余日，而正河尚有黄水涓涓下注，不能即时断流，皆向所罕见之事。"③

---

① 中央气象局气象科学研究院：《中国近五百年旱涝分布图集》，北京：地图出版社，1981年，第180页。

② 水利电力部水管司科技司、水利水电科学院：《清代黄河流域洪涝档案史料》，北京：中华书局，1993年，第505页。

③ 水利电力部水管司科技司、水利水电科学院：《清代黄河流域洪涝档案史料》，北京：中华书局，1993年，第491页。

表 5-2　1819 年黄河决溢情况统计简表

时间	地点	口门宽度	漫口数量	洪水经行路线	合龙时间
9-11	祥符北下汛六堡	18余丈	1		九月初堵闭
	兰阳汛十堡西小堤	漫溢	1		
9-12	兰阳县八堡	180余丈	1	"兰阳县八堡"掣溜九分,浸水由凤、颍、涡、淮等处纡曲串注,汇入洪泽湖,其余路线未知	武陟马营坝决口夺溜后各口挂淤,当年冬堵合
	仪封上汛三堡	100余丈	2		
	考城汛旧南堤	漫溢	4		
	祥符上汛六堡、下汛六七堡	70余丈	4		
	陈留汛七八堡	10余丈	2		
9-15	中牟上汛八堡	50余丈	1		九月初堵闭
9-25	武陟县马营坝	200余丈	1	夺溜东趋,穿运注入大清河	嘉庆二十五年三月十三日合龙

从上表可知阴历七月一次洪水在短短 5 日之内(9 月 11—15 日),从祥符(今开封境)至兰仪(今兰考境)之间约 50 公里河段,南北岸共决口多达 16 处,最后由兰阳八堡(即铜瓦厢下段)夺溜成河,波及苏、皖、鲁地区。八月上旬(9 月 25 日)的洪水,因沁河先涨,其入黄口(武陟方陵)被淤塞,沁水则从方陵沿黄河北堤东注,将武陟九堡大堤冲决,随之黄河亦涨水,大河与沁水相遇,致使黄、沁两河均从九堡口门夺溜而出。溃水一小股越太行堤经获嘉、新乡、汲县入卫河;而主流经原武、封丘东流穿运,由山东大清河分两路入海。此次决口也是所谓"黄、沁并溢"的一个案例。

该年大水影响严重,黄河中、下游大部地区出现房屋倒塌、民田冲没、人口伤亡、黄河多处决溢灾情,这是在明清小冰期大气候背景下的极端气候事件和重大气象灾害。究其气候原因,主要受黄河中游极端降水事件所致。该年黄河中游夏秋季雨期长(连阴雨),且多大到暴雨,二级流域(汾、渭河)6—9 月降水县区雨日高达 40 日以上。通过利用 Pearson-Ⅲ型分布模型对该年 6—9 月黄河万锦滩报汛志桩水位实测值进行分析,其最大水位乃百年一遇,且其相对水位变化与中游降水日期变化基本一致。由此可见,该年下游河流决溢造成的洪涝灾害是中游极端降水所致,其主要降水中心有:(1)黄河中游干流北部河曲县至葭州段;(2)泾、渭流域上游区;(3)汾河流域中下游与黄、渭、洛三角区。该年降水异常不是非厄尔尼诺年大范围降水偏多的一般性特征表现,与南极涛动指数(AAO)变化也未能对应。同时,与太阳活动周期的较小值年、坦博拉火山活动持续影响等因子亦有一定关系(参见第四章相关论述)。

(三)1843 年

道光二十三年(1843)黄河中游发生多次降水,据考证黄河干流潼关至小浪底河段出现了千年最高洪水位,两岸居民受洪水袭击灾情惨重。档案中记载,时任江南河道总督潘锡恩在奏报中称:"本年黄河,水势长发较早。叠据河南、陕州驰报,万锦滩于四月初十、二十三及五月十一、二十并六月初二、初七、初九(5 月 9、22 日、6 月 8、17、28 日、7 月 4、6 日)等日,共长水一丈八尺七寸。又据武陟县呈报,沁河于六月初二及初七、八、九、十(6 月 29 日、7 月 4、5、6、7 日),共长水一丈一尺八寸。是以江境水势旋消旋长。近缘连得大雨,坡水汇注,报长更勤。桃南北以上各厅临黄坝埽倍形着重,而睢宿等厅逼近萧工口门,河底跌深,溜多变迁,或无工处所塌滩近堤,或淤闭旧埽复行刷出。"又,河东河道总督慧成称:"黄沁厅呈报,武陟沁河于初八、初九并初十日(7 月 5、6、7 日)已申亥三时,及二十日(7 月 17 日)寅午亥三时,二十一日午酉两时,十次共长水一丈五尺三寸。当二十一日,沁黄并涨之时,加以入伏后无日不雨,众水汇注,以致各厅积存长水大于上数年。两岸普律漫滩,汪洋无际,临黄砖石埽坝,纷纷报塌……中牟下汛八堡工程,异常危险……六月二十一日沁黄盛涨,大溜涌注,新埽先后全行蛰塌,赶即集料抢补,甫厢出水,溜急下卸至九堡无工之处。偏值二十六日(7 月 23 日)大雨一昼夜,二十七日(7 月 24 日)黎明,继以东北风大作,鼓溜南击,浪高堤顶数尺,兵夫不能立足,有力难施,九堡堤身顿时过水,全溜夺入南趋,口门当即塌宽一百余丈。"①

漫水决堤掣动大溜,分为正溜和旁溜两股:(1)正溜:由贾鲁河经开

---

① 水利电力部水管司科技司、水利水电科学院:《清代黄河流域洪涝档案史料》,北京:中华书局,1993 年,第 634 页。

封府之中牟、尉氏、陈州府之扶沟、西华等县入大沙河,东汇淮河,归洪泽湖。(2)旁溜:由惠济河经开封府之祥符、通许、陈州府之太康、归德府之鹿邑、颍州府之亳州入涡河,南汇淮河,归洪泽湖。而本次漫水经过豫皖两省区域,受水灾最重的州县,河南的中牟、祥符、尉氏、通许、陈留、淮宁、扶沟、西华、太康,安徽的太和;次重州县包括:河南之杞县、鹿邑,安徽阜阳、颍上、凤台等;水灾较轻之州县:河南沈邱,安徽霍邱、亳州等。漫溢决口之处直到道光二十四年十二月二十四日才得以合龙,本次漫溢决口引发洪涝灾害影响范围之广、程度之深亦可见一斑。

　　由上述灾情可清楚看出其原因仍是中游大范围降水所致,河道宣泄不及,下游沿河多处漫溢溃堤,新旧埽工亦被刷出,下游河流决溢又致使洪水灾情严重。正如时任山东巡抚梁宝常在奏报中记载的灾情:济南、武定、兖州、曹州、东昌、登州、临清、济宁等府州所属各州县卫,本年夏秋之间,雨水过多,河湖涨漫、山水陡发,低洼地亩一时宣泄不及,以致田禾间被淹浸、淹毙人口等[①]。又如时任湖南巡抚贾费琼在途经河南时亲眼所见情形:"臣于六月十二日(7月9日)自保定省起程,行至河南境内,连日大雨,驿路泥水过深,值黄河盛涨,浪高溜急,船不能渡,守候数日,水势稍平,方由荥泽口过河。闻南岸中河汛于六月二十七日(7月24日)漫口二百余丈,大溜全掣,中牟县城已被水围,及绕道行至临颍,探知前途郾城、遂平一带,各河亦同时涨发,水高桥石数尺,难于前进。"[②] 直到一月之后,洪水仍未消减,时任江南河道总督潘锡恩在奏报上称:"闰七月二十二日(9月15日)行抵豫省中河厅,探量口门,中泓水深一丈五尺。"[③]

　　据黄河水利委员会勘测规划设计院等学者在上世纪多次调查、分析计算,结合该年洪水淤积物的鉴定结果,该年陕县断面最大流量为36000m³/s,雨区主要处在黄河中游河口镇至龙门区间两侧支流特别是

---

① 水利电力部水管司科技司、水利水电科学院:《清代黄河流域洪涝档案史料》,北京:中华书局,1993年,第634页。

② 水利电力部水管司科技司、水利水电科学院:《清代黄河流域洪涝档案史料》,北京:中华书局,1993年,第635—637页。

③ 水利电力部水管司科技司、水利水电科学院:《清代黄河流域洪涝档案史料》,北京:中华书局,1993年,第639页。

西侧支流,以及泾河支流马连河、洛河上游区,其显著特点是含沙浓度高。洪水主要是由西南东北向切变线型暴雨造成的①。可见此次洪水发生动因与 1761 年、1819 年类似,亦是黄河中游在清代中后期气候波动背景下出现的极端降水所致。

(四)1883 年

光绪九年(1883)黄河中下游洪涝灾害严重,范围广、涝灾级别高。从《中国近五百年旱涝图集》②可看出,该年全国的洪涝范围,北到海河流域,中部包括黄淮、江淮、长江下游部分地区,级别都为 1 级,而主要洪涝中心则是黄河中下游区域的山西、陕西、河南、山东等地区,黄河漫溢决口造成的洪涝灾害影响严重。

山西灾情如山西巡抚张之洞的奏报所述:"七月下旬至八月中旬(8 月 23 日—9 月 20 日)太原省城叠次得雨……崞县之铜川等八村,于八月二十五日(9 月 25 日)夜,山水暴涨,冲没田庐,事在中夜,居民猝不及避,以致淹毙男妇五十二名口。"陕西巡抚冯誉骥的奏报称:"陕省入夏以来,雨泽沾足,五月内阴雨更多……同州府属之大荔县具报,五月十四五等日(6 月 18、19 日)大雨如注。十六日河水陡发数丈,致将村民拜中德等住房八十余间被冲入河……同州府属之朝邑县具报,八月初(9 月 1 日)间,阴雨连绵,河水涨发,冲激渭河岸根,于初八、九(9 月 8、9 日)等日,冲塌沿河居民屋基一十一间,淹没滩地七十余亩,内有已种秋禾一十七亩零,人畜幸均未伤。"山东巡抚陈士杰奏报:"查六月份(7 月 4 日—8 月 2 日)历城等阖省一百七州县,先后据报,连日大雨时行……除沿河被灾各属外,其余州县中,低洼处所,间有淹涝为患……自七月望(8 月 17 日)间起,节次大雨倾盆,连宵达旦,附近各州县亦属相同。溜浩瀚,山泉并涨,较伏汛大至时,尤长水一尺七八寸……黄河漫溢,查历城、齐东二县被淹最重,齐河、长清、利津次之。其漫水经行徒骇河,滔滔不绝。近日虽已稍落,而时当大汛,消长靡常,决口处所尚难取土施工。徒骇河

---

① 黄河水利委员会勘测规划设计院:《1843 年 8 月黄河中游洪水》,《水文》1985 年第 3 期,第 57—63 页。

② 中央气象局气象科学研究院:《中国近五百年旱涝分布图集》,北京:地图出版社,1981 年,第 212 页。

河身本不甚宽,下游复多淤垫。现因水势过大,畅泄无从,以致惠民、滨州沿河各庄亦遭漫溢。"灾情大致如仓场侍郎游百川的奏报所说:"历城县大小灾黎共折合大口十一万二千余名,齐东县六万四千余名,利津县一万六千余名,其余章丘、长清、齐河、惠民、滨州、商河等处自三四千起至八九千不等。属灾黎虽多寡不一,而房屋倒塌,十室九空,情形均极困苦,自应宽为赈济。"[①] 可见,该年又是受黄河中游降水异常偏多导致中下游洪涝灾害的一个典型年份,沿河出现漫溢决口等灾情见表5-3。

表5-3　1883年黄河中下游决溢情况简表

时间	地点	口门宽度	漫口数量	洪水经行线路	合龙时间
2-22	历城县北泺口等处	100余丈	4	—	—
2-23	齐河县李家岸	20丈	1	—	—
2月	历城县溏沟	100余丈	3	—	—
	惠民县清河镇	40余丈	1	漫水入滨州境,于滨州老君堂以北入徒骇河	三月二十一日合龙
	齐东县赵奉站	40余丈	1	漫水下趋邹平、长山等县被淹	—
6-22	齐东县船家道口、利津县崔家庄等	数十丈200余丈	6	漫水波及邹平、长山、高苑、博兴等县	—
6-25	历城县张家庄小鲁庄	50余丈	2	—	—
6-27	齐河县顾家沟	20余丈	1	—	—
10月底	齐东县马家铺、蒲台县四图赵庄	20余丈数十丈	2	漫水汇入小清河	

第三节　气候波动与黄河历次决溢程度变化关系

气候作为自然环境中最活跃的一个因子,其变化对自然界和人类社

---

① 水利电力部水管司科技司、水利水电科学院:《清代黄河流域洪涝档案史料》,北京:中华书局,1993年,第721—722页。

会的影响,一直是社会和学术界所关心的话题。以往对历史时期气候变化影响的研究成果丰硕,气候变化对水文条件[1](如河流流量、洪水水位、海平面升降等),农业种植[2](如耕作制度、作物的分布、收成等),土地利用[3],人口分布,经济区、政区设置等有直接或间接的影响[4]。上述四次黄河严重决溢事件,即清中后期气候大背景下的降水波动导致的严重洪涝灾害。

为深入分析,我们对黄河决溢发生次数、决口口门宽度及河工治理经费等三个指标进行量化,首先计算出1751—1911年黄河的河流决溢程度指数变化序列,然后与同时段黄河中游旱涝变化序列对比,从而评估降水波动与河流决溢之间的关系。

一、量化方法

以往对历史时期黄河决溢灾害影响研究中,仅基于决口次数与灾害影响成正比关系进行定性描述性分析,即统计发生次数多寡,判断黄河决口的水灾影响程度大小。此法未能细致考虑历史时期资料记录的“不均一性”引起的误差,同时,决口次数多寡并不意味着灾害影响程度大小。为定量评估每年黄河决口的影响,笔者据上述档案所载信息,统计了1751—1911年黄河中下游发生决口口门宽度、发生次数及河工治理经费三个因子,并为此设计计算公式,重建了黄河决溢程度指数序列,如此可与该时期旱涝变化序列对比。

计算表达式设计基于三点考虑:(1)某一段时间内,河流决口次数越多,表示决溢程度越大;每次决口口门尺寸越宽广,表示决溢的程度

① 满志敏:《中世纪温暖期我国华东沿海海平面上升与气候变化的关系》,《第四纪研究》1999年第1期。

② 郝志新、郑景云、葛全胜:《1736年以来西安气候变化与农业收成的相关分析》,《地理学报》2003年第5期。

③ 方修琦、叶瑜、曾早早:《极端气候事件—移民开垦—政策管理的互动—— 1661—1680年东北移民开垦对华北水旱灾的异地响应》,《中国科学》D辑2006年第7期,第680—688页。

④ 李伯重:《“道光萧条”与“癸未大水”——经济衰退、气候剧变及19世纪的危机在松江》,《社会科学》2007年第6期。Gergana Yancheva, et al.. Influence of the Intertropical Convergence Zone on the East Asian Monsoon. *NATURE445*, pp. 74-77.(4 Jan 2007). De'er Zhang, Longhua Lu. Anti-Correlation of Summer/Winter Monsoons. *NATURE450*, pp. 7-8.(15 Nov 2007).

越大,反之亦然。(2)从概率统计观点出发,把所研究地区内某一时间黄河中下游干流发生的决溢次数作为决溢事件的总体,而把根据历史文献收集到的记录看作是总体样本,历史资料本身存在的漏记、断缺、散失等情况看作是随机的,那么现存的决口记录则作为整个决口事件中的一个随机样本。同时考虑口门宽度和发生频次两个主要因子,统计所得比值则可以看作是总体决口比值的统计值。(3)反映河流决溢程度的另一个重要因子是河工修理中所用经费。以 θ 表示单因子指数,Δ 表示河流决溢程度,其中 X 为各因子历年变化值,则计算公式表示如下:

$$\theta = \frac{X}{\dfrac{1}{n}\displaystyle\sum_{i=1}^{n} X_i}, \quad \Delta = \theta_1 \cdot \theta_2 \cdot \theta_3$$

二、数据提取和统计标准

(一)河流决溢次数和口门宽度的确定

1751—1911 年共计 161 年中,统计有 53 年出现主要决溢事件,如资料中记载 1819 年八月二十日(10 月 8 日)的一次决口情况:"中牟八堡沟槽四道,宽三四十丈至二百余丈,水深六七尺至八九尺,亦已先后赶堵断流。"[1] 在统计中,沟槽四道,则记录决口个数为 4 个,由于史料记载口门宽度多是约数,为统一统计标准,凡是约数取记载的最小值,就上述记载而言,4 个口门分别记录为:30 丈、30 丈、40 丈、200 丈。另外,有些记载没有具体说出口门个数,仅提到口门宽度,则以出现不同的地方来确定口门个数,若地点不明确,就只做 1 处保守统计。

(二)河工经费的确定

因清康熙年间,黄淮安澜情况居多,所用河工经费相对较少,中后期黄淮频繁冲决,所用经费大幅增加。1667—1676 年每岁治河经费约 30 万两,1677—1682 年平均 50 余万两,1684—1717 年平均 300 万两。雍

---

① 水利电力部水管司科技司、水利水电科学院:《清代黄河流域洪涝档案史料》,北京:中华书局,1993 年,第 490 页。

正七年分东河南河,治河经费仅以南河计平均每年100多万两①。乾隆年间南河与东河的岁修、抢修及另案工程费用,平均每年约200万两②。嘉道间河工经费相对前期增加,主要因黄河在明嘉靖二十六年至清咸丰四年(1547—1854年),"全河尽出徐、邳,夺泗入淮"③,在黄河夺淮几百年中淮河下游河道淤积日益严重,尤其黄、淮、运相交的清口一带形势更为复杂,清廷将黄、淮的治理作为重点,并投入巨额经费。因气候波动导致降水变化引发黄河洪涝灾害频繁,河工的抢修、另案、大工等经费相应变化④。而这几项支出中,"以岁修有定例,另案无定例"⑤,另案费用支出变化一定程度上反映河工治理的费用支出。道光后内外交困,河务失修、河政腐败,河工经费变化已经很难反映黄河决溢程度。同时,史料中对河工治理经费分区域进行记载,如开归、河北、兖沂、徐州、淮扬、淮海等,这些地区包括运河维修,而沿河各省河工经费序列也缺失较多。

　　基于上述,首先笔者仅统计乾隆后期至嘉道年间河工经费,其中以另案费用为主,且将黄、运河工及有记载的各省河工另案经费累计,其总和则作为该年的经费基数,再按岁修费用定例的多年变化进行相应调整。统计中若东河、南河有一个缺失,则根据嘉道间另案费用定例东河150万、南河270万进行订正;若某年两者皆缺,则以当时平均经费计。

　　需要注意的是,河务用度,岁修有定例,而若需修建"另案工程",钱粮超过一定限额,如嘉庆十一年之前,五百两以上须奏请申报,之后则以一千五百两为率,自下而上由"清单→题估→题销"一套严格审批程序。即新工约估上报清单后,再据工程细部,尤其是按实际测量尺寸,开具奏请造册具题,经过对其中各项花费相互堪比,以及河道、厅、汛等处上报的河流涨消尺寸,河身、岸滩、堤坝之间的确切丈尺,即可大致判断出此工程是否存在工程钱粮不符之情况。正如《中衢一勺》记载的"答友人问河事优劣"中所讲:

---

① 王英华、谭徐明:《清代河工经费及其管理》,载:中国水利水电科学研究院水利史研究室编:《历史的探索与研究:水利史研究文集》,郑州:黄河水利出版社,2006年,第135—141页。
② 魏源:《魏源集》,北京:中华书局,1983年,第365—367页。
③《行水金鉴》卷三九引《明神宗实录》"万历二十五年三月戊午"条。
④ 嘉庆《大清会典》卷四七《工部》;光绪《大清会典》卷六十《工部》。
⑤《清史稿》卷三八四《王凤生传》。

　　……长河底面之深浅,滩堤去水之高低,河臣皆知之,工员不能虚报险工以侵蚀帑项,宜其沮之也。旧例,凡属另案工程,动帑至五百两以上者,先行奏明。自嘉庆十一年增改漕规,故以千五百两为率。将应做新工,约估工段钱粮开单奏请,谓之奏单,又谓之清单。动工时,即将工段尺寸钱粮分厘,估明确数,造册具题,谓之题估。工竣后,随案报销具题,谓之题销。其库贮岁抢各修之案,则于霜后具题,使库贮另案,各不牵混。

　　今三数十年,有另案、大工至四五年后尚未题估者。凡初次奏单,断不敢任意开销,即有续行请增,为数亦难过母,故将别案预请之钱粮,悉挪移于此案报销,贿嘱部书为之掩饰。若部臣将奏题三件逐细核对,则无能置喙已。凡堤工加高培厚之案,虽有加培尺寸,而无本堤原旧尺寸,难为查核。此法一行,则堤面有志桩硬据,其滩面水面,比堤高下,悉有定准,一切偷减工伎俩无可施设,故知长河深浅宽窄者,自能明于钱粮也。然有真识轻重者,举行此式,厅营商同,虚报之弊必起,访查得实,当与捏报军情同论,不可稍事姑息。

　　……而溯查统计,凡钱粮节省之时,河必稍安,钱粮糜费之时,河必多事,工拙之效智愚共见,盖糜费之时,必各工并举。[①]

　　有学者曾就河臣治理河务时贪污钱粮进行过讨论,认为清代后期贪污腐败之风盛行。经笔者考证,认为确实存在贪污受贿、因造价不实钱粮夸张成分之河工,但乃是个别事件,不至于使治河工程所用经费出现过大偏差,考察河工经费变化序列是有研究意义的。

三、评估指数与结果分析

　　据上述数据的提取和统计标准,得到河流决溢的次数、口门宽度、河工经费三者统计结果,据量化方法计算出河流决溢指数年际变化序列(图5-1),为说明与气候变化之间的关系,利用重建的清代黄河中游18个代表区1644—2009年中1751—1911年旱涝等级序列进行对比分析。

---

① (清)包世臣:《中衢一勺》卷二中卷《答友人问河事优劣》。

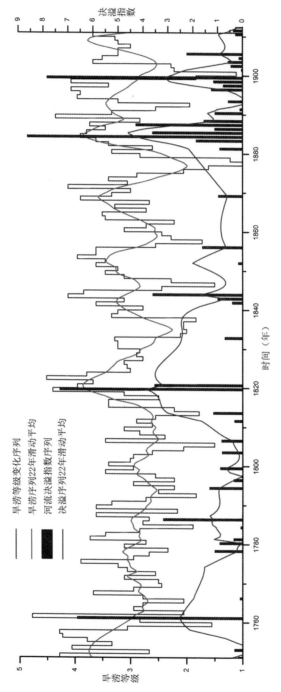

图 5-1　1751—1911 年黄河中游旱涝序列与中下游决溢程度指数对比

图 5-1 显示出黄河中游降水与中下游河流决溢指数序列变化基本一致,结合前文分析,可以得出以下几点结论。

(一)图中旱涝等级变化序列反映 1760 年前后降水较多,而此时河流决溢指数也相应较大,黄河中下游决口程度较强,此期间最严重的一次是前文所述的 1761 年极端降水事件。

(二)1785 年前后河流决溢较严重,这在旱涝等级序列中有明显反映。

(三)1820 年前后几年,河流决溢灾情严重,该时期旱涝序列对应明显。经前文对黄河中游面降雨量重建结果可知,1819 年高达 7306.27mm。另据以往对三门峡水文站黄河径流量变化的研究结论,该年径流量达 $9.19 \times 10^{10} m^3$[①]。明显看出,黄河中游流域出现极端降水之后,中下游河流决溢情形严峻。另外,郑景云等对黄河中下游过去 300 年降水分析中也提出在 1816—1830 时段内降水有一个突变过程[②]。这些都表明,气候波动影响下的降水异常和黄河中下游决溢严重性是同步的。

(四)1880 到 1890 年代的 20 年时间内,河流决溢指数出现最高值,此时段内黄河中下游河流决溢程度严重,与黄河中游区旱涝等级变化吻合程度也最高,也与郑景云等所说的 1886—1895 年间降水突增相对应。因此,在 1893 年前后降水较多,河流决溢引发的洪涝灾害影响严重。

第四节　本章小结与讨论

清中后期黄河中下游频繁的河流决溢,造成较大经济损失、人员伤亡等灾情,主要因气候变化中降水波动影响所致,这是明清小冰期大气候背景下的极端气候事件和重大气象灾害的反映。

通过对特殊年份气候事件的分析,可知黄河中下游河流决溢的直

---

① 王国安等:《黄河三门峡水文站 1470—1918 年径流量的推求》,《水科学进展》1999 年第 2 期,第 170—176 页。

② 郑景云、郝志新、葛全胜:《黄河中下游地区过去 300 年降水变化》,《中国科学》D 辑 2005 年第 8 期,第 765—774 页。

接动因是中游区极端降水。笔者进一步依据黄河中下游决口发生频次、决口口门宽度、河工经费三个指标,对黄河河流决溢程度进行量化,重建了 1751—1911 年 161 年变化序列,与相同时期黄河中游旱涝等级序列变化进行对比,结果表明:清中后期气候波动与黄河决溢灾害影响关系和程度相互对应明显,即黄河中游降水与中下游河流决溢程度相关程度高,二者相互变化基本同步。主要包括四个时期,1760、1785、1820、1880 至 1890 年代前后波动对应显著。

就目前学界对历史时期气候变化的社会效应来看,大多研究案例都在复原和重建气候变化对社会结构中各层面制约的史实和影响,笔者则讨论了气候变化与河流决溢之间的关系,是对气候变化社会响应定量研究的一次尝试。当然,仅仅停留在寻找河流决溢与降水变化的对应关系还不够,须进一步挖掘和找寻气候波动引发社会结构中各层面变化的直接和间接的驱动机制。

第六章　清代黄河防汛与报汛制度的运作

　　黄河洪水自古多发,因洪涝灾害对各项生产的严重影响,历代各朝对黄河水情颇为关心,为防汛与治河之需,水位测量器具设置及报汛管理则应运而生,以求及时了解、掌握河流汛情,从而为农业生产服务。纵观古代水文科学发展变迁过程,其中的一项重要内容是采用水志(又称水则、水尺)测量江河水位。古代水位量测及相关内容在水利史、环境变迁等学科领域具有着重要意义,学界对此颇为重视,在古代水位量测的成就评价与对当代水利科学的启示等方面,做了有益的探索和较大贡献[①]。

　　然而,以往对清代黄河水位量测与洪灾预警制度运作方面的研究尚显薄弱。历代文献中有关黄河水位变化较连续的数据记录留存至今的为数极少,而清代黄河流域的部分水势变化观测点,即用以观测水位涨落尺寸的水志记录点,其数据记载连续性较好。基于此,笔者以清代黄河水志量测为切入点,从地理学层面细致分析水志记录的数据特征,并辨识清代黄河洪涝灾害预警制度运作。为过去气候 – 水文变化等相关问题研究提供一项较高分辨率代用指标的同时,进一步深化清代黄河河务管理制度与传统自然灾害预警机制之间的互动关系问题研究。

第一节　古代水志设立及其应用的三段时期

　　历代用以测定水面高程的水志,可以说从一个侧面反映了当时水文

① 周魁一:《鄞县宋代水则的科学成就及其在古代水位量测中的地位》,《它山堰暨浙东水利史学术讨论会论文集》.北京:中国科学技术出版社,1997 年,第 16—22 页;周魁一:《中国科学技术史(水利卷)》,北京:科学出版社,2002 年;谭徐明、周魁一:《经世致用之学——当代水利史研究新进展》,《华北水利水电学院学报》(社科版)2003 年第 4 期,第 1—4 页;张芳:《宋代水尺的设置和水位量测技术》,《中国科技史杂志》2005 年第 4 期,第 332—339 页;庄宏忠、潘威:《清代志桩及黄河"水报"制度运作初探》,《清史研究》2012 年第 1 期,第 87—99 页。

科技水平,古代先民对水志设立及其相关应用的探索,大致可以分为三段时期。

一、设立水志观测河湖水位变化

在此阶段里,如秦以无刻画的石人观测水位,"于玉女房下白沙邮作三石人,立三水中,与江神要:水竭不至足,盛不没肩"[①]。这是当时以石人作为水则的记载。唐时采用"石鱼水标"[②]判断江河出现枯水位的变化,进而预测农业丰歉。这些较为连续的记载,反映了唐广德元年以来长江水位多年极端水文事件变化现象和规律,为水利史乃至气候变化研究提供了宝贵的资料。黄河自古洪水多发,历代各朝对黄河水情颇为关心,汉元初元年就有黄河水位涨水的确切记载,如公元前48年至公元前6年长达40多年"遮害亭"黄河水位的变化[③]。然而此一时期,所见史料中未见黄河流域有类似长序列的记录。总体上讲,这个阶段对水志的设置及应用,主要表现为积极的尝试和探索。

二、利用水志记录水位长时段较高分辨率的变化

这一时期主要是指北宋以来,水位的量测技术较前代成熟,且在全国范围推广,尤其是有宋一代,已达到历史水位量测技术之高峰。宋代开始有专门观测水势的方法,如宋元祐三年(1088)"既开撅井筒,折量地形,水面尺寸,高下顾临"[④]。在河工险段、人工河渠、湖泊堰塘等处设置了多处水志,"立木为水则,以限盈缩"[⑤]。在黄河险工阶段,北宋时期既设置了水志观测水位涨落,又设置了河水涨落的水文日志,如"各有河水长落尺寸月日"[⑥]。也就是说,按时间序列记录水位变化过程,即当时人所说的"水历"。元沿袭宋之法,对黄河治理采用"疏、浚、塞"等措施,其中量地形测水势之记载如:"自济宁、曹濮、大名、汴梁,行数千里,撅井以量

① (晋)常璩:《华阳国志·蜀志》,成都:巴蜀书社,1984年,第202页。
② 长江流域规划办公室、重庆市博物馆历史枯水调查组:《长江上游宜渝段历史枯水调查——水文考古专题之一》,《文物》1974年第8期,第76—90、103—104页。
③ 傅洪泽:《行水金鉴》,上海:商务印书馆,1936年,第94页。
④ 傅洪泽:《行水金鉴》,上海:商务印书馆,1936年,第193页。
⑤ 《宋史·河渠志》,上海:上海古籍出版社,1986年,第328页。
⑥ 李焘:《续资治通鉴长编》,上海:上海古籍出版社,1985年,第2665页。

地形之高下,测岸以究水势之深浅。"①至此之后,水志观测水位的技术及应用一直得以延续并不断改进和完善。

三、水志的报汛制度运作及河流洪涝灾害预警

这一时期,大致是明清以来传统的灾害应对已经达到相对成熟阶段。如明万历二年(1574)则有报汛之法和预测黄河水势之法。报汛之法:"黄河盛发,照飞报边情,摆设塘马,上自潼关,下至宿迁,每三十里为一节,一日一夜驰五百里,其行速于水汛,凡患害急缓,堤防善败,生息消长,总督必先知之,而后血脉通贯,可从而理也。"②可见其法为从上游至下游,分段设观测站以报河水汛情。预测黄河水势之法,如:"凡黄水消长,必有先机。如水先泡则方胜,泡先水则将衰,及占初候而知一年之长消,观始势而知全河之高下。"③可惜的是,这些记录着水位连续性变化的史料数据留存极少。但从这些记载可以看出明代水位量测技术进步与黄河河道管理制度运作水平。至清代,较之以往又有了较多改进与创新,尤其是对水志量测的水位数据记录方面,在清代诸多档案中被保存了下来。同时,在传统社会的洪涝灾害应对已达到最高水平的背景下,水志量测水位不仅是灾害应对的一个重要环节,最重要的是它揭示了清代黄河河务管理制度与传统自然灾害预警机制之间的互动关系。

第二节　清代黄河水志设置及其水位记录的学术意义

一、清代黄河水位志桩设置

为及时了解黄河涨水信息,清廷曾在黄河上、中、下游分别设立了多处测量水位的志桩。但多数置、废的时间已无从查考,正如"水志之设,

① 傅洪泽:《行水金鉴》,上海:商务印书馆,1936年,第253页。
② 傅洪泽:《行水金鉴》,上海:商务印书馆,1936年,第410页。
③ 傅洪泽:《行水金鉴》,上海:商务印书馆,1936年,第410页。

由来已久,其详不得而知"①,"志桩之说,旧无案可考"②。据《河渠纪闻》记载的"康熙二十四年总河靳辅条陈下河水利事宜"中提到"徐城水志长至九尺"③的记录,可知"徐州水志"至迟在康熙二十四年(1684)已设置完成。据检索现存清代文献的结果,这是最早有关设立黄河水位志桩的文字记载,之后又陆续设置多处志桩,根据从目前搜索的史料,初步统计了几处黄河流域重要的水位志桩名称、分布区域等信息(表6-1、图6-1)。

表6-1　清代黄河主要河段的水志设置统计

分布区域	志桩名称	置废时间(年)	具体位置
上游	宁夏/硖口志桩	1709—1816为宁夏志桩 1817—1911为硖口志桩	青铜峡峡谷出口左岸
中游	朝邑老河口	不详	陕西朝邑县
	陕州万锦滩	1765—1911	河南陕县老城
	沁河口	不详—1765	沁河黄河交汇处
	沁河木栾店	1765—1911	武陟县木城镇
	巩县洛口	1765—1911	河南巩县
	黑堽口	不详	河南祥符
下游	徐州城北	1685—1855	江苏徐州
	五霸水志	不详	山东青口
	老霸口	不详—1855	江苏淮安
	顺黄霸	1736—1855	江苏淮安

其实,清代黄河流域曾经设立过多处水位志桩,正如乾隆二十九年始任河东河道总督、后又调任江南河道总督的李宏曾经上奏乾隆皇帝:"黄河至河南武陟、荥泽始有堤防,丹沁二水自武陟木栾店汇入,伊、洛、瀍、涧四水自巩县洛口汇入,设诸水并涨,两岸节节均须防守。臣咨饬陕州于黄河出口处,巩县于伊、洛、瀍、涧入河处,黄沁同知于沁水入河处,各立水志,自桃汛迄霜降,长落尺寸,逐日登记具报。如遇陡涨,飞报江

---

① (清)佚名:《河工杂考》,水利部黄河水利委员会藏(内部资料)。
② (清)包世臣:《中衢一勺》卷二中卷《答友人问河事优劣》。
③ (清)康基田:《河渠纪闻》卷十五。

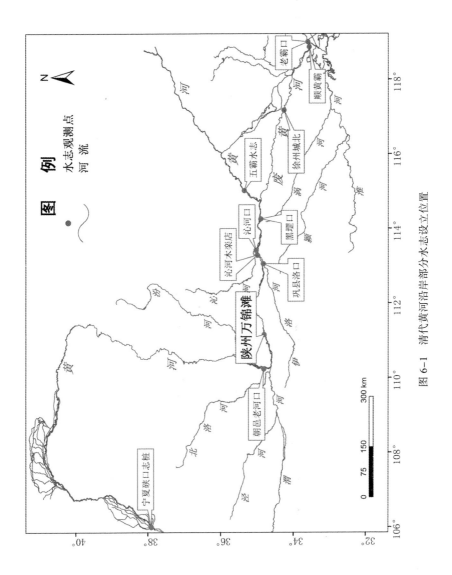

图 6-1　清代黄河沿岸部分水志设立位置

南总河,严督修防。"① 可知当时设置的水位志桩不在少数,但大多已无从查考。

椿　　誌

图6-2 《河工器具图说》记载的水位志桩(旱桩)示意图

但史料中对测量水位的志桩器具则多有提及,其中有一种常用的水位测量志桩称为"旱桩",如史料所记:

> 用木削作方形,四面高下不等,每隔一尺刻横纹十道,间道涂以红黑色,每道为一寸,长短式样不一,有四丈五尺,三丈五尺,二丈五尺,一丈五尺至数尺不等。出水者刻作横纹,以验水之长落,曰旱桩,入水者则不刻横纹矣。②

清道光十六年《河工器具图说》对水尺志桩形状有专门介绍,并绘制有图例(图6-2):

> 志桩之制,刻画丈尺,所以测量河水之消长。桩有大小之别,大者,安设有工之处,约长三四丈,校准尺寸,注明入土出水丈尺;小者,长丈余,设于各堡门前,以备漫滩水抵堤根,兵夫查报尺寸。③

自清康熙时期设立水位观测点之后,宁夏青铜峡峡口、陕州万绵滩和徐州城北等处,实际成为清代黄河干流上、中和下游的3处水情测报基本控制点,此项运作制度基本延续到了清末。

二、水位数据的学术意义

记载清代志桩水位资料的原始档案,目前仍存放于第一历史档案馆。1954—1964年间,中国水利水电科学研究院水文研究所水利史研究室,专门派人查阅了故宫档案,以卡片形式摘录了有关黄河流域历史

---

① (民国)赵尔巽:《清史稿·列传一百十二·李宏》。
② (清)佚名:《河工随见录》,水利部黄河水利委员会藏(内部资料)。
③ (清)《河工器具图说》卷一《宣防器具》。

洪水水情,其中涉及多处报汛志桩水位资料,之后水利部黄河水利委员会勘测规划设计研究院王国安、史辅成等学者,在 1968 年据上述卡片信息将其编为《黄河万锦滩、砑口、沁河木栾店和伊洛河巩县清代历史洪水水情摘录》[①]。根据档案所记录的每次水位尺寸来看,从 1765 年开始设立水志至 1911 年计 147 年,但由于史料的散佚,其中清代陕州万锦滩志桩水位记录有 119 年,本研究第二章内容即据此资料重建了 1765—2009年黄河中游面降雨变化序列。

　　清代黄河流域部分水势变化观测点,即用以观测水位涨落尺寸的水志记录点,其数据连续性较好,从史学层面考证水位史料来源,从地理学层面分析水志记录的水情特征,将为过去气候 – 水文变化等相关问题研究提供一项较高分辨率的重要代用指标。现代意义的水文观测站设立时间较晚,若从更长时段准确认识和把握黄河水情演变规律,必须依据历史时期留存下来的水志记录。这些较为连续的水位数据之所以成为过去环境变化研究领域的宝贵资料,正是因为它在以史料为代用指标的环境变迁复原和重建研究领域内,所具有的连续性、高分辨率等方面特征,是重建清代以来黄河水文较长时期变化历史的基础工作,也显现出了较难替代的重要作用。

第三节　清代黄河河务与报汛制度运作

一、清代河务管理体系

　　清顺治元年(1644),清廷始置河道总督官职,总理黄河及运河的所有相关事务,"驻扎山东济宁"[②]。清代河务官职设置,大致如下:工部尚、侍、郎、员、主事,一仍其旧,河工隶属工部,尤其是在康、雍、乾时期,河臣大致直接接受皇帝治河方略。初期沿袭明制,先设河道总督一员,之下所属南河、北河、中夏镇、济宁、南旺、通惠、卫河等七处,均设分局管

---

① 水利部黄河水利委员会勘测规划设计研究:《黄河万锦滩、砑口、沁河木栾店和伊洛河巩县清代历史洪水水情摘录》,水利部黄河水利委员会藏(内部资料)。

② 赵尔巽:《清史稿》,北京:中华书局,1977 年,第 3341 页。

理,黄、运两河以工部满汉司员派任,三年一任,管理岁修抢险等事务(图6-3)。

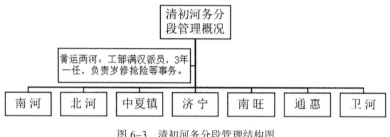

图 6-3　清初河务分段管理结构图

之后总督之下添置副总河,随之改为河东河道总督,再后来以直隶总督监管北河,分管子牙、漳、卫诸河,而漕运总督则监管南河。自仪征以下,归其负责;在苏皖境内的,并以两江总督兼任。其中北河与黄河关系不大,而东河兼管河南、山东两省,以直隶之河北道,河南开、归、陈、许道,与山东运河道,兖沂道,曹济道,归其所属,分管黄运两河事务。后来专门设置了南河总督,管辖徐海、淮海两道,而当时黄河偏南,因此南河一职非常重要。

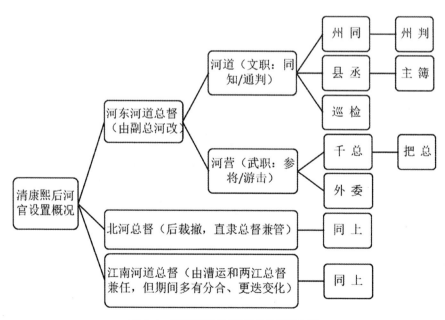

图 6-4　清代康熙后河务官员设置结构图

康熙年间,先后裁撤,南河、东河都设置了副总河,随后反复裁撤数次。在裁撤北河之后,河务划归直隶总督兼任负责,但不设置官职。因两江总督军事繁巨,去其兼任河务之任。道光中复旧制,河督之下文职管河道,率以巡道兼任,河道辖河厅,每道管辖三四五六厅不等,以同知、通判任之,其下有州同、州判、县丞、主簿、巡检等官员。武职为统领河营参将1员,分统之游击2员,每营各守备一员管领,其下有千总、把总、外委各官(图6-4)。

另外,每厅之下分汛,每汛之下分堡,文官主管治河材料、钱粮核算,武官兼管,彼此连带负责,以期相互牵制,期间又分合裁并,另特设河库道一缺,后来并归淮阳。咸丰中裁河东河道总督归并山东河南两个巡抚管理。咸丰五年河流北徙,南河文武官吏及其下属各厅同通等,裁撤者有百余人,河督同时裁撤,于徐州添设总镇一员,河标亦裁兵,改入镇标,之后海运大通,漕运、河督裁撤[①]。

河东河道总督分管的河厅及其管辖的各汛,现将归属情况归纳如下结构示意图(图6-5)。

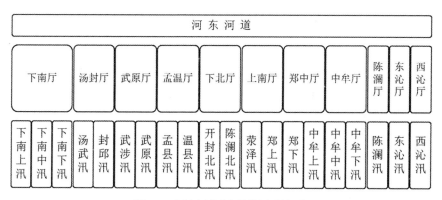

图6-5　河东河道总督管辖厅、汛概况

二、黄河防汛章程及"报水式"规定

(一)防汛章程

由于各河流所处地理位置和涨水季节不同,河流洪水在一年中明显

---

① 申丙:《黄河通考》,中华丛书编审委员会,1960年,第268—269页。

集中出现,容易形成洪涝灾害,即汛期的时序、长短有一定规律。正如
《河工杂考》中提到的四汛"桃、伏、秋、凌"①,又做三汛"凌、伏、秋"。据
黄河流域河流洪水发生季节、成因,一般要分为四种汛期,春季温度开始
升高,黄河开始出现冰雪融化为主的涨水时期,此时期上游开河的凌洪
传到下游称"凌汛期",又正值黄河中下游桃花盛开的季节,故又称春汛
期为"桃汛期"。此时,各河厅要求各汛官员在惊蛰前5天移驻要工,并
调拨河兵协防,预备大小榔头、长矛铁钩(凌钩),等冰凌化解时,汛兵将
大块冰凌打碎,撑入河流中泓,以免撞击堤埽或堆积拥塞河道,导致顺溜
不畅而决口泛滥致灾。正如清代人徐瑞《安澜纪要》所记载:

> 历来皆以桃、伏、秋三汛安澜后,便为一年事毕,殊不知凌汛亦
> 关紧要也。上游凌解,凌块满河,有擦损埽眉之病。凡河身浅窄弯
> 曲之处,冰凌最易拥积,愈积愈厚,竟至河流涓滴不能下注。水拥或
> 抬高,数时之间,陡涨尺许,排浪盈堤。急须抢筑,而地冻坚实,篑土
> 难求,甚至失事者有之,凌汛为害不浅。凡当凌汛,各厅必须多备打
> 凌器,如木榔头、油锤、铁镢等物,于河身浅窄弯曲之处,雇备船只,
> 分拨兵夫,派实心任事之人领之,一见冰凌拥挤,即便打开,勿使拥
> 积,此为冰凌第一要务。②

黄河流域夏季暴雨为主的涨水时期为"伏汛期",秋季暴雨(或强连
阴雨)为主的涨水时期为"秋汛期";其中,因伏汛期与秋汛期时序紧连,
又都极易形成大洪水,一般将二者合称"伏秋大汛期",通常简称为汛期。
"伏汛者夏汛也,夏汛有二,夏至十日曰麦汛,入伏以后曰伏汛,继伏汛而
涨者,皆为秋汛。伏汛浩淼,秋汛搜刷,以其时期相连续也,故称之为伏
秋大汛"③。以现代黄河治理而言,用该时段洪水(超过年最大洪峰流量多
年平均值的洪水称为"大洪水")发生频率来反映,90%以上"大洪水"
出现在该时段,主汛期则以控制80%以上的"大洪水"来确定时段。由
于暴雨比洪水超前,加上防汛工作需要,政府部门规定汛期一般要比自
然汛期时间长一些。

---

① 佚名:《河工杂考》,水利部黄河水利委员会藏(内部资料)。
② (清)徐瑞:《安澜纪要》,《河工要义》(铅印本),1918年,第13页。
③ (清)徐瑞:《安澜纪要》,《河工要义》(铅印本),1918年,第10页。

黄河有"铁头铜尾豆腐腰"之说,指中游最易决口,每到汛期,黄河沿河军民严防死守,明代潘季驯所讲"四防(风防、雨防、昼防、夜防)二守(官守、夫守)"①之法一直沿袭到清代。入伏之前,先定上堤日期,通饬厅汛营弁,并檄委试用人员,及千把外委,分赴各汛协防,沿河州县同汛员,按铺拨夫住工。先期按照工程之险易,酌给防险器具银两,饬令备齐,至期道厅汛弁,皆驻堤巡防,秋汛亦如之。清代人徐瑞《安澜纪要》所述的"大汛防守长堤章程"中防汛、报汛措施如下:

　　一、厅官所管汛地,自上交界起,至下交界止,必须将堤身宽窄高卑,土头好丑,离河远近,滩唇高矮,埽段高卑新旧,通工形势光景,细细了然于心目。

　　二、各厅汛地绵长,厅营直察,恐难周到,必须分段巡查,以昭慎重,除各埽工不计外,长堤约以二十里为一段,当于二十里之中,盖厂房一处。正屋三间,厨房一间,马棚一间,或派委员,或派丁属,专在厂房,分段管理。凡有应备抢险器具,宽为预备,并多贮钱文。

　　三、一段共计十堡,每两堡派记名效用一名为长巡,均听委员约束,如有不遵,严行责处。再厂房前,应搭宽大过街棚一座,招募就近人夫,夜间携带筐锹,在此歇宿,以备不虞。

　　四、厅官无事切不可在厂房闲坐。无论桃伏秋凌四汛,凡有埽之处所,闲步往来,查看水势变迁,成上提或下挫,即须预备正杂料物以防之,庶不使临时手忙脚乱。闲中查看,亦必须步行,断不可坐轿坐车,即不然骑马亦可,唯堤道路长,势难一律步行,但遇近堤溜势,较时常稍觉变迁,则必须步行细细查勘。

　　五、豫东每堡堡夫二名,站堤民夫五名,足敷分派。日间同力合作,夜间分班巡查,以昭慎重。各堡房必须收拾整齐,以为兵夫栖息之所,有应备器具开后。

　　六、插牌一面(上写离河若干丈,堤长宽高若干),雨伞蓑衣各夫一件。灯笼按堡两个(须常验其有烛签否),巡签两枚,火把十根,铜锣两面,铁锹两张,筐担两幅,榔头四个,夯两架,铁签两根,铁锅两

---

① (清)傅洪泽:《行水金鉴》卷三十六,上海:商务印书馆,1936年,第519—521页。

口,棉袄两件(以多为妙),布口袋四条。

七、防守长堤,须知河势。黄河大都数里一湾,其埽湾处,埽工居多,然亦有滩面宽阔不到堤根者,防守之员当于未经漫滩之先,沿河查看,某堡虽离河尚远,而堤身必须格外高厚,盖座湾之处,一经出槽,又值顺风,则风涌溜逼,水势抬高,与各堡漫滩情形不同,如遇此等工,尤须加意,不可不知也。

八、堤根必须开路,如南岸南面北岸北面,于堤根修路一条。凡有水塘窝形,当于冬春兵夫闲时,先行添垫,出水三尺为度,宽八尺,以便车马往来,在外滩地势淤高,大堤顶高滩面数尺,至高亦不过丈许,当以大堤里坡堤顶高一丈二三尺之处,外坡亦可再开腰路一条,宽三尺,务须一律平整,为兵夫巡查之路,再每堡两头,自堤顶至底路,须开马路二三,以便上下。

九、漫滩水到堤根,必须日夜巡查大堤里坡有无渗漏。如里坡一见潮润,即须时刻留心。倘若有渗漏,一面禀知防汛官,一面鸣锣,照堵娄子章程如法办理,日间由堤顶行走,一目了然,夜巡更为吃紧,必须发给灯烛,由底路去腰路回,细心查看。堤根每多坑洼,雨后不无积水,日间巡查,凡是有积水之处,一一记明,以免夜间见水惊慌。[①]

显而易见,从摘录的防汛规定来看,条例措施非常细致,各级任务明确,个人责任具体,奖惩分明。修防要求,防汛器具,细致到几乎连夜间巡查注意的经验等事项,皆一应俱全,都在条例中有所体现,反映出当时对防汛的重视程度。

(二)"报水式"及水位数据准确性判定

对于在伏秋大汛期间,观测河水涨落的情况,使得上下游各厅、各堡的管理负责人员相互知会,亦有明确的要求:

河水漫滩各堡门前,安设小志桩一根,随时察看,如上游水涨,即传知下段,一见消落,亦须传知,以安人心。大堤高矮,未能一律相平,漫水一到根堤,即令长巡逐细测量,分段开单,报明厅营。如

---

① (清)徐瑞:《安澜纪要》,《河工要义》(铅印本),1918年,第11页。

普律高五尺,一两处高二三尺者,即赶加子堰,以防水势续涨,免至临事周章。河工防守必须声息相通,在本厅境内,自当随时关照,即上下两厅,亦须联络,除紧要公事由马递外,其余涨水落水亦应彼此知会,以便堤防,均于傍晚时发递,交送兵夫飞送,限时行二十里,当于交界安设字识一名,何时出汛,彼此稽查,自无遗误。①

根据所述,小型的水位志桩安置于各堡门前,一遇水涨水落,必须使上、下游的各汛各堡逐个测量,报上级管理单位厅营备查。需要注意的是,根据记载可知,当时未有绝对高程的规定,主要是以大堤作为相对高程来测量涨水尺寸,但各堡地势高低又不尽相同,测量的结果不能直接统一比较。同时,以往有学者认为,水位尺寸是"报涨不报落",但由此记载之规定来看,并非如此,即"既报涨也报消",报涨水为的是使下游有及时防汛的准备,报消可以安定下游防汛的紧张之情绪。

又据《中衢一勺》记载的"答友人问河事优劣"中所讲开始实施志桩之时,仅以当地堤坝大志桩和小志桩为准,由于缺失绝对高程,上报数据中存在虚报成分:

> 河工每日有水报云,某日志桩存水若干丈尺寸,比昨日消长若干,比上年今日消长若干,比上年某日盛涨消长若干。而河底之深浅,堤面之高下,问之司河事者,莫能知其数。报有志桩存水之文,测量实水,则与报文悬殊,问之司河事者,莫能言其故。……沿途料土是否无缺,某日当水至,某日当水消,一心运筹,千里合节,此非可幸致而饰说也。②

为防止河员不进行实测记录而虚报水位涨消尺寸的弊端,清廷将专门奏报的"水报式"做了修改:

> 交大汛后,每遇异涨,彼处先期即有急报至,故涨消皆可以预计。今南河有怕见皮纸文书之谚,即指此也。如所改之式,则长河底面之深浅,滩堤去水之高低,河臣皆知之,工员不能虚报险工以侵蚀帑项,宜其沮之也。

---

① (清)徐端:《安澜纪要》,《河工要义》(铅印本),1918年,第15页。
② (清)包世臣:《中衢一勺》卷二中卷《答友人问河事优劣》。

　　某厅某汛某工第几段某日,志桩存水若干丈尺寸,实测水若干尺寸,埽前顶溜水深若干尺寸,长河中泓水深若干尺寸,埽高水面若干尺寸,滩高水面若干尺寸,堤高滩面若干尺寸,河槽水面宽若干丈尺,堤内河身宽若干丈尺(滩面即滩唇,紧靠河槽,留淤常厚,非谓堤根低洼之滩也),比较昨日长落若干,上年今日长落若干,上年盛涨日长落若干,厅总报加上汛河底比中汛深浅若干,中汛河底比下汛深浅若干,堤面比较同。①

依据记载,可复原出报水格式如下图6-6。

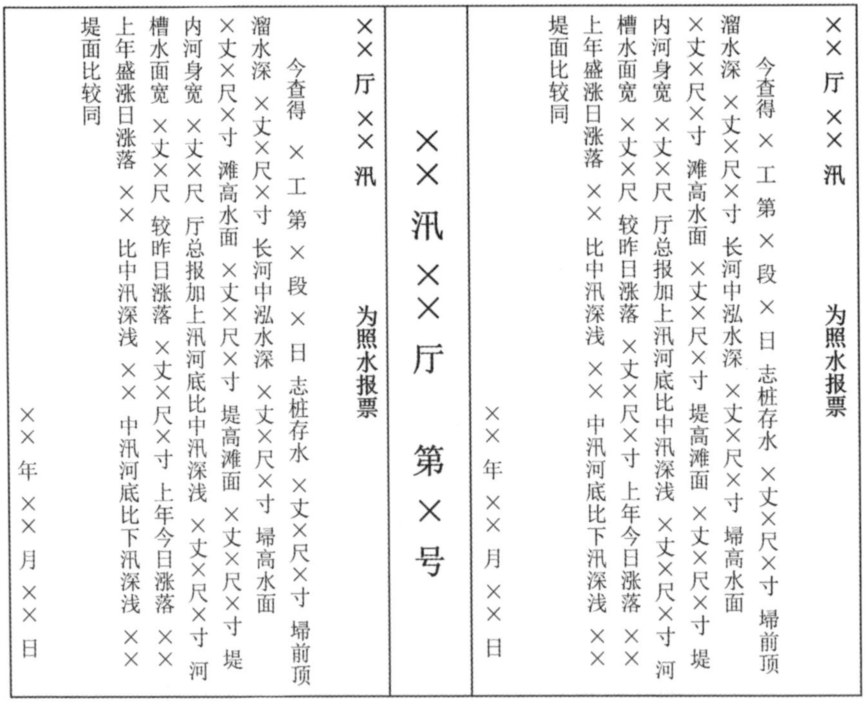

××厅 ××汛　为照水报票

今查得　××工第×段×日　志桩存水×丈×尺×寸　埽前顶溜水深×丈×尺×寸　长河中泓水深×丈×尺×寸　埽高水面×丈×尺×寸　滩高水面×丈×尺×寸　堤高滩面×丈×尺×寸　河槽水面宽×丈×尺　堤内河身宽×丈×尺　较昨日涨落××　上年今日涨落××　上年盛涨日涨落××　比中汛深浅××　中汛河底比下汛深浅××　堤面比较同　××年××月××日

×× 汛 ×× 厅 第 × 号

图6-6　水位志桩观测数据上报格式复原图(图中"×"表示空格)

三、水志报汛之法

　　黄河自古洪水多发,历代各朝对黄河水情颇为关心,水志报汛之法,并非清代创立,清代报汛主要创新在于报汛制度运作及河流洪涝灾害预

①（清）包世臣:《中衢一勺》卷二中卷《答友人问河事优劣》。

警与应对比前代有较大进步。

　　清康熙四十八年（1709），黄河上游开始采用皮混沌报水势。如《清史稿》之河渠志中载康熙上谕："甘省为黄河上游，每遇汛期水涨，具用皮混沌装载文报，顺流而下，知会南河、东河各工，一体加意防范，得以先期预备。"① 但是由于此法效果欠佳，随后废置不用。清乾隆四十三年（1783），则有另定测量水位之法：

　　　　六月四日上谕军机大臣等，李奉翰奏称，黄河内因上游涨水，会归下注，徐城志桩陆续涨水三尺四寸，连前涨至八尺六寸，流势涌急，一切埽坝工程，春间预修坚整，足资抵御等语。向来徐城志桩遇上游涨水时，往往涨至丈余，何以此次仅涨至八尺六寸，若非水不甚大，即系河底淤泥之故，向来量水，唯从河底至水面为准，今思应该另从堤顶量至水面，为一量法，方为得实。着传谕李奉翰，即前往探量，由堤顶至水面详悉测丈。若河底水面向为一丈，堤岸出水有四尺，今河底至水面八尺，则堤应露六尺，较之从前水志，为刷深矣，乃极好机会。若自堤顶至水面四尺，而河底至水面八尺，则是河底因上年漫口断流，淤沙垫高二尺矣，此则甚为可虑。徐城河面本窄，为入海咽喉，必须河底刷深，使水势畅行，方为妥善……

当时李奉翰在七月二十九日上奏回复：

　　　　交秋后，徐城志桩涨至一丈三尺七寸，至七月二十七日，共消水二尺二寸，徐城志桩现存水一丈一尺四寸，堤顶高出水面七尺三寸，是依圣训另一量法，从堤顶至河底，一丈八尺七寸，较前河底刷深四尺七寸，水势畅行也。②

　　上述之法即从堤顶与河底分别量至水面，经过比较之后，从而查勘河底淤泥是否刷深。有说"皮混沌报汛法"乃元世祖革囊之遗法③。其报

① （清）黎世序：《续行水金鉴》卷一百四十四，上海：商务印书馆，1936年，第3299页。
② （清）黎世序：《续行水金鉴》卷二十一，上海：商务印书馆，1936年，第410页。
③ （清）邓显鹤：《沅湘耆旧集》卷九十二《陶园诗老张九钺古体诗五十九首》之《羊报行》。附《羊报行》如下：报卒骑羊如骑龙，黄河万里驱长风，雷霆两耳雪一线，撇眼直到扶桑东，鳌牙喷血蛟目红，撄之不敢疑仙童，鬤郎出没奋头角，迅疾岂数明驼雄，河兵西望操飞舵，羊报无声半空堕，水签落手不知惊，一点撑天苍鹘过，紧工急埽防尺寸，荥阳顷刻江南近，（转下页）

汛之法较之骑马飞报要简洁且速度要快,但报汛河兵人身安全没有骑马飞报有保证。如:

> 羊报者,黄河报汛水卒也。河在皋兰城西,有铁索船桥横亘两岸,立铁柱刻痕尺寸以测水,河水高铁痕一寸,则中州水高一丈,例用羊报先传警汛。其法以大羊空其腹,密缝之,浸以茼油,令水不透。选卒勇壮者负羊,背食不饥丸,腰系水签数十。至河南境,缘溜掷之,流如飞,瞬息千里。汛警时,河卒操急舟于大溜俟之,拾签知水尺寸,得预备抢护。至江南营,并以舟飞邀报。卒登岸,解其缚,人尚无恙,赏白金五十两,酒食无算,令乘车从容归,三月始达。

另外,对于水情平稳,未现紧急汛情,报汛则可不用专门按期飞报,如此亦可不用劳顿河兵与驿马。如《四库全书》史部诏令奏议类中收录的清雍正撰述的《上谕内阁》载:

> 向来南北总河奏称桃汛、伏汛、秋汛等情形,俱从驿递驰送,一日行八九百里。朕思动用驿马,当酌量事之缓急,以定迟速。若河工有紧要奏闻之事,自当星速驰递,至于汛水平稳,乃照例奏报者,每年河水情形,朕皆于奏折中先期闻知,不待题本之至也。嗣后南北两河奏报汛水平稳本章,着河臣酌量宽期,毋得照前奔驰疲劳驿马。①

除正常报汛之外,为确保抢险河工顺利完成,需要掌握每次上游大汛将来时间,以便预备,其中为防止报汛河兵作弊,通过多方报汛制度,相互比对汛情,可以制约报汛中的作弊行为,并且对报汛有差池的官兵严行参劾。如清代人吴熊光《伊江笔录(上编)》中记载:

> 严饬沿河地方官,上堤协防,并札附近文武,将该处晴雨、有风无风,按五日禀报一次。两年豫工无事,盖泛员贪做工程,冀图沾润,往往不顾利害,其呼应又不灵,使地方官互相稽察。又有附近文武,将风雨禀报汛员等知,巡抚处有案可稽,倘有疏失,如前捏饰,必干严

(接上页)卒兮下羊气犹腾,遍身无一泥沙印,辕门黄金大如斗,刀割巇肩觥沃酒,回头笑指河伯迟,涛头方绕三门吼,遣卒安车陇坂归,行程三月到柴扉,河桥东俯白浩浩,羊兮鼓舞上天飞,今年黄河秋汛平,羊报不下人不惊,河堤官吏催笙鼓,且餐烂胃烹肥狴。
① (清)《雍正上谕内阁》卷一百四十一《雍正十二年二月上谕》。

参,彼此经心,自然加意防范。其生险之工,地方官在彼,民夫易集,亦得克期抢救,免致漫决。乃知河工虽由天数,人事亦宜尽也。①

由此可知,水志报汛是把观测点的水位信息通过传递告知江河下游,使下游引起注意,并做好防汛准备。历史时期报汛种类繁多,可以归纳为动态式、静态式两种。第一种为动态防汛措施,由上游至下游报水情,接连不断向下游传,以便使下游沿岸居民安全疏散,免遭洪水之患。如兵卒骑马报汛的驿站式,水卒乘上羊皮缝制的皮球筏的皮筏式,这些都是顺流而下报汛的形式。另一种则是静态报汛,在江河河底设置石人、石马、卧铁等标志来报汛,实际上具有水尺的测量意义。当然,由静态式单点的观测结果,以动态式串联起来观测,即可获得全河流上、中、下游等处涨落情况。

第四节　本章小结

历代用以测定水面高程的水志,从一个侧面反映了当时水文科技水平。在古代先民对水志应用于河湖水位量测及相关探索的三段时期里,清代较前代而言,具有传承性、普遍性和创新性。在传统社会的洪涝灾害应对已达到最高水平的背景下,水志量测水位不仅是灾害应对的一个重要环节,最重要的是它揭示了清代黄河河务管理制度与传统自然灾害预警机制之间的互动关系。

清代陕州万锦滩水志观测点记录了长时段黄河中游水位涨落尺寸,被档案保存下来的水位数据连续性较好,水志记录反映了清代中后期较长时段黄河水情的变化特征,为过去气候–水文变化等相关问题研究提供一项较高分辨率的重要代用指标。

通过对水志报汛传递体系和黄河防汛管理制度运作考察可知,水志报汛是把观测点的水位涨落信息经驿传告知江河下游,使下游引起注意,并随时做好防汛准备。从清代黄河河务管理中有关防汛规定来看,

① (清)吴熊光:《伊江笔录》上编,《续修四库全书》第1177册。

其报汛和防汛器具与实施措施已是非常细致,各级修防要求和任务明确,个人责任具体,奖惩分明,反映出传统社会自然灾害积极的预警行为特征,深刻揭示了黄河流域自然－社会系统中"风险意识－响应方式－环境安全"三者之间时空协同的深层关系。

第七章　民国时期黄河中游气温变化及寒冷事件

第一节　引言

历史时期的温度变化序列重建研究,属于 PAGES 中非常重要的内容之一,这对于全面认识当今全球气候变化,尤其是全球变暖的理性认知,具有较显著的学术意义和实践价值。

在以往历史时期气温变化序列的重建研究过程中,历史文献作为一项非常重要的代用资料,学界已基本有所共识。从历史文献资料的时间分辨率、空间覆盖度、定年准确性与气候指示意义等几项重要指标来看,其重建气候变化的相对精确性,可谓其他气候变化代用指标难以企及,这些宝贵资料尤其是在重建过去千年区域气候变化序列中,在全球范围内,具有其他国家和地区不可比肩的独特价值[①]。当然,这也是因为我们拥有历史时期连续不断、相对完整的历史文献资料。从这些资料中,我们可以爬梳和整理出相应的气候变化数据,其中有关温度变化的连续数据,则为学者利用史料重建过去气温变化序列,提供了研究的数据支撑,基于此,目前我国学界在过去气候变化序列重建中取得了较大成就[②]。

当然,有关中国古代气候气象等内容的史料记载,其来源和对现象

---

① Pfister C., Wanner H.. Editorial: Documentary Data. *PAGES News*, 2002,10(3):2.

② 竺可桢:《中国近五千年来气候变迁的初步研究》,《中国科学》1973 年第 1 期,第 168—189 页;张丕远、龚高法:《16 世纪以来中国气候变化的若干特征》,《地理学报》1979 年第 3 期,第 238—247 页;ZHANG De'er. Winter Temperature Changes during the Last 500 Years in South China. *Chinese Science Bulletin*,1980,25(6):497—500;王绍武、王日昇:《1470 年以来我国华东四季与年平均气温变化的研究》,《气候学报》1990 年第 1 期,第 26—35 页;葛全胜等:《过去 2000 年中国东部冬半年温度变化》,《第四纪研究》2002 年第 2 期,第 166—173 页。

的语言描述形式较为多样,与现代科学意义背景下对气候要素的刻画方式,存在较大差异,且其记载过程中所涉及的诸要素和内容分类也相对散乱。因而,以此作为代用指标,必须经过详细的考订整理与分类甄别,从而转化为一项具有现代气候科学指示意义的指标。在这些方面的研究,即史料中气象信息及其相应定量重建方法,以往学者业已进行过较好的总结[①]。

从以往研究成果来看,提取、整理和解译出的史料中有关天气记载信息,其相对连续特征显著,亦有较大一部分的定量化程度相对较高,甚至可以直接提取为一项气候指标,继而与现代的器测数据相对应的气候指标进行对接,用于重建较长时段气候要素变化序列[②],亦有可能重建高分辨率的气温序列等研究。就目前来看,已有多位学者利用清代档案中记录的"雨雪分寸"资料,梳理其中记载的降雪日数,依据这些信息,与现代统计意义上的冬季平均气温进行回归分析,从而重建了1736年以来合肥、西安、南昌等地冬季平均气温变化序列[③]。

清档中记载的"雨雪分寸"信息与"晴雨录"信息相比,后者对气候信息记载的时间分辨率更好,但从所涉及的区域而言,后者则具有明显的局限。就目前来看,仅在北京、南京、苏州和杭州等地存在不多的连续性晴雨录档案资料,且记录的时限较短,大多记载主要涉及18世纪;其中北京地区的记载相对较好,可延续至清末。而目前基于该资料进行历史时期气温变化的重建研究相对较少,主要是因为资料空间分辨率过低,仅有龚高法等根据"晴雨录",并利用现代器测数据中的冬雪日数及气温值等信息,对降雪率与冬季气温进行回归分析,重建了18世纪期间

---

① 龚高法等:《历史时期气候变化研究方法》,北京:科学出版社,1983年;葛全胜、张丕远:《历史文献中气候信息的评价》,《地理学报》1990年第1期,第22—30页;满志敏:《中国历史时期气候变化研究》,济南:山东教育出版社,2009年;郑景云等:《历史文献中的气象记录与气候变化定量重建方法》,《第四纪研究》2014年第6期,第1186—1196页。

② 龚高法等:《历史时期气候变化研究方法》,北京:科学出版社,1983年,第21—89页。

③ 周清波、张丕远、王铮:《合肥地区1736—1991年年冬季平均气温序列的重建》,《地理学报》1994年第4期,第332—337页;郑景云等:《1736—1999年西安与汉中地区年冬季平均气温序列重建》,《地理研究》2003年第3期,第343—348页;伍国凤、郝志新、郑景云:《南昌1736年以来的降雪与冬季气温变化》,《第四纪研究》2011年第6期,第1022—1028页。

的南京、苏州和杭州三地冬季气温变化序列[1]。

　　除过"雨雪分寸"和"晴雨录"等资料,明清以来还存在较多的时间分辨率相对更高的私人文集资料,尤其是日记资料,这些资料在气候信息记录特征方面,有些与"晴雨录"涉及信息类似,均为逐日记载当时的天气变化现象,它们可以在一定程度上弥补"晴雨录"利用中的资料缺失,重建出过去气候的高分辨率变化序列。

　　然而,涉及中国广大地区,尤其是中部地区和西北地区,包括黄河流域上中游区的历史时期高分辨资料,留存和缺失的较多。就目前来看,有关清代黄河流域的这些类资料,无论是在时间上还是空间上,都非常有限。因此,要想利用这些资料推进过去气候变化研究,目前的难度相对较大。

第二节　问题的提出

　　气温作为地表热量高低的表征,属于气候诸多要素中的一项重要指标,是自然界动植物生长发育及其地域分布的重要驱动因子之一。因而,关于气温变化及其时空分布特征的研究,一直是现代气候气象等相关学科关注的热点问题之一。

　　近百年来,气候变化与极端气候事件频发已成为全球气候变化的主要特征。IPCC 第 5 次评估报告指出,1983—2012 年可能是过去 1400 年来最暖的 30 年,2003—2012 年的平均温度较 1850—1900 年平均温度高出 0.78℃[2]。第三次气候变化国家评估报告显示,近百年来我国陆域平均增温为 1.2℃,相比之下,明显高于世界平均水平。年均降水量虽未见显著的趋势性变化,但存在明显的区域差异,在未来,极端气候事件如

①　龚高法、张丕远、张瑾瑢:《十八世纪我国长江下游等地区的气候》,《地理研究》1983 年第 2 期,第 20—33 页。

②　Alexander L., Allen S., Bindoff N. L., et al.. Climate Change 2013: The Physical Science Basis. An Overview of the Working Group 1 Contribution to the Fifth Assessment Report of the Intergovernmental Panel on Climate Change（IPCC）. *Computational Geometry*, 2007, 18（2）:95-123.

高温、暴雨、强风暴潮、旱涝灾害的强度和频次亦有可能呈上升趋势[①]。从近十多年来看，极端气候事件以及气候变化引发的灾害亦日趋严重，气候变化敏感区内不同分区气温、降水的演变特征，已成为学者们关注的热点问题。而要对此予以更深层的认知、预测和预防等相关研究，则需利用更长时段高分辨资料进行佐证。

在历史自然地理理论框架下，如何利用较高分辨率的历史文献资料，重建更多地区尤其是我国北部、西北部过去气候变化序列，是目前过去气候研究的主要问题之一。然而，由于这些资料记录分布存在较大的时空差异，黄河中游高分辨率气候变化研究，尤其是气温相关信息，还有待继续挖掘新资料，这也是目前该区历史时期气候变化研究的主要瓶颈问题之一。

正如前文所述，重建过去黄河流域气温变化序列，没有高分辨率的历史文献资料，基于历史地理学研究框架继续推进区域历史气候变化则难度较大。其中只有个别区域如西安，存在雨雪分寸资料，学者们则利用其重建了1736—1999年以来西安和汉中的冬季平均气温序列[②]，为后续的研究者推进黄河流域气候变化重建工作，给出了重要的研究基础和借鉴作用，纵观其他类似的定量化研究则非常少。目前有关清代黄河流域相关高分辨率的历史文献资料偏少甚至缺失，研究工作暂时难以推进。基于此背景，笔者以民国时期黄河流域的近代器测资料，重建民国时期黄河流域气温在候、月等不同尺度时空变化特征，并讨论"民国十八年年馑"与1929年寒冷事件的史实、影响及天气背景。

第三节　数据来源与说明

相比于清代雨雪分寸、晴雨录和日记等资料，民国时期有关黄河流域的气候器测资料，尽管没有现代气象观测数据的分类详尽，但二者有

① 《第三次气候变化国家评估报告》编写组：《第三次气候变化国家评估报告》，北京：科学出版社，2015年。
② 郑景云等：《1736—1999年西安与汉中地区年冬季平均气温序列重建》，《地理研究》2003年第3期，第343—348页。

着本质区别。首先是,民国时期气象观测资料不似清代语言描述性体系下的气象信息记录,一般无需通过方法转化,即可直接利用其具备的现代科学指示意义,进行不同尺度上的气候变化特征分析。笔者所利用的气温资料,主要包括:《黄河志》(第一篇气象)[①]《中国气候资料·气温编》[②]《中国近代科学论著丛刊·气象学(1919—1949)》[③];英国东安格利亚大学(East Anglia)气候研究中心(Climatic Research Unit,简称CRU)的一套月平均地表气候要素数据集[④]。另外,对当时的《大公报》《盛京时报》等报纸信息数据亦有引用。

　　本研究区黄河中游所涉及的甘肃、陕西、山西、河南等省区站点的气温记录,其中有部分记录最早开始于1916年,最晚至1942年,大部分记录主要分为两个阶段,第一阶段记录主要是1921—1933年;涉及这个阶段的主要是山西辖区的站点,此时整个山西的气象观测站总共有89个,相比其他三个省区的站点,山西的数量最多,但多数记录序列却相对较短,平均记录5年左右。第二阶段主要是1934—1940年,甘肃、陕西与河南站点主要涉及这一时段的气温记录。数据详细统计汇编了气温的月平均和年平均值,记录单位为℃。

　　民国时期气象记录年代序列不完整,在1911—1927年北洋军阀统治时期,气象台站建设正处于我近代气象事业的起步阶段。由于农林方面的要求,1914年北洋政府农商部曾通令各省农业机关设立本地"气象测候分所",共计26处,这是全国设立农业气象站的开始。但未满一年,却因经费困难,多处被迫停办,最后仅剩北平三贝子花园、北京农专和山西农专等3个测候所勉强维持。在中央观象台的协助下,除农业水利部门建立的台站之外,还有当时北洋政府参谋本部的航空学校、航空署,包括中国银行库伦分行以及海岸巡防处等单位,都曾先后设立过"测候所"。然而,所成立的各类"测候所"和"雨量站",整体而言数量少质量

① 胡焕庸:《黄河志》(第一篇气象),上海:商务印书馆,1936年。
② 国立中央研究院气象研究所:《中国气候资料·气温编》,1944年。
③ 中国近代科学论著丛刊编写委员会:《中国近代科学论著丛刊·气象学(1919—1949)》,北京:科学出版社,1955年。
④ Jones P. D., Moberg A.. Hemispheric and Large-Scale Surface Air Temperature Variations: An ExtenSive Revision and An Update to 2001. J Climate, 2003,16(3):206-223.

差,其设备基本都很简陋,且有很多互不统一。于是在1920年拟订了一个"扩充全国测候所意见书",旨在发展国内的气象建设。

民国时期建立测候所,首先应解决的是观测员的问题。依据"扩充全国测候所意见书",1921年的中央观象台气象科开办了为期三个月的短期训练班,培养了二十多人,并分派各地开始观测工作。但因这些测候技术人员多数来自东南各省,培训毕业后前往西北地区工作,难免生活不习惯、畏艰苦,后来纷纷辞职,导致设立计划落空,仅仅成立了张北、开封和西安三个测候所。1923年因气象人员缺乏,又开班训练十余人以补充之。气象工作者虽以满腔热忱,屡次努力,但是由于此时军阀混战,建立测候所的计划和行动,犹如昙花一现。持续到1926年,甚至连气象台本身也伴随北洋军阀的垮台一并处于瘫痪状态,各地努力维持的少数台站,也因气象工作人员薪金短缺而难以为继[①]。

由此可见,民国前期主要是受到当时政府管理散乱、经费投入不足和气象学人才短缺等因素制约,导致测候站台的气象数据信息序列不全,缺失较多,这也是为何尽管当时山西有89个观测站台,但绝大多数是1921—1925年的数据,其中只有阳曲站的记录最长,记录了1916—1936年20年间的气象数据。在随后民国时期南京政府管控下,气象观测台站又经历了一段恢复时期,随后的各站数据主要记录了1932—1940年近10年时间的气象观测信息。

还需要说明的是,为便于分析民国时期黄河中游气温变化时空特征,在研究区内有限的站点数量基础上,笔者对其进行代表站点的选取,选取标准则沿袭前文黄河中游旱涝序列代表站点的工作思路,采用加权平均。考虑到河南、陕西和甘肃当时站点较少的情况,遂以民国时期庆阳站点的气温资料,作为环县代表站点的数据来源,泾阳、通远坊等站气温资料作为长武代表站的数据来源,宝鸡站的数据取自眉县站,而榆林、西安则直接作为代表站;民国时期河南气温资料主要是郑县和开封,以开封直接作为代表站,选取的黄河中游气温站点共计14个,其中山西的气象观测站相对较多,占到50%,山西代表站点选取情况见表7-1。

---

① 洪世年、陈文言:《中国气象史》,北京:农业出版社,1983年,第107—109页。

表7-1　民国时期黄河中游山西辖区气象观测站及代表点选取

站数	代表站	气象观测站
6	河曲	右玉、偏关、保德、五寨、兴县、河曲
7	太原	岚县、定襄、静乐、阳曲、临县、寿阳、方山
7	介休	太谷、祁县、汾阳、孝义、介休、榆社、汾西
10	隰县	中阳、离石、文水、石楼、灵石、武乡、沁县、蒲县、吉县、隰县
8	临汾	大宁、屯留、洪洞、安泽、长子、乡宁、浮山、临汾
7	侯马	稷山、阳城、闻喜、夏县、永济、芮城、侯马
5	阳城	高平、翼城、曲沃、新绛、绛县

第四节　气温变化特征

一、候平均气温变化特征

1930年代,张宝堃就提出了中国四季划分标准(张氏标准)[①],即按照候温(T_{ave},5d滑动平均气温)划分四季,当$10℃ \leq T_{ave} < 22℃$时,为春季或秋季;当$T_{ave} \geq 22℃$时,为夏季;当$T_{ave} < 10℃$则为冬季。至今仍是我国研究各地气候特征的重要依据。

农业在我国历史时期的地位可谓举足轻重,而与农业生产关系密切的自然环境要素是节气和物候,古代民众早就开始观测物候和划分节气,总结气候变化规律。在两汉之际,为了便于安排农事,二十四节气基本已经固定下来。节气与物候之间关系非常密切,候是节气的必要补充,它和二十四节气一起构成了我国农历中的阳历成分,是我国传统农历中特殊的太阳历系统[②]。

在未有如温度表、湿度表等现代科学仪器进行观测的情况下,古代先民就以物候为指标,指导农业生产,即在传统历法中,以节气划分时间安排农事。而表征节气的细化单位为"候应",也就是每一候均以一种物候现象作相应,如"东风解冻"、"鸿雁来"、"桃始华"等反映春生、夏长、秋收、冬藏等自然现象的规律变化。

---

① 张宝堃:《中国四季之分配》,《地理学报》1934年第1期,第21—74页。
② 宛敏渭:《二十四气与七十二候考》,《气象杂志》1935年第1期,第24—34页。

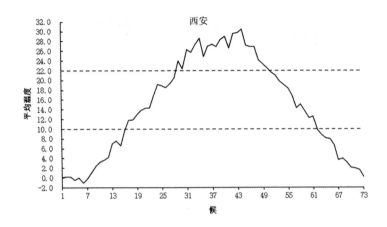

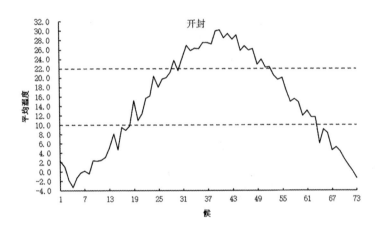

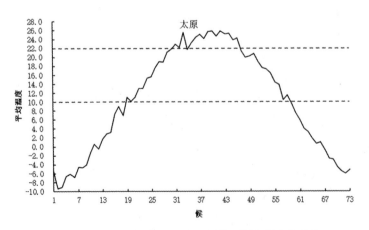

图 7-1 民国时期西安、开封和太原候平均气温变化序列

"五日谓之候,三候谓之气,六气谓之时,四时谓之岁",因而二十四节气划分一年共计七十二候。但是,按现代气象学标准,每五天为一候,以平年计一年365天,本应为七十三候,多出一候,这主要是因为夏季时间相对较长,平均为93日14时,因此为了对应二十四节气,将多出的一候时间放于"小满"和"大暑"之间①。而气象学上所指的候,与传统历法中的七十二候是有区别的,笔者主要依据现代气象学的每5天滑动平均气温,用以分析民国时期候平均气温变化特征。根据现有数据,分别统计了西安、开封和太原三个观测站的候平均气温(图7-1)。

按照上述候温(T_{ave},5d滑动平均气温)划分四季的标准,图中可以清晰显示西安、开封和太原三个站点四季气候的基本特征。西安在第17候时,候温11.8℃,表明冬季结束而春季伊始;第29候时的候温24℃,开始进入夏季;第51候时的候温21.7℃,已开始入秋;随后在第62候时候温9.8℃,已是入冬时分。开封在第19候时,候温15.2℃,冬季结束春季伊始;第29候时的候温23.8℃,进入夏季;第53候时的候温20.6℃,进入秋季;之后在第64候时候温6.1℃,进入冬季较快。太原在第19候时的候温是11.1℃,表明冬季已结束,春季开始;在第31候时,候温是22.9℃,开始进入夏季;第47候时的候温已达21.4℃,相比西安和开封,已经较早地进入秋季;在第59候时候温也较早降低到了9.7℃,表明已步入冬季。

表7-2 民国时期西安、开封和太原的四季平均持续期及开始时间

季节 城市	春		夏		秋		冬	
	开始日期	日数	开始日期	日数	开始日期	日数	开始日期	日数
西安	3月22日	60	5月21日	110	9月8日	55	11月2日	140
开封	4月1日	50	5月21日	120	9月18日	55	11月12日	140
太原	4月1日	60	5月31日	80	8月19日	60	10月18日	165

相比而言,在三个站点中,春季开始最早的是西安,比开封和太原平均提前了10天时间;候温最高的也是出现在西安站,为30.4℃。夏季开始最晚的是太原,冬季开始最晚的是开封。从各个季节持续的时间来

---

① 张宝堃:《中国四季之分配》,《地理学报》1934年第1期,第21—74页。

看,开封的春季平均持续时长最短,共计 50 日,西安和太原平均时长均为 60 日;开封夏季平均持续时间最长,共计 120 日,其次是西安 110 日,而太原仅为 80 日,其夏季的结束日期分别比西安和开封提前了 20 日和 30 日;太原秋季平均时长最长,为 60 日,其他两个站点相同,均为 55 日;同时,太原冬季平均时长亦最长,共计 165 日,西安与开封冬季的时长相同,为 140 日(表 7-2)。

二、月平均气温变化及其时空特征

(一)空间插值的方法选取

空间插值常被用于离散数据转换为连续数据的应用之中,有助于与其他空间现象的分布特征进行分析比较。气温的空间插值,是依据某一区域有限的气象观测站的数据,预测空间上未知点数据的一种重要方法,从而可以获取该区气温数据空间分布规律。

自从 20 世纪 90 年代以来,GIS 技术开发及其在诸多领域的应用,引起了诸多学科的广泛关注。近年来的研究成果表明,GIS 技术在历史地理学的一些领域研究也引起了许多关注,尤其是历史自然地理学中的历史气候、历史水文等研究内容,更易于涉及到这些方法。

利用 GIS 对气温空间插值分析时,其精度需要依赖站点密度的大小,虽然民国时期黄河流域的气象台站密度相对不足,但根据本研究对站点数据梳理和代表站点的选取,可以满足分析气温空间特征的需求,主要是因为在气候的两个基本要素之中,温度相比降水的空间代表性更显著。此处需要考虑的是,GIS 分析提供了反距离权重(IDS)、克里金(OK)、样条函数等空间插值方法,如何选取比较合适的方法是一个问题。以往研究成果认为,气象要素本身特性、气象站点数量及其空间分布特征等存在较大差异,因此,对于所有的空间插值方法而言,并没有一种最佳的插值方法。本研究依据学者对中国陆地区域气象要素的反距离权重、克里金等空间插值方法比较,研究结论认为,在温度的空间插值分析时,温度插值的平均绝对误差排序为 IDS > OK,可见克里金插值法的精度要高于反距离加权法 [1]。基于此,本研究采用克里金插值

---

[1] 林忠辉等:《中国陆地区域气象要素的空间插值》,《地理学报》2002 年第 1 期,第 47—56 页。

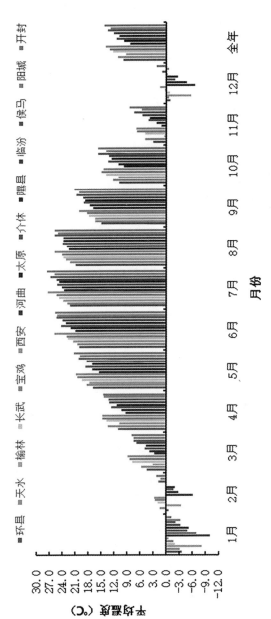

图 7-2 民国时期黄河中游各代表站点年、月均温对比

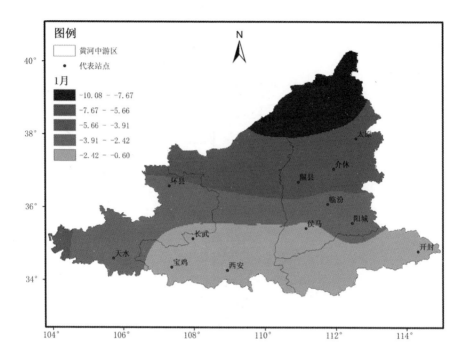

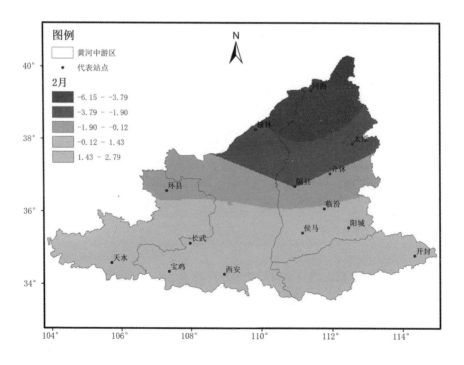

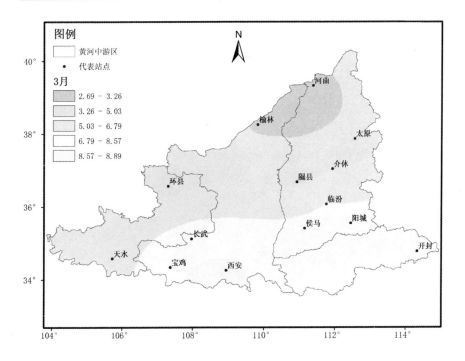

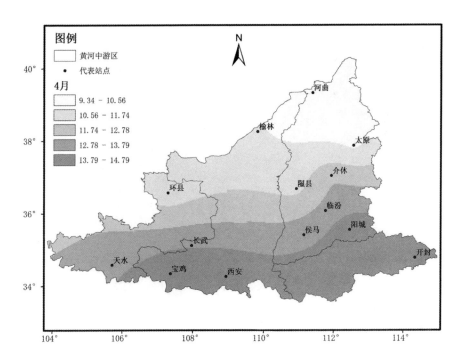

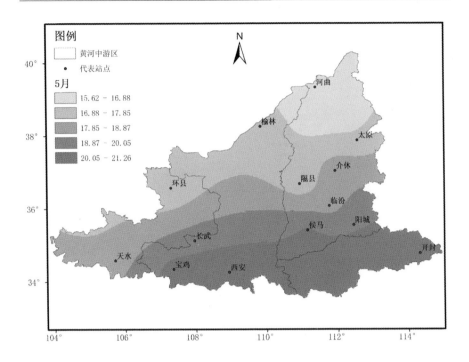

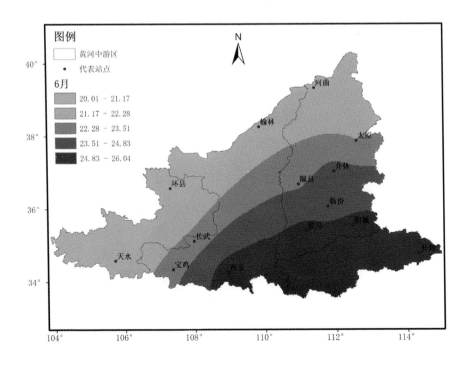

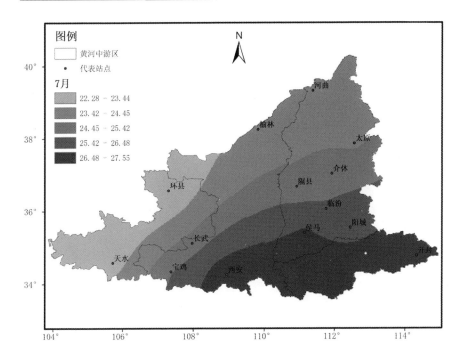

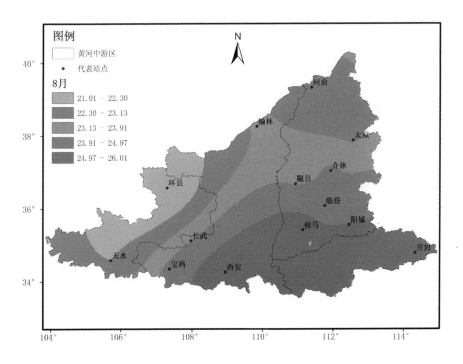

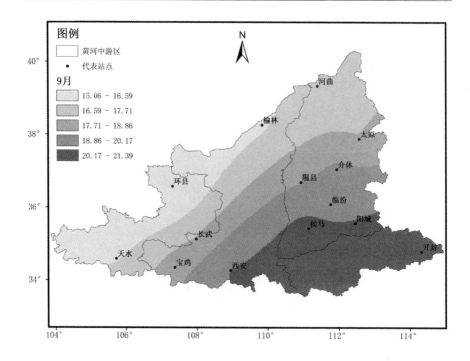

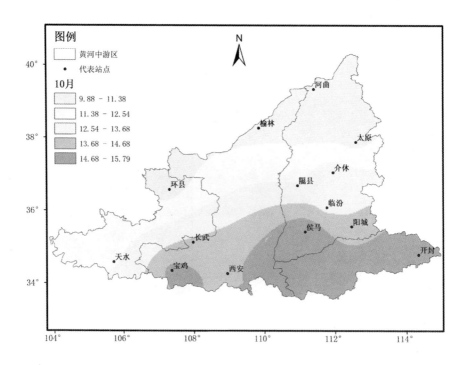

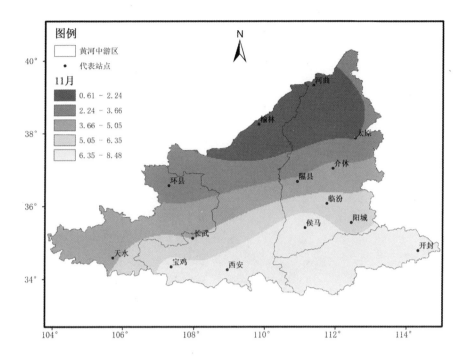

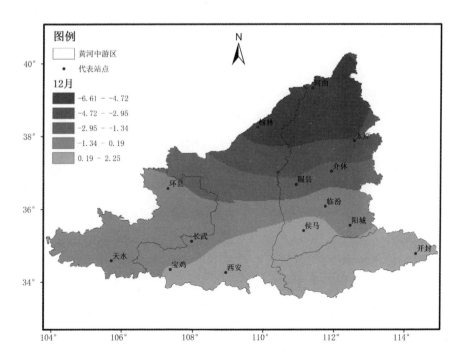

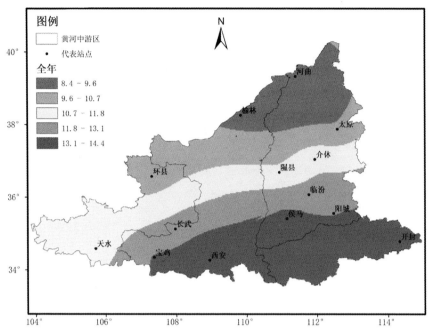

图 7-3　民国时期黄河中游月、年均温的空间分异

法,对民国时期黄河中游 14 个代表站点多年月平均气温进行空间插值分析。

(二)月均温的时空分异

　　根据选取的民国时期黄河中游 14 个代表站点年、月均温数据,绘制各月份和全年的均温对比图(图 7-2),显示出在 12 月、1 月和 2 月的寒冷冬季,月平均气温最低的是黄河中游区最北的河曲站,其次是榆林站、太原站,可见气温变化受地形影响相对较小,纬度地带分异性规律显著;在 6 月、7 月和 8 月的炎热夏季,甚至延续到 9 月,月平均气温最高的是开封站,其次为西安、阳城和侯马等代表站,平均温度最低的是环县、天水等站,相比冬季而言,各代表站点月平均气温的差异较小,此时气温的经度地带分异性规律显著(图 7-3)。

　　从各代表站点的年均温来看,开封最高,其次是西安;最低是河曲,其次是榆林和太原,南北温度差异高达 6℃;从整个区域来看,年气温的时空分布特征主要体现了经度地带分异性规律。

第五节 "民国十八年年馑"与寒冷事件史实、影响及天气背景

寒冷事件对产业建设、民众生活和社会秩序等都有着极为明显的影响,发生寒冷事件的区域,一般都会出现严重霜冻和大风雪等剧烈降温的灾害性天气现象。例如,1983 年 4 月 25 至 30 日,受全国性强寒潮的影响,22 个省(直辖市、自治区)辖区 766 个县(市)的 6100 多万亩农田受灾,据当时不完全统计,全国共计 400 多万间房屋倒塌,1500 位民众死亡,13 万多头较大牲畜死亡[①]。又如 2008 年,我国经历的最近 30 年来最严重的一次寒冬,造成了 1500 多亿元人民币的直接经济损失。

根据历史文献记载,寒冷事件在一年四季中均有可能发生。春、秋两季主要表现为频繁的霜冻,如"连降黑霜"、"黑霜杀麦"等;夏季则表现为温度较偏低的冷夏;冬季主要是风雪冰冻等灾害性天气。其中,秋、冬、春三季的寒冷,一般是伴随寒潮活动推进过程产生的灾害性影响。

纵观我国历史记载,在寒冷事件中,寒冬及春、秋异常霜冻记载较多,而冷夏的记载却相对较少。在历史气候变化研究所采用的代用资料之中,民国时期的文献资料,可谓是由"语言描述模式的文献记载"向"科学仪器量测的数据记录"转换过度的重要载体。

基于此,笔者以"民国十八年年馑"为背景,论述黄河中游甘肃、陕西、山西等辖区灾害的史实、特征和影响,并由此展开讨论 1929 年寒潮侵袭导致气温下降引发寒冷事件,基于不同数据佐证其发生的史实,分析天气背景,旨在通过对比历史文献与现代气温数据,双重佐证民国十八年两次寒冷事件中,多次寒潮侵袭导致的剧烈降温,叠加旱灾影响,对黄河中游区域社会和民众身心产生了沉重的打击。既可以排查传统历史文献记载的客观性和准确性程度,丰富寒潮研究的基础数据,也可为判定当前寒冷事件是否超越历史时期的极端程度,更为预防和预测将来的寒潮发生过程和影响的极端程度提供历史相似型。

---

① 刘传凤:《我国寒潮气候评价》,《气象》1990 年第 12 期,第 39—42 页。

一、关于"民国十八年年馑"的研究综述

20 世纪二三十年代,甘肃、陕西、山西、绥远诸省区多次遭受灾荒侵袭,自 1927 至 1932 年,灾害持续长达 6 年[①],包括旱灾、饥荒和瘟疫[②]多重灾种。其中尤以 1929 年陕西、山西等省最为严重,堪称"奇灾巨荒"。学者将其将列为近代中国的十大灾荒之一,民间则统称其为"民国十八年年馑"[③],足见这次灾害影响的严重程度,也显示出其在中国近代史上的地位。

作为一次持续时间久、影响范围广的特大灾荒事件,深入研究灾害发生过程、特征和影响,自然具有重要的学术价值。该年发生特大年馑,除连年大旱的自然因素之外,相较于常年而言,气温也颇为偏低,加之各种社会因素,造成区域性大灾荒事件。与此同时,在当时的旧中国,社会整体的防灾、抗灾能力,以及社会组织能力等普遍偏低,受多重因素影响,民国十八年(1929)灾荒惨烈的消极影响程度,让时人震惊,更让今人震惊。

因此,学界对此次灾害的关注度颇高,研究成果亦颇多。其中针对民国十八年(1929)灾荒的研究,以往关注的问题,主要集中三个方面:一是因旱灾导致粮食减产、绝收等农业生产停滞现象,及区域经济发展等问题;二是在灾荒与人口流亡和死亡数量,及地方赈灾能力和社会救助等问题;三是灾荒时期的错综复杂的社会管理和秩序问题,包括地方驻军摊派军费开支、匪患横行等[④]。

---

① 按:以往有诸位学者认为此次灾害持续时间是 1928—1930 年。根据笔者对此次灾害发生过程的系统梳理,此次灾害自 1927 年发生于黄河流域的旱灾开始,随后加之区域社会因素等,灾害持续发酵,进而出现饥荒、瘟疫等等伴生、次生灾害,导致其持续的时间加长,影响的程度加深。因此,此次灾害持续时间为 1927—1932 年,长达 6 年之久。
② 有关 1932 年爆发于陕西的瘟疫事件,有多位学者进行过专门研究。例如,张萍:《脆弱环境下的瘟疫传播与环境扰动——以 1932 年陕西霍乱灾害为例》,《历史研究》2017 年第 2 期。刘炳涛:《1932 年陕西省的霍乱疫情及其社会应对》,《中国历史地理论丛》2010 年第 3 期。
③ 按:笔者在少年时代,经历过这段灾害发生过程的姥爷及姥爷辈的亲戚们,常提起此次灾害的一些现象,从一个侧面显示出此次灾害对区域民众影响程度之大。
④ 郑磊:《民国时期关中地区生态环境与社会经济结构变迁(1928—1949)》,《中国经济史研究》2001 年第 3 期;郑磊:《1928—1930 年旱灾后关中地区种植结构之变迁》,《中国农史》2001 年第 3 期;陈晓峰:《对 1928 年陕甘灾荒及救济的考察》,《兰州大学学报》2004 年第 3 期;史菁:《1928—1930 年陕西大旱灾期间天主教组织的慈善救助活动》,《延安大学学报》2011 年第 6 期;王鑫宏:《1928—1930 年河南旱灾述评》,《农业考古》2012 年第（转下页）

但是,纵观以往成果,针对灾荒发生期间的自然因素,尤其是大旱讨论较多,而对气温变化问题讨论极少,未对该年寒冷事件做出充分研究。客观上讲,该年前半年严寒期间连降了六次大雪,民国十八年的旱灾在很大程度上得到了缓解。然而,史料里对严寒的记载,却与历代很多次发生长时间旱灾之后出现降瑞雪的记载有所差异,这主要是因为此次连年旱灾,对区域社会和民众的沉重打击,已经超越了承受底限。因此,很有必要梳理和研究该年寒冷事件发生的史实、特征和影响。

二、1929 年甘肃、陕西和山西辖区的灾情

1927—1932 年间,黄河流域尤其是黄河中游发生了长达 6 年之久的极端灾害事件,此次灾害开始表现为 1927—1928 年的旱灾,随后叠加区域社会等诸多因素,灾害持续发酵,进而出现饥荒、瘟疫等伴生、次生灾害,导致其持续的时间加长,影响程度加深。依据当时的赈灾调查记述:"陕、甘、绥三省,灾劫踵起,至重且惨,为时三载,未见透雨……五谷未生,霜残雪冻,病疫流行,蝗蝻蔽天,死亡枕藉,无地不荒,靡人不饥。"[①]

(一)甘肃辖区灾情

1928 至 1929 年间甘肃受旱灾蔓延影响,以至于全省"无县不受旱魃之虐"[②],1929 年全省粮食"平均收成不及二分"[③]。民国时期《大公报》中的一份调查显示,1929 年甘肃辖区 51 个县,粮食收成分为夏粮和秋粮,其收成分别按照 2 成、1 成和绝收三种不同类别计算(表 7-3),显示出旱灾影响导致的严重灾情。

(接上页)1 期;安少梅:《陕西民国十八年年馑研究》,西北大学硕士学位论文,2010 年;郝平:《1928—1929 年山西旱灾与救济略论》,《历史教学》2013 年第 22 期;张娜:《陕西关中地区 1900 年、1929 年两次大旱荒的对比研究》,陕西师范大学硕士学位论文,2014 年;温艳:《自然灾害与农村经济社会变动研究——以二三十年代之交陕甘地区旱灾为中心》,《史学月刊》2014 年第 4 期;安介生、穆俊:《略论民国时期山西救灾立法与实践——以 1927 至 1930 年救灾活动为例》,《晋阳学刊》2015 年第 2 期。
① 仵建华:《西北农村经济之出路》(续),《西北农学》1936 年第 1 期,第 17 页。
② 康天国:《西北最近十年来史料》(内部资料),《西北学会》,1931 年,第 96 页。
③ 振务委员会:《甘肃灾情概况》,《振务月刊》1930 年第 9 期,第 4 页。

表7-3 1929年甘肃的农业收成概况

类别 收成	夏粮			秋粮		
	2成	1成	半成/绝收	2成	1成	半成/绝收
县数	13	19	19	4	13	34
占比	25.5%	37.3%	37.3%	7.8%	25.5%	66.7%

（二）陕西辖区灾情

据民国时期《中华月报》刊载数据显示,1929年武功全县18万人口,而"饿毙七万余,逃亡五万余,尚有六万灾民待赈孔急";凤翔全县16万人口,因灾"死去五万一千,逃散者三万一千……城外旧有八九十户之村庄,现只存三五家,鬻卖妻女甚多,且有将子女投井者,饥民嗷嗷待哺";其他如泾阳县、三原县、耀县、富平县、蒲城县、大荔县等诸多县区则"无衣无食,灾民共达四十万"[①]。当时西北灾情视察团调查资料记述显示,1929年10—11月间陕西关中诸多县区灾情,其状尤惨。灾情的主要特征表现为,收成不足一成,卖儿卖女者比比皆是,更为可怕的是满城饿死者亦比比皆是,无人掩埋(表7-4)。

表7-4 1929年陕西部分县区灾情

县区	灾情	资料来源
西安郊县	田黍枯萎,焦如火焚,收获不足一成……居民十室十空,板房售卖者十之四五,树皮果实,早经采罄,现食糠秕土粉,灾民遍野,日有饿毙	梁敬錞:《江南民食与西北灾荒》,《时事月报》1929年第2期,第88页
咸阳县	秋收,不足一成	
武功县	死者载道,掩埋无人,夫卖其妻、父卖其子以求生……灾童满城,为状尤惨	
扶风县	秋收尚不足二成……春麦全无播种	
泾阳县	秋收仅二成	
三原县	春麦未种者十之四五,秋禾、棉花收约二成	
富平县	秋收有三成,全县麦田无力下种者二千顷	

另外,发生灾情时,社会秩序混乱,本就受匪患侵扰,灾年中为了获取粮食,部分灾民亦开始抢劫,更使社会无序。1929年,兴平县"社会秩

---

① 梁敬錞:《江南民食与西北灾荒》,《时事月报》1929年第2期,第88页。

序大乱……要是谁家有粮,(且)被人发现,也难吃到自己嘴里";"土匪到处横行,大村人多,还可互相保护,小村群众,简直无法生活……无法自我保护,土匪常常抢劫。原本就少吃没喝,加上土匪横行,大多数人只好逃荒在外"[①]。淳化县夏粮颗粒无收,秋田更无法下种,常发生饥民抢粮事件[②]。

(三)山西辖区灾情

山西辖区各县受灾亦颇为严重,基本都受到旱灾及其伴生、次生灾害影响。当时的《盛京时报》《大公报》等报纸相继刊载了灾害的相关信息。

1929年1月15日《盛京时报》报道了解县灾情惨不忍睹,报道内容提到,解县灾民分为3类:极贫灾民约有3万余人;次贫灾民约有2万余人;稍贫灾民有1万余人;继而1929年3月6日《大公报》报道显示,"解属各县二谷未收,宿麦未种,一般贫民,早已绝粮。近数月来,所赖以苟延残喘者,惟恃谷壳、麻生、树皮等物。而此项食料亦将搜罗殆罄……"可见当时山西西南部诸县区灾情较重;5月23日的《盛京时报》刊载了"晋南饥民死亡相继"为标题的报道,内容中提到此次山西灾情惨状:"山西连年兵旱频仍,灾情几遍全省,雁北各县,大兵之后,疮痍未复。晋南一带,又遭荒旱,省赈务会近据各县报告,被灾者已达八十一县之多,灾情最重者尚有七十余县,各县灾黎之流离失所,及无衣无食者,殆占全县人口之半。现该会一方积极设法施救,一方拟向中外慈善团体请求赈款,以资救济。"12月21日《盛京时报》报道信息提到"临汾去岁夏无麦,今岁三麦颗粒未收,秋禾又遭奇旱。禾苗枯死,有收成一二者,有颗粒未收者,是以出逃荒者五千六百三十二人,死亡者六百五十三人,卖出妇女者一千二百三十人";猗氏县"本年麦秋均无些许收成,灾情加重,贫民更多,危急万分,糠秕告罄,易子以食,奔走号泣,厥状甚惨。计极贫灾民二万七千八百六十人,次贫四万九千三百九十二人。若不早为救济,恐极贫沦于死亡,次贫流为乞丐"。

---

① 朱学道:《秦镇地区民国十八年年馑略述》,《户县文史资料》(第10辑),1995年,第95—96页。
② 马林:《淳化大事记》,《淳化文史资料》(第8辑),1994年,第37页。

1929 年 5 月 9 日的《大公报》报道山西北部县区"兵灾之后,继以旱荒";继而 6 月 8 日《大公报》报道,河东县区大量灾民"剥食树皮,和以沙土,吞嚼草根,面黄色绿,流离失所,父母妻子亦不相顾,其惨状不忍听闻";9 月 5 日《大公报》刊载了省赈务会"发放各灾县十万元赈米"的信息。根据《民国十八年度赈务报告书》记载信息显示,当时华洋义赈会对灾害进行了义赈急赈,提供了近 38 万元购买粮食救济灾民,随后运入山西各灾区的赈粮共计近 700 吨[①]。

三、1929 年寒潮侵袭

20 世纪初,在黄河流域尤其是黄河中游区,从历史文献记载的几次寒冷事件的严寒程度看,可谓是明清"小冰期"最后一个冷谷期的延续。此处以民国十八年陕西辖区为例,按照文献记载,1929 年寒冷事件包括两个时段,每个时段内又多次发生了寒潮侵袭过程。

第一个时段主要是在该年冬春之交,第二个时段则是在 12 月份之间。在寒冷事件的第一个时段中,寒潮多次入侵黄河流域,尤其是黄河中游区,导致连续发生了多次大风雪和剧烈降温等灾害性天气现象。据史料记载,陕西在冬春之交时节,从 3 月开始至 4 月初,西北大风不断,华县"春间大风沙,缘下庙东至华阴,地近沙苑,西北风大起害稼,天旱露根,或被沙埋没"。华阴县"二(3)月大风数日,飞沙拔木,禾苗尽被吹萎,沿河地面浮土亦被吹去,麦苗每亩数升,秋禾全无,岁大饥"。大荔县"三(4)月二十二(1)日,暴风骤起,咫尺不辨,天边忽黑忽赤,自朝至暮始息,渭洛沿岸先年浇种之麦豆,根株悉拔"。史料描述此次严寒事件为百年之未见,可见影响程度之大。从史料记载的"西北风大起害稼"可知,此次剧烈寒冷事件是因西北冷空气南下引起的,寒潮入侵过程中,西部各县受严寒影响最严重,沿途诸县区连续降了六次大雪,厚度达三尺之多,气温下降剧烈,正如史料所载"民国十八年,陕西冬春之交,大雪六次,积厚三尺计,气候极寒,百年未见,尤以西区各县为最甚"[②]。

---

① 殷梦霞、李强:《民国赈灾史料续编》(第五册),北京:国家图书馆出版社,2009 年,第 241—330 页。
② 陕西省气象局气象台编:《陕西省自然灾害史料》(内部资料),1976 年。

第二次寒潮入侵期间,黄河中游陕西辖区各县基本从12月中旬开始骤降大雪,降雪厚度达二至四尺,出现积雪六十余日不化,渭水可行车,可见温度下降剧烈,尤其是多县记载中涉及到冻死民众、牲畜和树木等惨重影响,甚至描述为千古之巨灾(表7-5)。

表7-5　1929年12月陕西辖区严寒侵袭概况

受灾县区	史料记载	备注
米脂	冬大寒	
铜川	冬大雪,果树多冻死	
乾县	冬大雪盈尺,数月不消,树木多冻死	
礼泉	十一(12)月,骤降大雪,积二三尺,积六十余日,寒冷异常,冻死人畜树木无数,真巨灾也	
华县	冬大雪,深二三尺,渭水冰厚可行人畜,拐枣石榴冻枯,竹柿尤甚	
蓝田	冬大雪连绵,积地常尺余,数月未消,气候奇寒,竹木多破裂死	史料来源:陕西省气象局气象台编:《陕西省自然灾害史料》(内部资料),1976年
大荔	十一(12)月十八(18)日起大雪,厚二三尺,兼下雾淞(俗名龙霜),接连十八次,著树木帘栊尽成白絮,终日不化,瓮、盎、瓶、垒,家家破裂,骡马牛驴冻死不可胜计,桃李枣杏及皂夹石榴等皆枯,柿树、椒树无一存者	
咸阳	冬大雪尺余,两月余未消,人畜树木多冻死,南乡井水结冰,渭水可行车,饿莩载道,乡村人迹稀少,无鸡犬声,败瓦残垣盈目	
华阴	十一(12)月十七(17)日晚骤降大雪三四尺,每日隆阴沍寒,浓霜尽日不消,天地皆白,积六十余日,冻死人民牛马果树无数,至次年正(1)月下旬始消融,诚千古之巨灾	

四、1929年寒冷事件的CRU气温数据印证

正如前文所述,民国时期黄河中游气象站点量测数据缺失较多,实际观测站数据连续性也较差,本研究所用月均温为民国时期多年平均值,暂时未有1929年实际观测的月均温数据。为了判定该年发生寒潮时的降温程度,以及与史料描述是否具有相对一致性,笔者根据英国东安格利亚大学(East Anglia)气候研究中心(Climatic Research Uni,简

称 CRU）的一套月平均地表气候要素数据集 ①，对当年的月均温数据进行了提取。

需要说明的是，该数据集是 CRU 通过整合全球已有的若干知名数据库重建的一套覆盖完整、高分辨率且无缺测的月平均地表气候要素数据集，CRU 曾在 2005 年就释放了 Mitchell 等整理的高分辨率地表气候变量数据集 CRU-TS2.1 ②，而目前，数据的时间范围已经是 1901—2017 年；该数据的空间分辨率为 0.5°×0.5°（约 50km）经纬网格，覆盖全球所有陆地。与我国现有气候数据，尤其是民国时期数据相比，首先，该资料涉及了我国西部 20 世纪前半期的数据，因为此时缺失观测站点较多，甚至很多地方未建观测站点；其次，该数据集是通过全球各个国家和地区观测站观测结果进行的统计内插，没有利用代用资料，可以排除代用资料的不确定性，当然 CRU 资料包含插值肯定会有误差，但经校验仍可作为一项具有一定可信度的参考数据 ③。

根据 CRU 数据集中的 1929 年 2-4 月均温信息显示（图 7-4），比多年均温偏低明显，各代表站点分别平均降低了 2.6℃、0.5℃、1.8℃（图 7-5），可见 2 月与 4 月份气温下降幅度，一定程度印证了史料记载当时气温时所描述的"气候极寒，百年未见"史实。

相较 1929 年 2-4 月而言，1929 年 12 月寒潮侵袭使得气温降低的程度有过之而无不及，产生的影响更为严重。CRU 数据集中的 1929 年 12 月均温与 12 月多年均温相比，差值较大（图 7-6），各代表站点平均降低了 5.1℃（图 7-7），其中平均降温差值最大的是河曲站，达到 7.6℃，降温程度最小的是西安站，为 3.3℃，比本年度 2-4 月气温下降幅度还要剧烈。按照现在气象学判定标准，若在特定的天气状况下，受到高纬度地区寒冷空气南下影响达到一定强度标准则称为寒潮 ④。纵观黄河中游

① Jones P. D., Moberg A.. Hemispheric and Large-Scale Surface Air Temperature Variations: An ExtenSive Revision and an Update to 2001. *J Climate*, 2003, 16（3）:206-223.

② Mitchell T., Jones P. D.. An Improved Method of Constructing a Database of Monthly Climate Observations and Associated High-Resolution Grids. *Int. J. Climatol.*, 2005,25:693-712.

③ 闻新宇等：《英国 CRU 高分辨率格点资料揭示的 20 世纪中国气候变化》，《大气科学》2006 年第 5 期，第 894—903 页。

④ http://www.weather.com.cn/static/html/topic_0910hckp.shtml，2019-3-1.（寒潮：气温 24 小时内下降 8℃以上，且最低气温下降到 4℃以下；或 48 小时内气温下降 10℃以上，且最低气温下降到 4℃以下；或 72 小时内气温连续下降 12℃以上，并且最低气温在 4℃以下。）

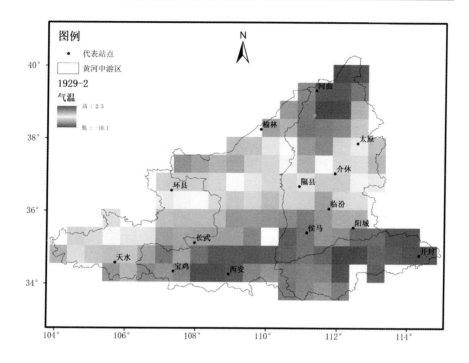

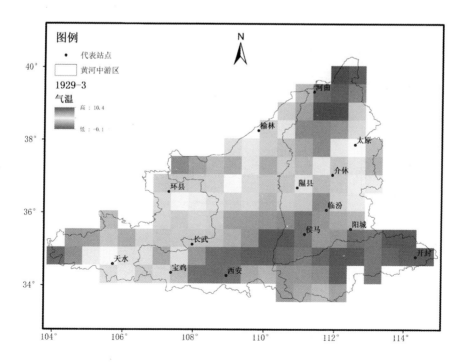

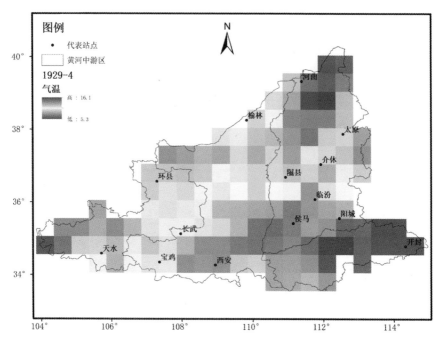

图7-4　1929年2-4月黄河中游气温空间分异

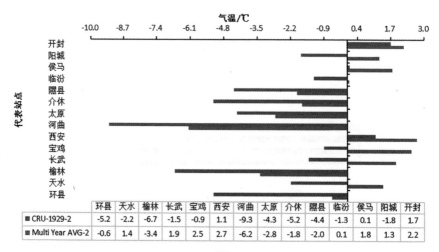

	环县	天水	榆林	长武	宝鸡	西安	河曲	太原	介休	隰县	临汾	侯马	阳城	开封
■ CRU-1929-2	-5.2	-2.2	-6.7	-1.5	-0.9	1.1	-9.3	-4.3	-5.2	-4.4	-1.3	0.1	-1.8	1.7
■ Multi Year AVG-2	-0.6	1.4	-3.4	1.9	2.5	2.7	-6.2	-2.8	-1.8	-2.0	0.1	1.8	1.3	2.2

2月份

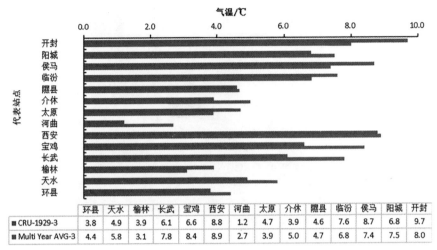

	环县	天水	榆林	长武	宝鸡	西安	河曲	太原	介休	隰县	临汾	侯马	阳城	开封
■ CRU-1929-3	3.8	4.9	3.9	6.1	6.6	8.8	1.2	4.7	3.9	4.6	7.6	8.7	6.8	9.7
■ Multi Year AVG-3	4.4	5.8	3.1	7.8	8.4	8.9	2.7	3.9	5.0	4.7	6.8	7.4	7.5	8.0

3月份

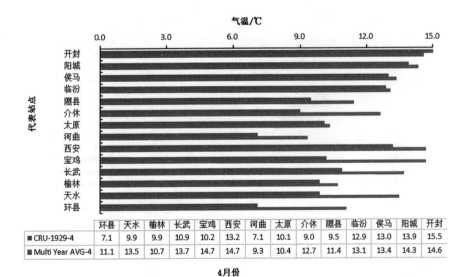

	环县	天水	榆林	长武	宝鸡	西安	河曲	太原	介休	隰县	临汾	侯马	阳城	开封
■ CRU-1929-4	7.1	9.9	9.9	10.9	10.2	13.2	7.1	10.1	9.0	9.5	12.9	13.0	13.9	15.5
■ Multi Year AVG-4	11.1	13.5	10.7	13.7	14.7	14.7	9.3	10.4	12.7	11.4	13.1	13.4	14.3	14.6

4月份

图 7-5　1929 年 2-4 月各代表站点多年均温与 CRU 数据比较

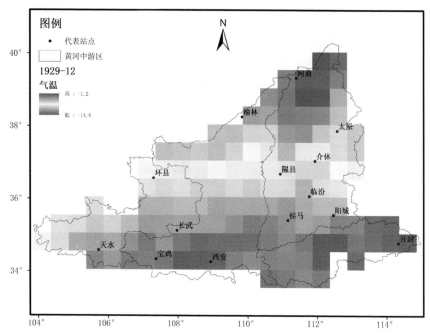

图 7-6　1929 年 12 月黄河中游气温空间分异

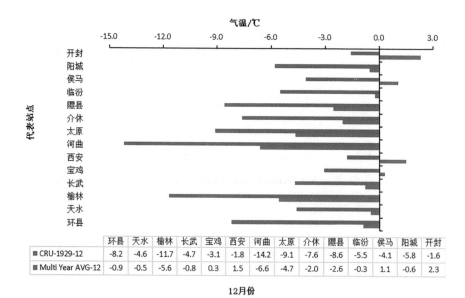

	环县	天水	榆林	长武	宝鸡	西安	河曲	太原	介休	隰县	临汾	侯马	阳城	开封
■ CRU-1929-12	-8.2	-4.6	-11.7	-4.7	-3.1	-1.8	-14.2	-9.1	-7.6	-8.6	-5.5	-4.1	-5.8	-1.6
■ Multi Year AVG-12	-0.9	-0.5	-5.6	-0.8	0.3	1.5	-6.6	-4.7	-2.0	-2.6	-0.3	1.1	-0.6	2.3

12月份

图 7-7　1929 年 12 月各代表站点多年均温与 CRU 数据比较

14个代表站点12月平均温度变化,此次剧烈降温,属于典型的寒潮侵袭所致。

史料对2—4月的严寒程度记载为"气候极寒,百年未见",而对12月的寒冷程度则形容为"千古之巨灾",这主要是因为此次12月寒冷事件导致了民众冻亡、牲畜和树木冻死等惨烈影响。还有一个重要的原因是,在1928—1930年间,黄河流域的甘肃、陕西、山西等省区发生了特大干旱事件,尤其黄河中游区的陕西、山西两省区最为严重,发生特大年馑,据粗略统计,当时两个省区伤亡人数都超越百万,史料则以"死者载道、饿殍遍野、田野荒芜、村舍为墟"记述了当时灾情史实,当时一些报纸还附载了死亡、逃亡的人口数量。

纵观1929年发生的两次寒冷事件,都给原本正饱受饥荒灾害的甘肃、陕西、山西等区域社会和民众带来了极大的消极影响,可谓雪上加霜。正如前文所述,寒冷事件的第一个时段中,因寒潮侵袭导致多次降雪,客观上对旱灾有所缓解,但1929年已经不仅仅是受旱灾困扰了,因此在第二次寒潮影响下,已然超越了当时脆弱的社会灾害应对能力,因此当时史料的描述程度,相比以往历史时期类似事件而言略有夸张,这种描述是当时几种不同灾害叠加效应的结果。

五、1929年寒冷事件发生的天气背景

从现代天气变化状况来看,黄河流域的冬季寒冷与否,与寒潮或强冷空气活动是密切相关的,其主要受大气环流的影响。黄河流域冬季与我国大部分地区类似,主要受北半球西风环流系统制约;近地表则由于黄河流域受到蒙古冷高压和阿留申低压的双重影响,主要盛行西北风和北风。

根据以往学者研究,影响黄河流域的主要寒潮,其侵袭过程和路径大致表现为,一支自西北而来,一支自东北而来。自西北侵入的寒潮,主要受青藏高原影响,向东南急进,至黄河河套地带,而后可能分为两路,或由鄂尔多斯高原进入渭河平原,或从黄土高原东缘的山西高原划过,至华北平原[1]。

---

[1] 卢鋈:《中国之寒潮》,《气象杂志》1936年第12期,第651—679页。

黄河流域盛行的气压系统,冬夏截然不同,即便是相同季节,流域各段也有很大的出入。冬季盛行的气压系统,主要表现极地高压及其相应的寒潮冷锋,这个高压控制着整个黄河流域。当冬季高压来临时,前面是一股强烈的冷锋,先经过黄河中上游,随后至黄河下游。再往前,越过长江之后,侵袭速度变小。高压中心则一般在河套地区滞留。一般无论是极地高压向东推移,或是向南缓缓移动,在黄河流域均不能造成较大的降水,而主要的影响是降温和大风[①]。

当冷锋过境时,温度常常会在24小时内迅速下降,有时甚至下降达到10℃左右,并伴有大风、雨雪天气。冷锋过后,天气变晴,但气温下降,体感很冷。这就是黄河流域的寒潮天气特征。民国十八年(1929)寒冷事件的第一个时段,表现为连续六次降雪,按此推断,应该是冬春之交一个多月期间,发生过多次寒潮冷锋过境,造成多次大风、降雪,以及气温下降等严寒事件。降雪次数虽多,降水量却并不大,虽然对于1927—1928年以来的旱情有所缓解,但并未彻底降低1929年亢旱的程度。

另外,若极地高压不是向南,而向东推移,西北地区便会出现低压槽,但在冬季里,西北低压槽出现次数较少,春季里却出现次数较多,西北低压槽是影响春季天气变化的原因。由此可知,1929年春季天气多变,出现多次寒潮南下,很大程度上是由于控制天气变化的气压系统之中,极地高压向东推移,在西北则出现了低压槽的缘故。

第六节　本章小结

民国十八年(1929)黄河中游发生了较为严重的寒冷事件,可谓明清"小冰期"最后一个冷谷期的延续。从历史文献记载的20世纪初几次寒冷事件的严寒程度看,寒冷事件与旱灾叠加,对当时区域社会和民众身心产生了非常严重的打击。

以往成果中针对该年的灾荒发生过程和影响讨论较多,主要包括大

---

① 徐淑英等:《黄河流域气象的初步分析》,《地理学报》1954年第1期,第59—70页。

旱造成当时区域社会秩序、民众财产生命安全、灾害的社会应对及其他社会层面的问题。然而,针对气温变化等自然问题讨论极少,未对该年的寒冷事件做出充分研究。

　　基于此,本章内容主要利用民国时期方志、报纸记载的信息,黄河中游气象观测站点多年月平均气温数据,英国东安格利亚大学气候研究中心(CRU)的月平均地表气候要素数据集。利用上述数据,重建民国时期黄河流域气温在候、月等不同尺度时空变化特征,并讨论"民国十八年年馑"与1929年寒冷事件的史实、影响及天气背景。其研究的意义在于,既可以排查传统历史文献记载的客观性和准确性程度,丰富寒潮研究的基础数据,也可为判定当前寒冷事件是否超越历史时期的极端程度,更为预防和预测将来的寒潮发生过程和影响的极端程度提供历史相似型。

　　1929年寒冷事件中寒潮冷锋过境产生的六次降雪,表面上看似是对1929年及其前两年旱灾持续影响的缓解,但其实已不单纯是旱灾影响的延续,更是伴随着旱、冷等多重灾害的消极影响。因此,在1929年12月间的寒潮侵袭影响下,黄河中游各省的受灾程度,已然大大超越了当时脆弱的社会灾害应对能力,进而在当时的史料记载中,比对以往类似事件描述程度要严重,这是对多种不同灾害叠加效应的一种文本表达,不能仅仅论述史料记述略带夸张的缺陷,更应辨析"语言描述模式的文献记载"与"科学仪器量测的数据记录"对同一事件刻画的差异。

第八章　结论与讨论

本章内容主要梳理全书的研究结论与创新之处,以及总结与反思本研究还未解决的相关问题,并基于此对今后尚需继续努力的研究方向进行展望。

第一节　结论与创新

概而言之,本研究通过系统搜集、梳理清代黄河中游现存档案、方志和文集中存留的雨情、水情、灾情等史料,建立了历史气候灾害史料数据库。立足于较高分辨率的气候信息,重建了清代以来黄河中游旱涝等级(1644—2009 年)、面降雨量变化序列(1765—2009 年),时空分辨率较以往相似工作有所提高。复原中小空间尺度上 1689—1692 年重大干旱、1819 年极端降水、1929 年气温变化等重大气候事件的史实、时空分异特征、区域社会响应等,诊断了自然和社会等外部环境因子的作用,厘清单次灾害事件影响与区域社会响应的互动关系。与此同时,兼论清代黄河防汛报汛的制度运作方式,及黄河河防管理、河工治理等内容。

研究结论对揭示清代以来黄河流域旱涝、降雨变化,与极端干湿、冷暖事件的发生特征有借鉴意义;既是对国际气候变化研究动向中关注全球视野下区域气候重建的积极响应,又为当前乃至今后灾害风险管理和人类适应气候变化提供了历史借鉴,为预测未来数十年乃至百年尺度区域气候变化提供了历史相似型。

一、研究结论

(一)在黄河中游旱涝变化、面降雨量变化序列重建方面

研究结论认为清代以来黄河中游旱涝变化存在 3 种多年代际尺度

周期；并且诊断2个由干旱转为雨涝期的气候突变点，并提出当前时期黄河中游开始进入雨涝多发期。分析了清代以来黄河中游面降雨量变化具体显著阶段性特征和多尺度复杂的周期和突变特征。阶段性特征表现为3个降雨趋增阶段和4个降雨趋减阶段；多尺度复杂的周期特征表现为5种时间尺度上变化周期；最显著的3处突变，突变时段前后集中出现极端干湿事件，显示出降雨异常引发大涝与大旱的气候波动现象。

（二）在重大干旱、降水、气温等灾害事件诊断方面

整体而言，研究通过对康熙年间陕、晋、豫三省大旱事件的自然与社会背景剖析，发现大旱事件中表现出的多层次社会矛盾和冲突，而这些复杂矛盾和冲突亦强有力地反作用于旱灾，加大了旱灾影响程度。在黄河中游极端降水事件诊断中，认为1819年降水是在明清小冰期大气候背景下的极端降水事件。该年黄河中游各县域降雨与该年6—9月黄河中游万锦滩报汛志桩的相对水位变化基本一致，下游洪涝灾害主要受中游极端降水所致，其最大水位乃百年一遇的涨水表征。在极端气温事件诊断中，以民国十八年（1929）黄河中游发生的寒冷事件为例进行分析，认为此次事件是明清小冰期最后一个冷谷期的延续。

兹分别详述如下：

1. 分别以省区为单位，对1689—1692年陕、晋、豫三省重大旱灾事件的旱情影响、发生过程、空间分异图景进行史实复原。在长达4年时间的大旱事件中，大范围显现饥荒、人口流亡等灾情，重灾区出现"民流田荒，残破至极"等情景，大旱期间又出现虫灾、低温冷冻、瘟疫流行等伴生、次生灾害，致使灾害涉及范围内社会经济遭受了巨大损失。将大旱发生时间与太阳活动、ENSO事件、火山活动、石笋等自然记录进行对比分析之后，从自然因素的角度讲，此次干旱可谓明清小冰期大气候背景下的极端干旱事件。同时考察了大旱发生的复杂社会背景，一方面在大旱事件中表现出多层次社会矛盾和冲突，另一方面这些复杂矛盾和冲突亦强有力地反作用于旱灾，加大了旱灾影响程度。同时为探究此次旱灾事件在区域社会变迁中的作用，从社会的行政干预、市场调整和民间义赈3方面应对措施进行了细致分析。其中针对"井灌"、"水利纠纷"两个案例的旱灾影响考察,提供了气候极端事件的区域社会影响和响应历史相似型,促使我们从不同角度进一步理解人地关系地域系统变化过程的复杂性。

2. 复原了1819年黄河中、下游大范围房屋倒塌、民田冲没、人口伤亡、黄河多处决溢的灾情图景及时空分异特征。指出该年黄河中游夏秋季雨期长(连阴雨),且多大到暴雨,二级流域(汾、渭河)6—9月降水县区雨日高达40日以上,与该年6—9月黄河万锦滩报汛志桩的相对水位变化基本一致,可见下游洪涝灾害主要受中游极端降水所致,并利用相关方法对志桩水位实测值进行分析。该年降水异常形成原因不是非厄尔尼诺年大范围降水偏多的一般性特征表现,可能存在一种空间随机关系;与南极涛动指数(AAO)变化也未能对应,但与太阳活动周期的较小值年、坦博拉火山活动持续影响等因子有较大关系。

在对1819年极端降水事件的研究之后,继而依据清代黄河中下游河流决口发生频次、决口口门宽度、河工经费3个指标,对1751—1911年间发生的河流决溢事件进行了量化,计算出河流历年决溢指数,并重建了161年的变化序列,与同时期黄河中游旱涝等级序列、面降雨量变化进行对比,结果表明,清中后期黄河中游干湿变化与中下游决溢关系对应较明显,即黄河中游降水与中下游河流决溢程度相关程度较高,二者相互变化基本同步,主要包括4个时期,1760、1785、1820、1880至1890年代前后波动对应显著。但是,本部分研究内容仅就气候变化与河流决溢之间的关系进行分析,是对气候变化社会响应定量研究的一次尝试。当然,停留在寻找河流决溢与降水变化的对应关系还不够,须进一步挖掘和找寻气候波动引发社会结构中各层面变化的直接和间接的驱动机制。

3. 在黄河中游极端气温事件诊断中,以民国十八年(1929)黄河中游发生的寒冷事件为例,认为此次事件是明清小冰期最后一个冷谷期的延续。重建民国时期黄河流域气温候、月等不同尺度时空变化特征,并讨论“民国十八年年馑”与1929年寒冷事件的史实、影响及天气背景。1929年寒冷事件中,寒潮冷锋过境产生的六次降雪,表面上看似是对1929年及其前两年旱灾持续影响的缓解,但其实已不单纯是旱灾影响的延续,更是伴随着旱、冷等多重灾害的消极影响。因此,在1929年12

月间的寒潮侵袭影响下,黄河中游各省的受灾程度,已然大大超越了当时脆弱的社会灾害应对能力,进而在当时的史料记载中,比对以往类似事件描述程度要严重,这是对多种不同灾害叠加效应的一种文本表达,不能仅仅论述史料记述略带夸张的缺陷,更应辨析"语言描述模式的文献记载"与"科学仪器量测的数据记录"对同一事件刻画的差异。

(三)在黄河报汛、河防工程管理制度运作解析方面

从传统社会的洪涝灾害应对的发展演变历程来看,清代黄河报汛、河防工程管理制度运作已达较高水平,在此背景下,黄河水志量测水位变化不仅是灾害应对的一个重要环节,最重要的是它揭示了清代黄河河务管理制度与传统自然灾害预警机制之间的互动关系。通过对水志报汛传递体系和黄河防汛管理制度运作的考察可知,水志报汛是把观测点的水位涨落信息经驿传告知江河下游,使下游引起注意,并随时做好防汛准备。从清代黄河河务管理中有关防汛规定来看,其报汛和防汛器具与实施措施已非常细致,各级修防要求和任务明确,个人责任具体,奖惩分明,反映出传统社会自然灾害积极的预警行为特征,深刻揭示了黄河流域自然－社会系统中"风险意识－响应方式－环境安全"三者之间时空协同的深层关系。

二、研究特色与创新

本研究整体包括8部分内容,既包括序列重建、典型事件分析,又涵盖自然因子诊断、社会因素解析,通过史料解读与数理方法相结合,使8个部分内容形成一个有机整体。整体上看,具有明显的学科交叉性特征,因此本研究在内容和方法上的创新,正是把过去由地理学、历史学、社会学等学者分别所做的研究,进行有机衔接,从史料考证分析到量化统计诊断,整个过程充分体现出各个学科研究的重要价值,也充分展现出多学科交叉研究的独特魅力,力争实现综合性、连贯性的研究结论,能为深入理解、辨识黄河中游人－地互动关系提供一种崭新视角。

(一)研究方法的交叉

本成果转变以往历史气候灾害事件分析和序列重建的单一理路,注重辨识时空分辨率较高的历史档案、文集,充分搜集整理,采用了"史料

解读分析法"、"史料等级量化法"和"时空过程分析法"多学科交叉集成的方法开展研究。

（二）研究内容的综合

在注重辨识时空分辨率较高的历史档案、文集并充分搜集整理的过程中，一是对单次历史时期重大降水、气温（主要涉及寒冷事件）事件的所含细致信息（事件发生详细过程、气候背景和社会响应）进行系统提取和整理；二是将重大事件（包括降水变化、气温变化、黄河决口漫溢、河防工程修筑等）进行系统分类、分区对比分析和发生规律、成因探讨相结合；三是将历史时期的灾害事件影响力度诊断与人类社会响应行为分析相结合，在区域自然－社会系统中考察"风险意识－响应方式－环境安全"相互作用的历史过程，突出反映人类响应自然持续性气候事件、重大灾害事件的社会行为，研究成果中涉及的主要内容之间，具有一定综合性。

第二节　未解决的问题及努力方向

目前对清代黄河中游干湿变化研究暂时取得了一定成果。但在研究过程中，发现在研究资料、方法、研究专题等方面，还有诸多未解决的问题及需要继续深入研究的内容，现就此做以下几方面总结：

一、进一步挖掘气象信息史料，建立更多高分辨率的气候序列

以史料为代用指标的历史气候研究，目前用于区域干湿研究的资料来源，主要包括方志中旱涝灾情的记载，档案中"晴雨录"、"雨雪分寸"和"河流涨水尺寸"记录，以及散落于众多文人墨客文集中连续或间断的天气状况日记。

（一）"晴雨录"是清代宫廷收录的各地逐日天气记录。该资料分辨率是几类资料中最高的，但记载内容集中在 18 世纪，且目前只有北京、南京、苏州、杭州四地观测点有长期降水记录，扬州等地虽有，然而时段都非常短。因此该资料的使用价值基本挖掘完毕，而目前黄河中游搜集整理的史料中亦未见此类资料。

（二）"雨雪分寸"是地方官上报本地雨雪情形的奏报。此类资料存世较多、分布较广，但不同地区奏报情况并不一致，直隶、鲁、苏、浙、皖、豫、晋、陕、甘、湘、鄂、赣诸省的较为细致，其他地方则较粗略。"雨雪分寸"是每次降雨之后的雨水入渗深度（雨分寸）和每次降雪之后的积雪厚度（雪分寸）记录，以及一些特定时段（如汛期或农事活动关键期）或月、季、年等降水状况的描述，降水地点时间记录清晰，分辨率较高，此资料仍有研究的空间。当然，资料本身的气象信息含量和记载可靠性等所固有的问题，仍需继续辨识、校验。尽管从目前搜集到的此类资料来看，时间上不连续，空间上分布极不均匀，但充分利用这些资料，对提高西北部分地区历史干湿变化重建研究成果的分辨率（包括典型和非典型年份）还是有一定积极意义的。

（三）日记是人们记录与自己相关的活动、交游、见闻乃至思想感情的记录。其中含有的较高分辨率天气信息，近几年来已开始被用于历史气候变化研究当中。但从整体来看，目前对日记中的气象信息利用状况，仅仅还是开始而已，很多已出版的清代日记大部分尚未被搜集整理，况且各地图书馆、博物馆、私人收藏的还存有大量未出版的日记手稿。

一般来说，日记所记多为作者的亲身经历，且又是当时的记录，因而它的内容也就比较具体、真实，具有很高的史料价值。日记中的资料，有的为一般史籍所不载，有的可与史籍的记载相互印证，有的还可订正史籍中的讹误。中国近代的许多重要官员、学者、文人都记有内容十分丰富的日记，例如著名的《赵烈文日记》《翁同龢日记》《越缦堂日记》《湘绮楼日记》等，都是被研究者经常利用的重要史料。而清代日记究竟有多少种，目前并未有详细统计，但就目前出版和发现的来看，数量十分可观，这些日记，大部分都是未刊稿本。

因此，爬梳、整理这批史料用于历史气候研究将有较大研究潜力，很值得进一步挖掘利用。而对于采用史料为代用指标的历史气候研究来说，我们研究团队现在已开始对此进行持续的研究，这些日记中精确到"日"的气象信息，对开展历史时期较高时空分辨率的冷暖变化、冬夏季风进退、雨带推移及其他天气系统诸要素的重建研究将有重要推进，是一项很有意义的研究工作。

　　当然,研究在日记的利用方面显然不够,一方面是清代黄河中游地区日记不像东南沿海地区丰富,二是很多稿本被私人收藏,且整理还需要很长时间。但可以相信,未来这些资料将会被大量发现,用于历史时期气候重建研究的将会越来越多,从而促使现有文献资料数据进一步多源化,对于历史气候问题和理解也将进一步深入。

二、多学科研究方法交叉应用,研究结果相互比对、校验和衔接

　　纵观本书研究方法,继承了以往学者进行历史气候研究的传统方法,如物候法、指数法和统计回归法,充分结合多学科研究手段,包括累积距平阶段性分析、多尺度周期演化的小波分析、气候的突变性的多种检测分析等方法,突出了定量化研究手段,从而进一步提高研究方法的科学性,及研究结果的准确性和可信度。结合史料分析与数理分析方法,进一步充分利用 GIS 技术的空间分析、编绘制图和可视化等强大功能,使历史时期气候各个要素变化的时空图景得以详尽地展现。

　　今后,伴随全球生态－环境问题对人类社会的消极影响程度日益突出,针对人类活动对环境影响的方式和力度及人地互动机理的定量化研究将会空前增多、加深。国际在历史时期气候变化影响与适应方面的研究,对人类活动、气候变化及生态系统演化互动关系进行定量分析,是过去全球变化研究一个关注方向,基本思路主要是将过去气候环境过程重建结果(量化序列主要是用代用资料处理而成)与人类活动的历史证据(动物、人类化石的数量、特征,古文化遗迹位置、规模、文物组合,人类基因等)进行对比分析。

　　但是,一方面受制于研究资料本身固有的时空信息局限,如档案、方志、文集不同资料参差不齐,不同精度、不同分辨率和不同环境意义的资料如何互相校核,以便进一步消除各代用资料之间和各自重建结果的不确定性,以及各自建立的序列如何衔接,这些问题都是下一步要重点研究突破之处。另一方面,将以文献资料为代用指标的历史气候重建结果,与相同时空背景下的其他代用指标(树轮、石笋等)重建结果进行比对、校验和衔接,亦须持续讨论,以便形成更具说服力、可信度更强、研究精度更高的集成研究成果。

　　不断开拓新的研究内容,诸如对历史时期寒潮进退、雨带推移、台风

路径等的研究,而这些研究都将对深化历史时期东亚季风气候影响研究有着很大推进作用,亦有助于对历史时期曾突发的干湿、冷暖等气候事件的气候背景、形成机理的复原和重建的理解和认知。

伴随新资料不断开拓、新方法引入和更新,历史时期气候变化重建研究在认识层次和探讨深度上都将会有较大提升和深化,研究成果将不断涌现并为以后高分辨率变化序列重建研究提供重要可靠的参证。但仍需注意的是,由于各种资料分布(时间分布、空间分布、频率分布)的系统差异严重不均匀,继续寻找新的高分辨率的代用史料将是今后努力的方向之一,如此可在全国重建更多的区域历史气候变化序列,尤其是诸如西北地区的过渡区、脆弱带、边疆等区域。

三、深入开展全球变化背景下的区域历史气候研究

本研究立足于黄河中游区,对清代干湿变化进行了重建,即全球变化背景下的区域历史气候研究的一个案例。当然,笔者所讨论的“黄河中游区”并非仅局限于给定的具有清晰边界的政区,而是一个研究的主体空间尺度。实际上,由于气候这种特殊的研究对象,决定考察的主体区域之同时,必然涉及研究范围周边其他区域,如黄河下游区域,如此才可能从更大范围内考察区域气候变化的独特性。即所谓的将区域历史气候变化放置于更高一层的空间尺度下进行观察,从而清楚地揭示出气候各要素发展演变规律及其根源。

从研究结果看,无论是旱涝发生频率,还是区域灾情影响及应对,都存在较大的区域差异,这些问题仍有进一步开展研究的潜力。还注意到秦岭南北区在明清小冰期气候背景下,历史时期干湿变化存在差异,但引起这种差异的原因是什么? 秦岭作为南北分水岭在较长历史时期的意义究竟有多大? 已有的相关研究,如郑景云等根据秦岭北部西安和秦岭南麓汉中地区冬季降雪天数与年冬季平均气温之间的相关关系,及清代档案所记载的西安与汉中地区冬季降雪日数,恢复了西安与汉中地区1736—1910年的冬季平均气温,重建了1736—1999年西安与汉中地区年冬季平均气温序列,认为这两个地区冬季平均气温变化趋势一致,表现为18世纪和20世纪为暖期,19世纪为冷期,且20世纪的增暖趋势明显。并与利用树轮重建的镇安初春(3—4月)温度序列进行对比分

析,认为西安、汉中地区冬季平均气温与镇安初春温度的低频变化趋势基本一致,但镇安较西安与汉中有明显的位相提前[1]。这项研究可谓对历史时期秦岭南北气候变化区域对比研究有着开创之举。

但是,历史时期尤其是资料相对丰富的清代,有关陕西秦岭南北气候变化响应机制的研究一直缺乏系统定量的深入研究成果。在过去300年时间尺度上,冷、暖、干、湿等气候变化要素,目前还缺乏较为系统和精细的量化比较研究,但这些问题却是界定历史时期秦岭所具有的区域响应分界意义的关键所在,对认识全球变化背景下区域响应差异有重要的参考意义。

另外,在区域对比的同时,除过对纯气候变化的深入讨论,应加大关注秦岭南北气候变化、人类活动和生态环境三者互动关系的定量考察,进而寻找合适代用指标对历史时期的区域环境安全进行评估。而这些问题在以往研究成果中鲜有涉足,本研究将会在后期工作中持续关注并寻找研究的突破口。

四、注重冷暖干湿历史气候事件及其组合方式与社会响应研究

历史时期气候突变的直接表现是发生极端或重大灾害事件,这些事件曾对人类社会和经济发展产生过较大影响,此方面相关研究一直是PAGES和IHDP关注的问题。无论是对灾害事件本身,还是对灾害的气候背景之探讨,皆为历史时期气候变化研究过程中必不可少的内容。同时,灾害是自然和社会综合作用的产物,因而定量诊断历史时期的冷、暖、干、湿等气候事件及其社会响应,是今后历史气候研究的一个重要方向。

本研究对冷、暖事件的相关问题涉及鲜少,这是下一步需要考虑的研究内容,尤其要关注和探讨全球变化背景下黄河中游区出现的冷干、冷湿、暖干、暖湿等各种组合相应变化,及其气候背景与社会适应等相关问题。

通过对黄河中游相关区域1689—1692年大旱事件和1819年极端

---

[1] 郑景云等:《1736—1999年西安与汉中地区年冬季平均气温序列重建》,《地理研究》2003年第3期,第343—348页。

降水事件进行细致分析之后,已经发现重大事件涉及到自然、社会相关因素。复原灾害对区域社会产生的直接影响,这仅仅是研究的最低要求,在复原的基础上,进一步评估灾情程度大小、影响空间尺度、剖析形成原因,亦非研究之最终目标,我们研究的真正目的是,基于细致考察历史气候变化的影响和社会适应之诸多案例,一层层深入讨论,定量研究气候突变、灾害事件、人类活动与各种因素构成的生态系统演进之间的互动关系及反馈机理。如通过人口数量变动、农业生产变动、战争动乱事件等诸多因素综合考察,为辨识历史时期人地关系地域系统各要素的组合形式与互动关系提供研究参证,并为当前和今后研究提供气候相似型,这是研究成果层次提升的要求和追求。

还须一提的是,将区域民间信仰、风俗、曲艺等文化的表现形式,作为研究历史气候变化和社会响应的一个突破口,从古代民众的心理因素、环境认知和感应等方面追寻,尝试讨论气候突变、灾害事件与区域社会文化变迁之间的关系。如就灾害事件应对中的水利与社会关系考察,探索水利社会复杂结构中自然因子的份量,促使我们从不同角度更全面理解历史时期人地关系地域系统变化过程的复杂性。

附录一 1644—2009 年黄河中游旱涝等级数据

附录说明：

1. 字母 A—R 分别代表 18 个站点

环县（A）	天水（B）	洛阳（C）	开封（D）	卢氏（E）	延安（F）
西安（G）	华山（H）	长武（I）	宝鸡（J）	榆林（K）	河曲（L）
介休（M）	太原（N）	隰县（O）	临汾（P）	侯马（Q）	阳城（R）

2. 数值 1—5 分别代表旱涝状况

1（旱）	2（偏旱）	3（正常）	4（偏涝）	5（涝）

3. 因资料缺失而未评级的年份以"–"表示。

年份	A	B	C	D	E	F	G	H	I	J	K	L	M	N	O	P	Q	R
1644	3	3	3	2	3	4	4	4	4	4	4	4	4	4	4	3	4	3
1645	3	3	2	2	3	3	3	3	3	3	3	5	4	4	4	4	4	4
1646	2	3	4	3	3	2	2	1	2	3	4	3	4	3	4	3	4	5
1647	2	2	5	5	4	3	4	5	4	4	3	2	2	3	2	5	5	2
1648	4	2	4	5	4	3	5	5	5	4	3	2	5	4	5	4	5	5
1649	3	2	4	2	4	3	3	3	3	3	3	3	2	3	3	3	3	4
1650	3	3	3	2	3	2	5	5	5	2	2	1	1	2	2	3	3	4
1651	3	3	4	4	4	1	5	5	4	4	1	1	1	1	2	5	4	5
1652	4	2	4	5	3	3	4	4	4	3	3	5	4	4	5	4	5	5
1653	3	2	5	5	4	4	5	5	5	4	5	5	5	4	4	4	4	3
1654	3	4	5	5	4	3	3	3	3	3	4	5	3	4	3	3	3	1
1655	2	4	5	4	4	2	2	2	2	2	2	1	1	2	2	1	2
1656	1	3	4	3	4	4	5	5	5	3	3	3	3	3	2	2	1
1657	2	3	4	4	4	3	1	1	3	2	3	3	5	4	3	2	2	2

年份	A	B	C	D	E	F	G	H	I	J	K	L	M	N	O	P	Q	R
1658	4	4	5	5	5	3	4	3	4	4	3	3	5	5	3	4	4	4
1659	4	3	5	5	4	5	3	4	5	4	5	5	4	4	5	5	5	5
1660	3	3	2	2	2	4	4	5	4	4	3	2	5	5	5	4	4	4
1661	3	3	1	2	2	2	2	2	3	2	2	3	3	3	2	2	2	3
1662	4	5	5	5	4	5	5	5	5	5	5	3	5	5	5	5	4	5
1663	3	4	4	4	2	3	5	5	4	3	3	5	5	3	4	5	4	
1664	4	3	3	2	5	4	5	5	4	5	5	5	4	5	4	5	1	
1665	4	3	2	4	1	2	2	2	3	3	2	2	1	1	1	2	1	3
1666	4	3	3	3	1	3	3	3	3	3	4	4	4	4	4	4	5	
1667	2	2	3	2	3	3	3	4	3	3	5	5	5	3	3	3		
1668	2	2	5	4	3	3	5	4	4	3	3	3	3	3	3	4	4	
1669	3	3	5	5	4	2	3	3	3	2	3	2	2	2	2	3		
1670	3	3	4	1	3	3	3	3	3	3	3	2	3	4	4	5		
1671	3	3	3	2	3	4	4	4	4	4	4	1	4	4	4	4	2	
1672	3	3	3	4	3	3	2	2	2	3	3	2	2	3	2	3	4	
1673	–	3	4	4	2	3	3	2	3	2	3	3	2	2	2	4		
1674	–	4	3	1	3	3	2	2	3	3	3	3	2	2	3	3	4	
1675	–	4	1	4	2	3	3	4	4	3	3	4	5	3	3	3	3	
1676	–	3	4	4	3	3	3	3	3	3	3	4	4	3	4	4	4	
1677	–	3	4	3	3	4	3	3	4	3	4	4	4	4	3	3	3	
1678	4	4	2	5	2	4	3	4	3	4	4	4	4	5	5	5		
1679	–	3	5	1	4	5	5	5	5	5	3	1	1	5	4	5	5	
1680	–	2	2	2	2	2	5	4	3	4	2	1	1	1	3	4	4	5
1681	–	5	3	3	3	3	4	5	4	4	3	1	4	3	3	3	4	
1682	–	3	4	4	4	3	3	3	3	3	3	3	3	3	3	3		
1683	2	3	2	5	2	3	2	2	3	2	3	3	5	5	4	5	4	5
1684	3	2	2	2	2	2	2	2	2	2	2	5	5	5	4	5	5	
1685	4	2	3	5	2	2	3	2	2	2	2	2	3	2	2	2	2	
1686	–	2	1	2	1	4	4	4	5	4	4	3	2	2	1	2	2	1

续表

年份	A	B	C	D	E	F	G	H	I	J	K	L	M	N	O	P	Q	R
1687	–	3	2	2	2	3	3	3	4	3	3	3	4	4	3	4	4	4
1688	–	3	2	4	2	3	2	3	3	3	3	4	4	4	2	2	2	2
1689	3	3	2	1	2	3	3	3	3	3	3	1	1	1	1	2	2	2
1690	3	3	1	1	1	2	2	2	3	3	2	2	2	2	2	2	2	2
1691	3	4	1	1	1	3	1	1	1	1	3	3	2	3	1	1	1	2
1692	2	2	1	2	1	3	2	2	2	2	3	3	3	3	2	2	2	1
1693	4	3	4	4	3	4	2	3	5	3	4	5	5	5	4	4	4	4
1694	3	1	3	2	3	4	4	4	3	3	4	3	4	4	4	4	5	2
1695	4	3	3	4	3	3	3	3	3	3	3	3	3	3	3	3	3	3
1696	4	4	3	2	3	3	4	5	4	3	2	2	2	2	1	2	3
1697	2	2	4	4	3	3	3	3	3	3	3	2	2	2	1	1	1	1
1698	4	4	4	4	4	4	4	4	5	4	4	5	2	1	2	1	1	2
1699	3	3	4	4	3	4	4	3	4	3	2	2	2	3	2	2	2
1700	3	3	4	3	4	2	2	2	3	3	2	1	3	4	4	4	4	4
1701	3	2	5	4	4	4	2	3	3	4	4	4	4	4	3	3	3
1702	3	3	4	3	3	4	4	3	4	3	3	3	3	3	3	3	3
1703	3	3	5	5	4	3	3	4	4	3	3	3	4	3	3	3	3	3
1704	3	2	3	3	3	3	3	3	3	3	3	2	2	3	2	2	2
1705	3	3	4	4	4	3	3	4	3	3	2	3	3	4	4	4	3
1706	3	3	2	3	2	2	4	4	3	4	1	2	3	2	2	3	3
1707	3	3	4	3	4	4	5	4	4	4	4	4	4	4	3	4	3
1708	3	3	2	1	2	4	5	4	4	3	4	3	4	4	3	3	4	1
1709	4	4	4	5	3	2	5	5	5	5	2	2	3	3	4	4	5	3
1710	4	3	3	3	3	3	2	2	3	3	3	3	4	3	3	3	3	3
1711	2	2	3	2	3	2	2	3	2	2	2	2	2	2	3	3	3	3
1712	2	2	2	2	2	3	3	3	3	3	3	3	3	4	3	2	3	2
1713	2	2	2	2	2	3	4	4	4	3	3	3	3	3	3	3	3	3
1714	2	3	2	1	2	3	2	3	2	3	2	3	2	2	2	2	2	1
1715	4	3	3	4	2	3	3	3	4	4	3	2	2	3	2	2	2	4

续表

年份	A	B	C	D	E	F	G	H	I	J	K	L	M	N	O	P	Q	R
1716	3	3	3	3	3	3	3	3	3	3	3	3	4	4	4	3	3	3
1717	3	1	3	3	3	3	3	3	3	3	3	3	4	3	3	3	3	3
1718	3	3	4	3	3	3	3	3	3	3	3	3	3	3	3	3	3	3
1719	2	2	2	2	2	2	2	1	1	2	2	3	3	3	3	3	3	3
1720	2	2	1	2	1	1	1	1	1	2	1	1	1	1	1	1	2	2
1721	4	2	1	1	1	1	1	1	1	2	1	1	2	2	1	1	1	1
1722	3	3	1	1	1	1	1	2	2	1	1	1	1	1	2	1	1	
1723	4	3	1	4	2	5	3	4	4	3	5	5	2	2	2	3	3	1
1724	3	3	1	4	1	3	3	4	3	3	3	4	4	4	2	3	3	3
1725	3	3	4	5	3	4	5	5	5	5	4	4	5	4	4	4	4	4
1726	4	3	4	5	4	3	3	3	3	3	3	4	4	4	4	4	5	4
1727	2	3	4	3	4	3	3	3	3	3	3	4	4	4	4	4	4	4
1728	3	3	4	3	4	4	4	4	5	4	4	4	5	4	4	4	5	4
1729	3	3	3	4	3	1	1	1	1	2	1	1	4	4	4	4	4	4
1730	4	4	3	5	3	4	3	4	4	4	4	2	4	3	3	3	4	5
1731	4	3	3	2	3	4	3	4	4	4	4	4	4	4	4	4	4	2
1732	3	3	2	3	2	4	1	1	3	2	4	4	4	4	3	2	3	2
1733	3	3	4	3	3	3	2	3	3	3	3	2	3	3	3	4	3	4
1734	3	3	4	4	3	2	2	4	3	2	3	3	3	3	3	3	3	3
1735	5	4	3	4	3	3	2	3	4	3	3	4	3	3	3	2	2	3
1736	3	3	3	3	3	4	5	5	5	5	4	4	4	5	4	4	4	4
1737	5	3	4	4	4	2	5	4	5	2	5	2	5	4	4	5	5	5
1738	2	3	4	3	4	2	2	1	1	2	2	4	2	3	3	3	3	3
1739	3	2	5	5	4	2	4	3	3	3	2	4	3	2	3	3	3	3
1740	2	5	2	3	2	2	4	4	3	4	3	4	4	2	2	2	2	2
1741	3	2	4	3	3	3	3	3	3	3	3	2	3	3	3	3	3	3
1742	3	3	4	5	3	3	4	4	4	4	3	3	3	3	2	2	2	2
1743	4	3	1	1	1	3	4	4	3	3	4	3	2	2	2	2	2	2
1744	3	3	4	3	4	4	2	2	3	2	4	4	4	4	3	3	4	3

年份	A	B	C	D	E	F	G	H	I	J	K	L	M	N	O	P	Q	R
1745	4	5	2	2	2	4	5	5	5	5	4	3	3	2	5	4	5	3
1746	3	4	4	5	3	2	2	2	2	2	2	2	2	2	2	2	3	2
1747	4	3	3	4	3	1	1	1	2	2	2	2	2	2	1	2	2	2
1748	3	4	3	3	3	1	1	1	2	2	2	3	3	3	1	1	1	1
1749	3	3	3	4	2	5	5	5	4	4	5	2	5	5	4	4	5	4
1750	4	3	3	3	3	2	2	2	2	2	2	1	3	4	2	3	4	3
1751	3	4	4	4	3	5	5	5	5	5	4	3	3	4	5	5	5	5
1752	4	4	2	2	2	4	1	2	3	1	4	4	3	3	2	2	2	2
1753	4	4	4	3	3	4	5	5	5	4	4	3	3	4	5	4	4	4
1754	3	3	3	4	3	3	3	4	3	3	3	2	5	4	3	3	3	4
1755	4	3	5	4	4	2	5	4	5	5	2	3	4	3	3	4	4	4
1756	5	3	3	4	3	4	5	5	5	4	4	5	4	4	4	4	5	4
1757	3	3	3	5	3	4	5	5	5	4	4	5	4	4	4	4	5	5
1758	4	3	2	2	1	2	3	3	2	3	2	2	5	4	4	4	4	5
1759	1	1	3	3	3	1	2	2	1	2	1	2	1	1	1	1	1	1
1760	3	4	3	3	3	3	3	3	3	3	3	2	2	2	2	3	3	3
1761	4	3	5	5	5	5	5	5	5	5	5	5	5	5	5	4	5	5
1762	2	3	2	2	2	2	1	1	2	2	2	2	2	2	2	2	3	3
1763	4	3	3	3	3	2	4	3	4	2	3	2	3	2	3	2	3	3
1764	4	3	3	3	3	2	3	3	3	3	2	1	3	3	2	3	3	3
1765	2	3	3	3	2	2	2	2	2	2	2	2	2	2	1	1	1	2
1766	4	3	2	2	1	2	3	3	3	3	3	3	3	3	2	3	3	3
1767	3	3	3	3	3	4	3	4	4	3	4	3	5	4	4	4	5	4
1768	3	2	2	2	2	3	3	3	3	3	3	3	5	5	3	3	3	2
1769	3	2	2	2	2	3	3	3	3	3	2	1	1	3	3	3	3	2
1770	3	2	2	2	2	2	2	2	3	3	2	2	3	3	2	3	3	4
1771	4	4	4	4	3	2	4	3	3	2	1	3	3	2	3	3	3	5
1772	2	3	3	3	3	3	3	3	2	3	3	2	2	2	2	2	2	3
1773	1	3	3	3	3	3	3	3	3	3	3	3	4	4	4	3	3	3

续表

年份	A	B	C	D	E	F	G	H	I	J	K	L	M	N	O	P	Q	R
1774	3	2	3	3	3	3	3	3	4	4	3	4	4	4	3	3	3	3
1775	3	3	4	4	4	3	3	4	5	4	3	3	5	5	4	4	5	4
1776	3	2	3	3	3	3	2	1	2	2	3	3	4	4	4	3	4	4
1777	2	4	2	2	2	2	2	2	2	2	2	2	4	5	4	3	3	3
1778	2	4	1	1	1	2	2	2	3	3	2	3	3	3	3	3	3	1
1779	3	2	3	4	2	3	3	3	3	3	3	3	3	3	3	4	4	4
1780	1	2	3	3	3	3	3	3	3	3	3	2	3	4	3	2	2	3
1781	2	3	3	3	3	4	4	5	5	4	4	3	4	4	4	4	4	4
1782	4	3	3	4	3	2	3	3	3	3	2	3	5	5	3	4	4	5
1783	5	3	3	2	3	2	3	3	3	2	1	3	3	3	3	3	3	3
1784	3	3	1	1	1	2	2	2	2	2	2	2	2	1	2	2	2	2
1785	3	4	1	1	1	5	2	4	5	2	5	4	4	4	2	1	1	1
1786	1	3	2	2	2	3	4	3	4	3	3	3	3	3	3	2	2	2
1787	2	3	3	3	3	3	5	5	5	5	3	2	4	4	3	4	4	4
1788	3	2	2	3	2	1	3	2	1	2	1	1	3	3	2	3	3	2
1789	2	3	4	4	3	4	4	4	4	4	3	5	4	3	3	3
1790	3	3	5	3	4	3	3	3	3	3	3	3	3	3	3	4	5	3
1791	2	4	3	3	3	3	3	3	3	3	3	3	3	2	2	2	1
1792	3	4	2	2	2	1	1	1	2	1	1	2	2	2	3	2	1
1793	3	4	3	3	3	1	3	2	2	3	1	1	3	2	3	3	3	2
1794	3	4	4	4	4	1	1	1	2	2	1	2	2	2	1	2	1	3
1795	3	3	3	3	2	3	3	3	3	4	3	2	5	5	2	2	2	5
1796	1	2	3	3	3	1	3	3	2	3	1	1	1	1	3	3	3	3
1797	3	3	3	3	3	2	3	2	3	3	2	2	1	1	3	3	3	3
1798	4	3	3	2	3	3	3	4	3	4	3	2	5	4	4	4	4	4
1799	3	2	3	4	3	3	3	3	3	3	3	2	3	3	4	3	3	2
1800	3	3	3	3	3	5	2	3	4	3	5	3	5	4	2	3	3
1801	1	3	3	3	3	2	2	2	2	2	2	2	4	5	4	5	4	5
1802	1	3	3	2	3	4	5	5	4	4	4	3	1	1	3	2	3	2

年份	A	B	C	D	E	F	G	H	I	J	K	L	M	N	O	P	Q	R
1803	3	2	2	2	2	2	4	4	3	4	2	2	2	2	3	3	3	2
1804	2	3	3	2	3	3	2	2	2	2	3	3	1	1	2	1	1	1
1805	1	2	3	3	3	2	1	1	1	1	2	1	1	1	1	1	1	1
1806	5	5	4	3	4	2	4	4	4	5	2	4	4	4	2	2	2	2
1807	3	3	3	3	3	2	2	2	2	2	2	2	2	1	1	3	3	3
1808	2	3	3	2	3	3	3	3	3	3	3	4	2	2	3	3	3	3
1809	2	2	5	3	5	4	2	3	2	4	4	3	3	3	3	3	3	2
1810	3	4	3	3	3	2	2	2	3	3	2	3	3	2	2	2	3	2
1811	5	3	3	2	3	3	2	5	4	4	5	2	2	1	1	2	3	3	2
1812	3	2	3	2	3	3	3	3	3	3	3	3	2	2	2	2	2	2
1813	1	3	1	1	1	2	2	2	2	2	2	2	3	2	2	1	2	1
1814	4	3	2	2	2	2	2	2	2	2	2	1	1	1	3	3	3	2
1815	5	3	3	4	2	3	4	4	4	4	3	2	4	4	3	3	3	3
1816	2	4	5	4	4	3	3	3	4	3	3	4	3	4	3	3	3	3
1817	3	2	3	3	3	3	3	3	4	3	3	2	2	1	1	2	3	1
1818	1	4	4	3	4	3	3	3	4	3	3	3	3	3	3	3	3	3
1819	3	4	3	4	3	5	5	5	5	5	5	5	5	5	5	5	5	2
1820	3	4	3	4	4	3	4	4	3	5	5	5	4	4	4	5	2
1821	4	4	3	3	4	3	4	4	4	4	3	4	4	3	3	4	4	4
1822	3	4	5	3	5	4	5	5	5	5	4	4	5	5	4	5	5	5
1823	3	5	4	3	4	3	3	3	3	4	3	3	5	5	4	4	5	4
1824	1	2	3	3	3	3	3	3	3	3	3	2	4	4	4	3	4	3
1825	4	4	3	3	3	3	3	3	3	3	3	3	3	3	3	3	3	2
1826	3	4	4	4	4	3	3	3	3	3	3	2	2	3	3	3	3
1827	3	3	3	4	3	3	3	3	3	3	3	2	2	3	2	3	1
1828	3	4	4	4	3	2	2	2	2	3	2	3	3	3	3	4	2
1829	3	3	3	3	3	3	2	3	3	3	3	3	3	3	2	3	2
1830	4	4	3	3	3	2	3	3	4	3	4	2	2	3	4	4	4	2
1831	3	3	4	4	4	2	3	2	4	4	2	2	2	2	4	5	4	4

续表

年份	A	B	C	D	E	F	G	H	I	J	K	L	M	N	O	P	Q	R
1832	2	2	5	5	5	3	3	3	3	3	3	2	1	1	4	4	5	5
1833	2	3	3	3	3	2	2	2	2	2	2	2	1	1	2	2	2	2
1834	3	2	2	2	1	2	2	2	2	3	2	2	2	2	2	2	2	1
1835	2	2	2	2	2	2	2	2	2	2	2	4	5	1	1	1	1	1
1836	2	3	3	2	2	2	2	2	2	2	2	1	1	1	3	2	2	3
1837	3	3	2	3	2	1	2	1	1	3	1	1	2	2	1	1	2	2
1838	3	2	3	3	3	4	4	4	4	4	4	3	3	3	3	3	3	3
1839	1	2	4	3	4	2	5	5	4	4	2	2	3	2	3	4	4	4
1840	1	4	3	3	3	2	3	2	3	3	2	2	3	3	3	3	3	4
1841	3	3	4	4	4	4	4	4	3	4	3	5	4	3	4	3
1842	4	4	3	3	3	3	3	3	3	3	3	3	4	5	3	2	3	1
1843	3	3	5	5	4	4	5	4	3	4	3	3	4	4	4	5	4
1844	3	3	3	3	4	4	4	4	5	2	4	4	5	5	5	4
1845	1	2	2	3	2	3	2	2	2	3	3	4	4	3	2	2	2
1846	2	3	1	2	1	1	1	1	1	2	1	1	3	2	1	1	1	2
1847	3	3	1	1	2	2	2	2	2	3	2	4	4	2	2	2	2
1848	3	3	3	3	2	3	4	3	4	4	3	2	4	4	3	4	3	1
1849	1	3	4	3	4	3	5	3	4	3	3	5	5	3	3	3	3
1850	3	4	3	3	3	3	3	3	3	3	3	3	4	3	3	3	3
1851	3	5	3	3	3	3	4	4	3	5	3	2	4	4	3	4	4	5
1852	3	4	4	3	4	3	3	4	3	2	4	4	3	4	4	3
1853	3	3	5	2	5	3	4	3	4	4	3	4	4	5	5	5
1854	4	3	4	3	3	3	2	3	3	3	3	3	5	5	5	4	5	4
1855	2	3	3	4	3	4	4	4	4	4	4	3	4	4	4	2	4	5
1856	3	3	2	2	2	3	2	2	3	2	3	3	3	3	3	2	3	2
1857	2	2	2	2	1	2	1	1	1	1	2	1	2	2	2	2	2	3
1858	3	3	3	3	3	2	3	2	2	3	2	2	1	1	2	2	2	2
1859	4	3	3	3	3	3	2	3	2	3	2	3	2	1	2	2	3	1
1860	2	3	3	3	3	4	3	4	4	3	4	2	1	1	3	4	4	5

续表

年份	A	B	C	D	E	F	G	H	I	J	K	L	M	N	O	P	Q	R
1861	1	2	3	3	3	3	3	3	3	3	3	3	3	2	3	3	3	2
1862	2	2	3	2	3	2	1	1	1	2	2	2	5	4	2	2	2	2
1863	2	2	5	3	5	3	4	4	4	4	3	3	4	4	3	3	3	3
1864	3	3	4	4	3	4	3	4	4	3	4	4	3	3	3	2	4	5
1865	1	2	3	2	3	3	3	3	3	2	3	3	3	3	3	3	3	3
1866	3	3	3	3	3	4	2	3	4	3	4	4	4	3	2	3	4
1867	3	5	2	4	2	2	5	4	4	5	2	2	2	2	1	1	1	1
1868	1	1	4	4	3	5	5	5	5	5	5	5	4	4	4	4	4	2
1869	3	3	3	4	3	4	4	4	4	3	3	2	2	4	4	5	2
1870	2	3	5	2	4	2	3	2	3	3	2	2	2	4	5	5	3
1871	3	4	5	5	5	4	4	4	4	4	4	3	5	5	4	3	4	4
1872	1	3	2	3	2	4	2	3	4	2	4	4	5	4	3	3	3	3
1873	3	3	3	3	3	3	4	3	4	3	4	3	5	5	4	3	3	2
1874	3	1	5	3	4	2	4	4	4	4	2	2	3	2	2	2	3	2
1875	3	4	2	1	1	2	2	2	2	2	2	2	2	2	2	2	2	2
1876	3	3	1	1	1	2	2	2	2	2	1	1	1	2	1	1	1
1877	1	1	1	1	1	1	1	1	1	1	1	1	1	1	1	1	1	1
1878	3	2	1	2	1	1	1	1	1	1	1	1	1	1	1	1	1	1
1879	3	4	3	3	3	3	3	3	3	3	2	2	3	2	2	2	4
1880	4	3	3	2	3	3	3	3	3	3	3	3	3	4	5	4	5	3
1881	4	4	3	3	3	2	1	1	2	2	2	2	3	3	3	3	3	3
1882	3	4	5	3	4	3	4	4	4	3	3	3	3	3	3	3	3
1883	3	3	5	4	5	3	5	4	4	3	3	3	3	3	3	3	4
1884	3	4	5	4	5	4	5	5	5	5	4	3	2	2	4	3	4	3
1885	4	4	4	3	4	4	5	4	4	4	4	4	4	3	3	3	3
1886	3	4	4	3	5	2	4	4	4	4	2	2	5	5	3	3	3	2
1887	4	3	4	5	4	5	4	4	4	4	5	4	3	4	2	3	2
1888	3	3	3	3	3	2	4	4	2	3	2	2	3	2	3	3	3
1889	3	5	5	3	4	5	5	5	5	5	5	5	4	4	4	3	4	5	4

续表

年份	A	B	C	D	E	F	G	H	I	J	K	L	M	N	O	P	Q	R
1890	3	3	4	3	4	3	3	3	3	3	3	3	4	4	3	3	3	5
1891	2	3	4	4	4	2	2	2	1	2	2	1	1	1	3	3	4	5
1892	1	2	4	4	4	1	2	1	1	2	1	1	2	2	1	2	2	2
1893	3	3	3	3	3	4	3	3	4	3	4	4	3	3	3	2	2	5
1894	3	3	3	4	3	4	5	4	4	4	4	4	5	5	4	4	4	4
1895	3	1	4	4	4	4	4	4	4	4	4	4	4	4	4	5	5	4
1896	3	2	3	4	3	5	4	5	5	4	5	4	4	4	5	4	5	4
1897	4	3	2	3	2	2	4	4	4	4	2	2	4	4	4	5	4	4
1898	3	2	4	5	3	4	5	4	5	5	4	3	4	4	4	4	5	5
1899	1	4	2	1	2	1	2	1	1	2	1	1	3	3	2	2	2	2
1900	1	1	1	1	2	1	1	1	1	1	1	1	1	1	2	1	1	1
1901	1	2	2	2	2	2	2	2	2	2	2	2	5	5	1	1	1	4
1902	4	3	3	3	3	2	3	2	3	2	2	1	1	1	2	2	2	2
1903	4	4	3	3	3	3	5	4	4	5	3	3	4	4	3	4	3	4
1904	4	4	2	3	3	3	4	4	4	4	3	3	3	3	3	5	5	3
1905	4	2	3	3	3	2	4	4	5	4	2	2	3	2	3	4	4	4
1906	4	3	3	5	3	2	4	4	4	4	2	3	3	3	2	3	3	3
1907	4	4	2	2	3	3	3	3	3	3	3	3	3	3	3	3	3	3
1908	1	1	5	3	4	3	4	3	3	3	3	3	3	4	4	5	3	4
1909	1	3	2	5	3	2	4	3	4	4	2	3	4	4	4	4	4	3
1910	5	5	3	3	3	2	5	5	4	5	2	2	3	3	3	5	5	3
1911	4	3	3	3	3	3	4	3	3	4	3	3	3	3	3	3	3	3
1912	3	4	2	2	4	3	2	3	3	2	3	3	4	4	2	1	2	2
1913	4	5	4	2	4	2	4	4	4	4	2	5	5	2	2	2	3
1914	4	3	4	3	5	3	4	3	4	4	3	5	4	3	3	4	4
1915	3	3	3	4	3	1	1	1	1	1	1	2	3	2	3	3	3	3
1916	2	2	3	2	3	2	1	1	2	2	2	1	3	2	4	3	4	3
1917	1	2	3	3	3	4	4	4	4	4	4	4	4	4	4	5	5
1918	3	4	4	4	4	2	4	3	2	4	2	2	3	3	3	3	4	4

年份	A	B	C	D	E	F	G	H	I	J	K	L	M	N	O	P	Q	R
1919	3	4	3	4	3	5	2	4	4	2	5	5	4	4	2	1	2	2
1920	3	3	2	2	1	2	2	2	3	4	2	2	2	2	2	2	2	2
1921	5	3	5	5	5	4	4	4	2	2	4	4	1	1	3	4	4	4
1922	2	4	1	3	1	2	2	2	2	2	2	2	4	3	2	1	2	2
1923	3	4	3	5	3	4	4	4	4	4	4	4	4	4	4	4	5	3
1924	2	2	1	3	2	2	2	2	2	2	4	1	1	2	2	2	2	1
1925	5	1	4	2	5	1	4	3	2	4	1	2	3	4	3	4	4	3
1926	1	3	3	4	3	3	3	3	3	3	3	3	2	2	3	3	3	1
1927	3	2	1	2	2	3	1	2	2	2	3	2	2	2	4	5	5	2
1928	1	1	1	2	1	1	1	1	1	1	1	1	1	1	1	2	2	2
1929	1	1	1	2	1	1	1	1	1	1	1	1	1	2	1	1	1	1
1930	3	2	1	1	2	4	1	3	5	2	4	3	3	3	3	3	4	2
1931	4	3	4	4	3	2	3	3	4	3	2	3	3	2	3	2	3	2
1932	1	2	1	2	1	5	2	3	3	2	5	4	3	4	4	4	4	5
1933	4	5	2	2	2	5	3	3	4	3	5	5	5	4	4	5	5	4
1934	4	5	4	4	3	2	2	2	2	2	4	2	3	2	2	1	2	1
1935	3	4	2	3	3	4	4	4	4	4	4	4	2	1	1	1	1	1
1936	2	4	1	1	1	3	2	3	3	2	3	3	1	1	2	1	1	1
1937	5	5	4	5	3	4	4	4	5	5	4	4	3	3	2	3	4	4
1938	3	4	4	4	3	2	5	4	4	4	2	2	4	4	5	5	5	4
1939	1	1	5	3	5	1	5	2	2	3	1	2	4	3	4	3	4	4
1940	5	4	2	3	2	5	5	5	4	2	5	5	5	4	4	4	5	4
1941	3	4	2	2	2	1	2	1	1	2	1	1	2	2	2	2	2	2
1942	1	1	1	1	2	3	3	3	1	1	3	3	2	2	2	2	2	2
1943	4	5	4	2	4	2	5	3	4	4	2	2	2	2	3	4	4	3
1944	3	3	2	1	2	4	2	3	3	2	4	5	5	4	2	2	2	2
1945	2	3	3	4	3	4	3	4	4	3	3	3	1	1	2	2	2	2
1946	4	3	3	3	3	1	4	2	1	2	1	2	3	2	2	2	3	3
1947	5	5	3	3	3	3	3	3	3	3	3	3	3	2	2	2	3	2

年份	A	B	C	D	E	F	G	H	I	J	K	L	M	N	O	P	Q	R
1948	3	2	2	4	1	2	3	3	3	3	2	2	3	3	1	1	1	2
1949	4	5	2	2	2	5	5	5	5	5	5	5	3	3	2	3	3	4
1950	2	2	2	4	2	2	2	2	2	2	2	2	2	2	2	2	2	1
1951	2	3	2	1	2	3	2	3	3	3	3	2	2	2	2	2	2	2
1952	1	2	1	1	1	1	5	4	4	5	1	2	3	3	3	4	4	3
1953	2	2	2	2	4	3	3	4	3	3	3	3	4	4	4	4	5	3
1954	3	4	4	4	5	4	3	3	3	3	4	4	5	4	5	4	5	3
1955	3	2	2	4	2	2	4	4	4	4	2	2	3	1	1	1	1	2
1956	4	4	5	5	4	3	4	5	1	4	3	5	5	5	4	5	5	5
1957	3	2	4	5	2	2	5	3	2	3	2	1	2	1	1	3	2
1958	3	3	4	4	5	5	5	5	4	5	4	4	3	5	5	5	5	5
1959	3	5	1	1	2	4	2	1	2	2	4	5	3	4	4	2	2	1
1960	2	2	2	1	2	3	2	2	2	3	3	2	2	1	1	2
1961	4	4	2	2	4	4	2	4	4	3	4	5	3	2	4	2	5	4
1962	2	3	2	4	2	3	2	2	3	3	3	2	3	3	4	3	2	3
1963	2	3	2	3	4	3	3	2	3	3	3	5	4	5	4	3	4
1964	5	4	5	4	5	5	5	5	5	5	5	5	5	5	5	5	5	4
1965	1	2	1	1	2	1	3	4	2	3	1	1	1	2	1	1	2	1
1966	5	4	2	1	1	2	3	4	3	2	4	5	4	4	2	4
1967	3	5	5	4	2	5	3	2	2	3	5	5	3	3	2	3	3	3
1968	4	4	3	1	3	3	3	3	2	3	3	2	3	2	3	3	3
1969	2	1	2	3	1	3	1	2	1	9	1	3	5	5	5	3	1	2
1970	4	4	3	3	3	4	3	4	4	4	3	4	2	2	2	3	4	2
1971	1	2	2	4	3	2	2	3	2	2	2	3	5	4	2	5	3	5
1972	1	2	2	3	1	2	2	2	2	2	2	1	1	2	1	3	3
1973	3	2	4	3	2	3	3	3	4	3	3	4	4	5	4	4	4	4
1974	2	2	2	2	2	2	4	3	4	3	2	2	2	2	2	2	2	2
1975	4	3	3	2	3	3	4	5	4	4	3	4	4	5	3	3	3
1976	3	3	4	3	2	2	2	4	3	3	2	3	3	3	3	5	2	4

续表

年份	A	B	C	D	E	F	G	H	I	J	K	L	M	N	O	P	Q	R
1977	3	2	3	4	2	2	1	1	2	2	2	4	5	5	4	3	3	2
1978	2	3	2	3	2	4	3	3	4	3	4	4	4	4	5	3	3	3
1979	4	2	3	3	4	1	2	2	2	2	1	5	2	4	2	3	2	2
1980	2	3	3	2	4	1	3	3	4	4	1	1	2	2	3	2	4	4
1981	2	4	2	2	3	3	5	4	4	5	3	4	3	2	4	3	3	3
1982	2	1	3	3	4	1	3	4	2	2	1	3	3	3	1	3	5	3
1983	3	4	3	5	5	1	5	5	5	5	1	3	3	2	3	5	5	1
1984	3	5	4	5	5	2	5	5	4	4	2	3	4	2	3	2	4	2
1985	5	4	2	2	4	3	2	4	3	2	3	3	5	4	4	3	4	3
1986	2	1	1	1	1	1	2	2	2	3	1	2	1	1	2	1	1	2
1987	1	2	1	2	4	2	4	4	3	3	2	2	3	1	3	1	3	2
1988	5	4	4	1	2	4	5	4	4	4	4	5	5	4	4	4	4	2
1989	2	2	1	1	4	1	4	2	2	3	1	3	3	3	1	3	3	1
1990	5	5	1	3	2	2	2	2	4	4	2	2	2	2	2	3	2	2
1991	1	2	1	1	1	2	4	1	1	3	2	3	2	1	2	1	1	1
1992	3	4	3	3	4	4	3	4	3	4	4	4	3	3	3	2	3	2
1993	2	4	2	1	2	2	1	3	3	3	2	2	4	2	5	2	2	1
1994	4	1	3	3	3	4	1	2	2	1	4	3	2	2	2	2	2	1
1995	4	2	2	3	2	3	1	1	1	1	3	4	2	4	3	2	3	2
1996	4	1	4	3	3	3	5	4	4	2	3	4	2	5	3	4	4	4
1997	1	1	1	1	1	2	1	1	2	1	2	2	1	1	1	1	1	1
1998	4	2	4	3	5	2	4	4	3	4	2	3	2	2	2	3	4	2
1999	1	2	2	3	1	2	4	3	3	3	2	1	1	2	1	1	2	2
2000	2	2	5	3	3	2	3	3	3	3	2	1	2	3	2	2	2	2
2001	4	3	1	1	2	5	2	1	2	2	5	2	3	2	2	3	2	2
2002	4	2	3	2	3	5	2	2	3	2	5	1	2	3	3	2	3	2
2003	4	5	5	5	5	4	5	4	5	5	4	4	5	4	5	5	5	5
2004	2	1	4	5	2	4	3	2	3	2	4	3	2	2	2	3	2	3
2005	3	3	5	5	5	2	4	5	3	3	2	2	3	2	4	4	2	4

年份	A	B	C	D	E	F	G	H	I	J	K	L	M	N	O	P	Q	R
2006	1	4	3	3	3	3	4	2	3	3	3	3	3	3	3	4	2	4
2007	3	4	3	3	4	3	5	3	4	3	3	5	4	4	3	2	5	2
2008	2	2	3	2	2	4	3	2	3	2	4	4	2	2	2	2	2	2
2009	2	2	4	3	4	5	4	4	3	4	4	1	4	5	4	2	3	2

附录二　1644—1911 年黄河中游旱涝分异图集

附录说明：

1. 每幅图即代表 1 年的旱涝等级分异情况，图左上角标示出具体年份。

2. 图中等值线按 1（旱）、2（偏旱）、3（正常）、4（偏涝）、5（涝）绘制。

3. 历年分异图只包括清代 268 年，1911 年之后仅给出了旱涝等级数据。

4. 绘图软件采用 ArcGIS10、Surfer8。

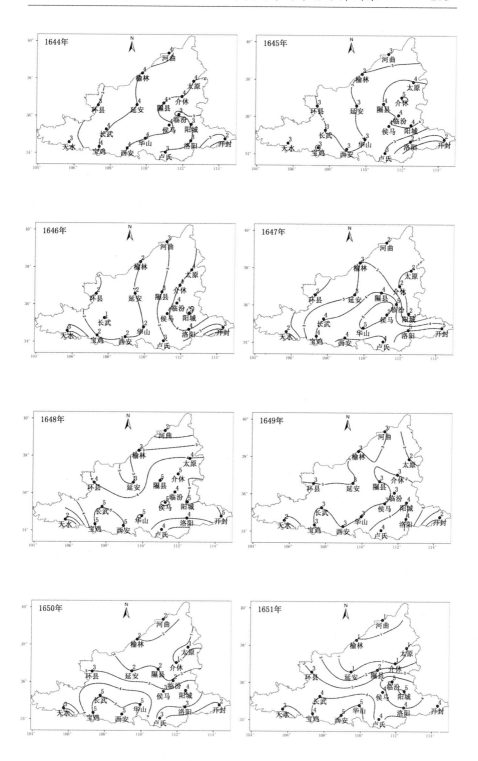

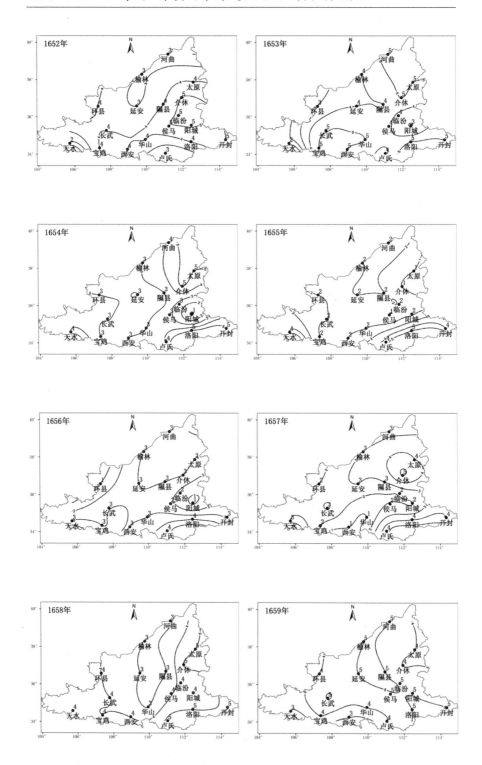

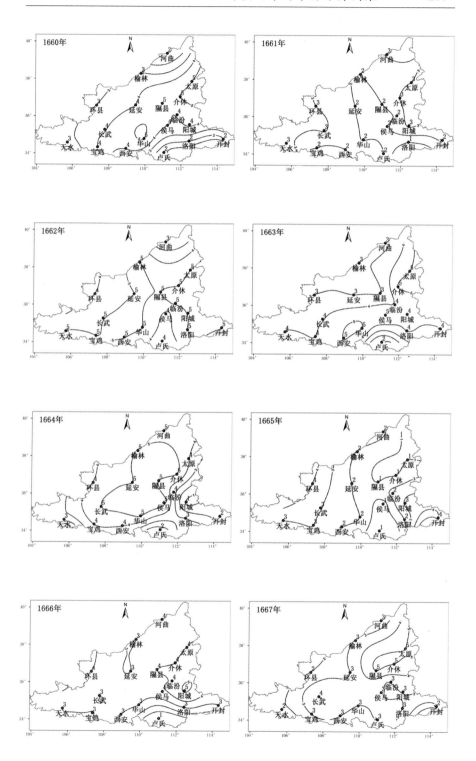

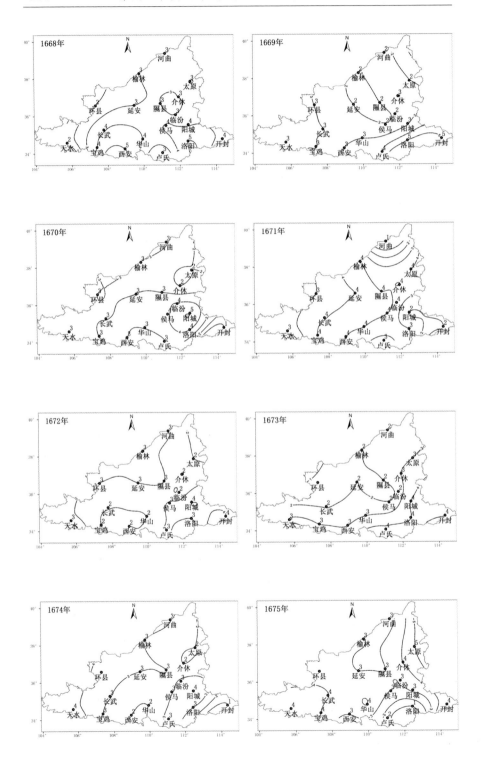

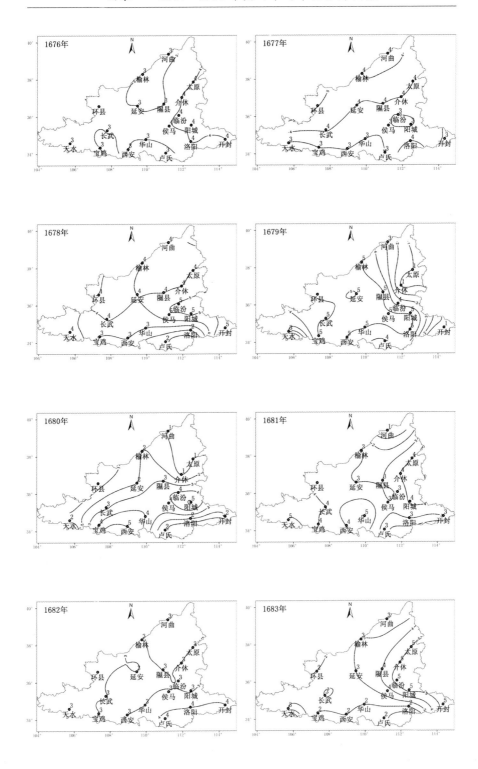

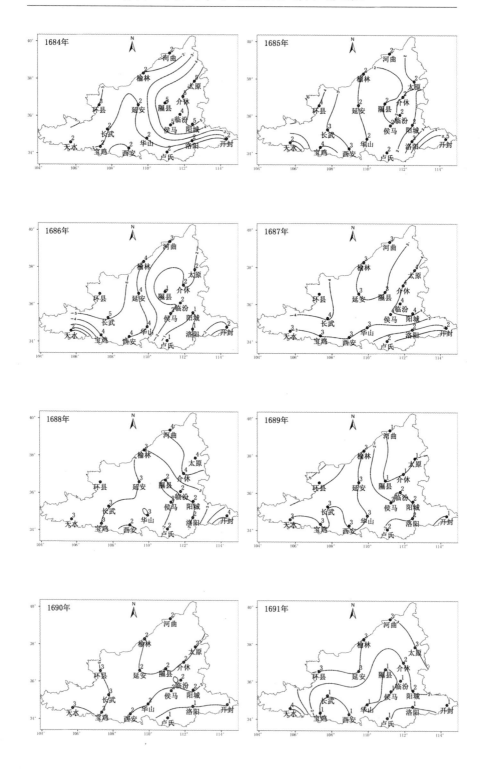

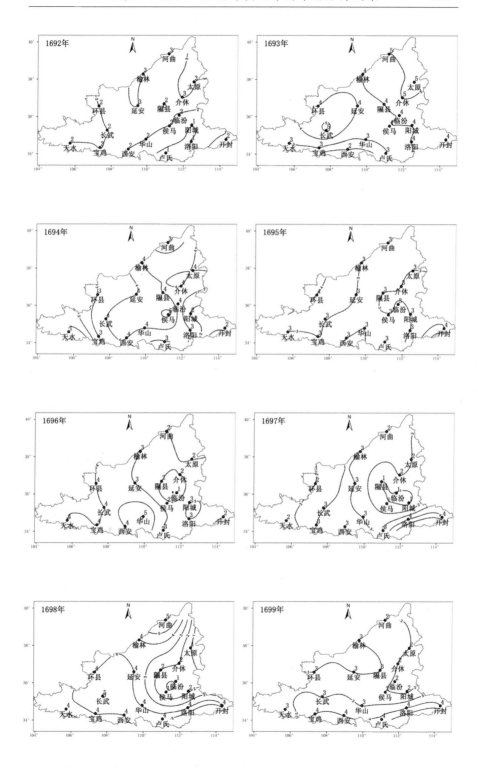

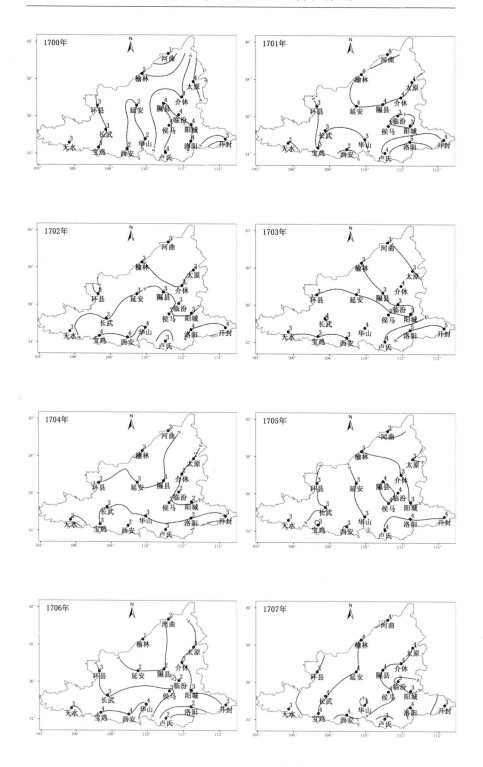

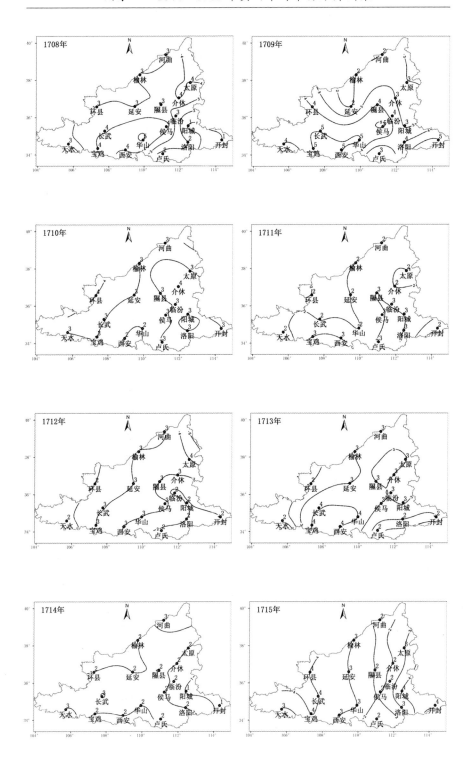

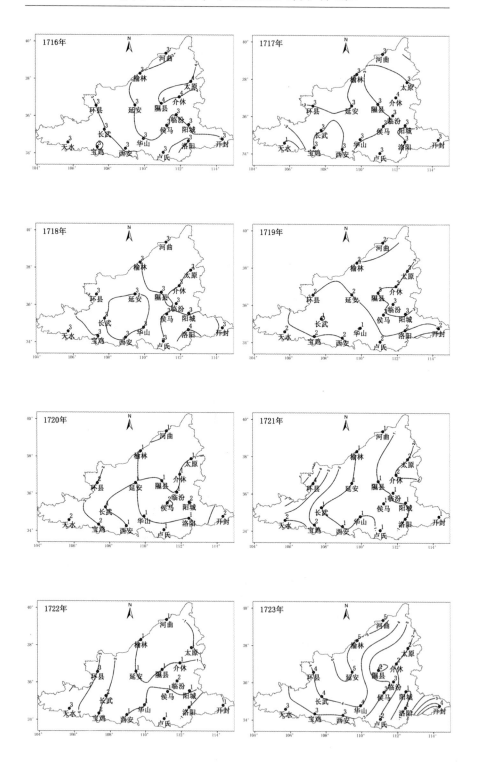

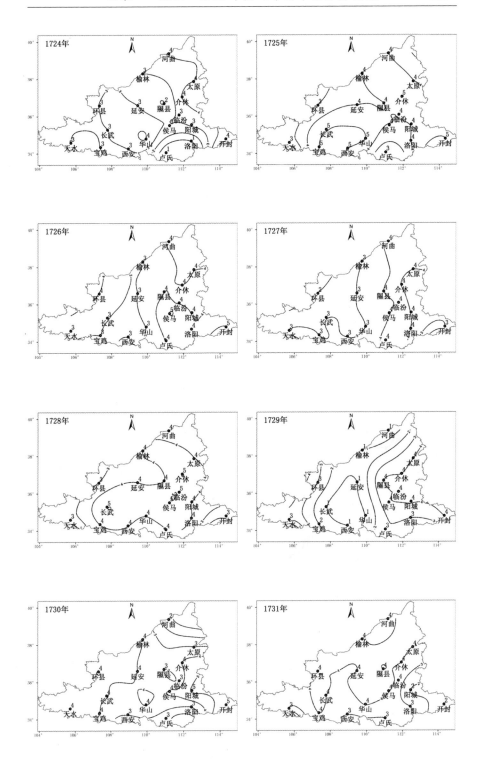

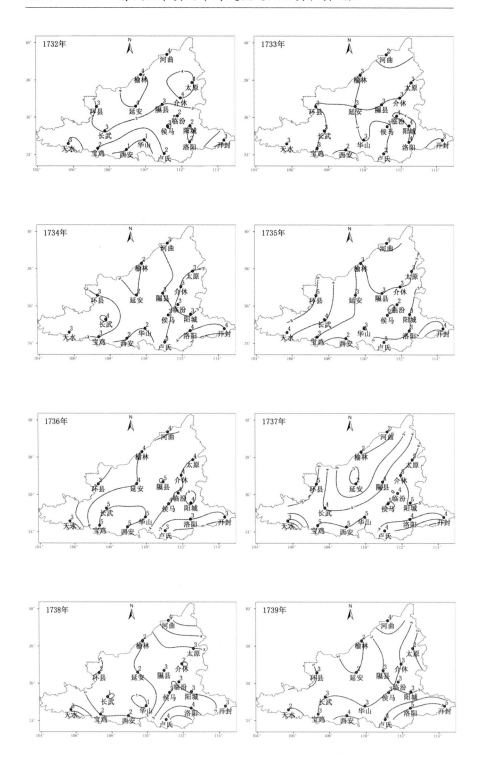

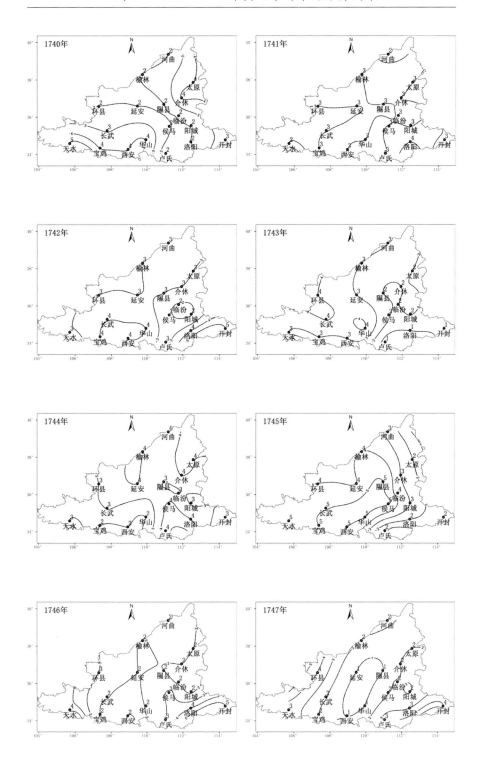

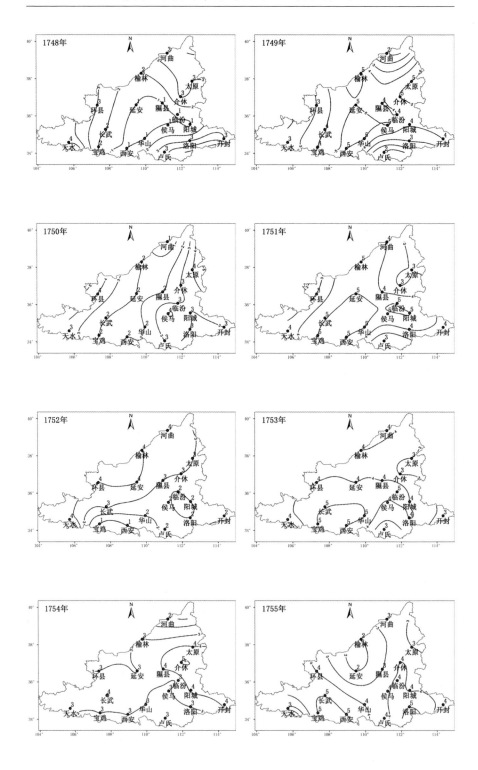

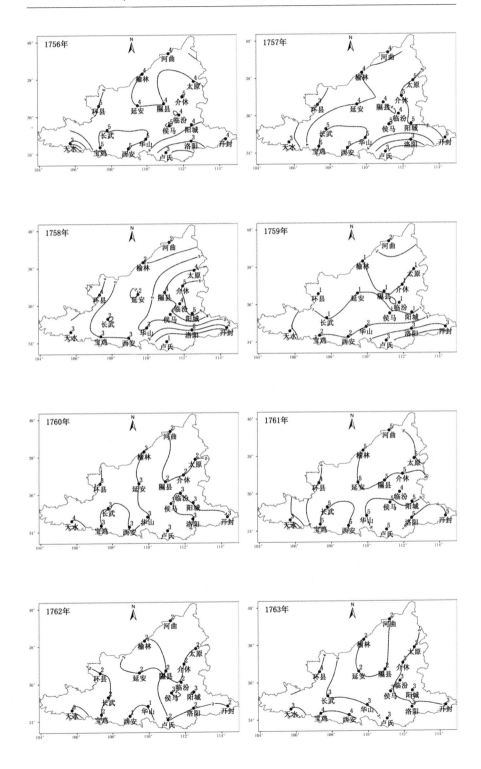

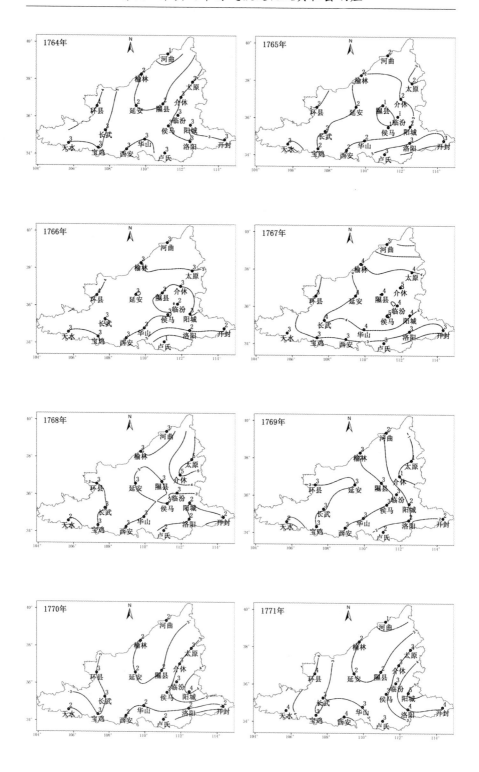

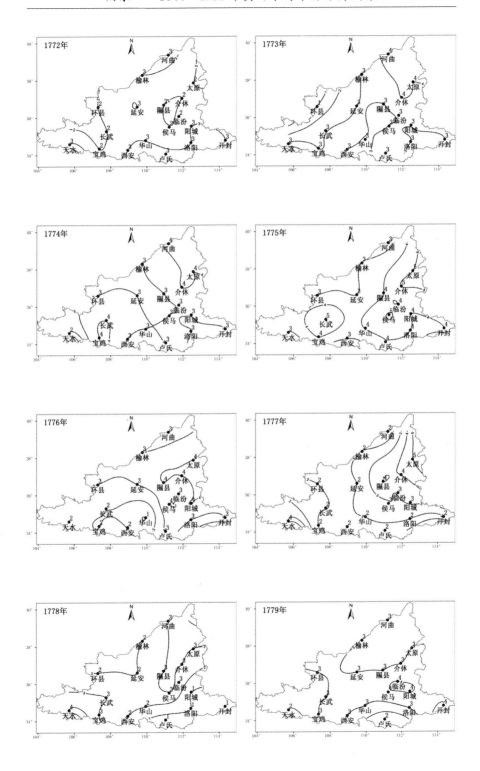

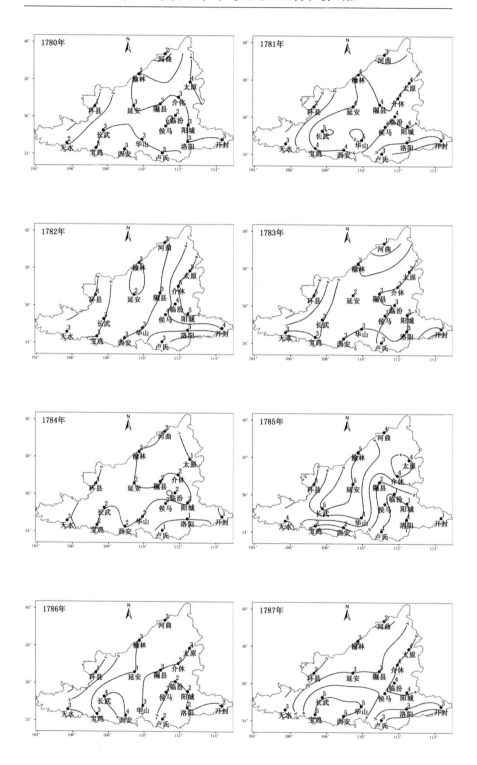

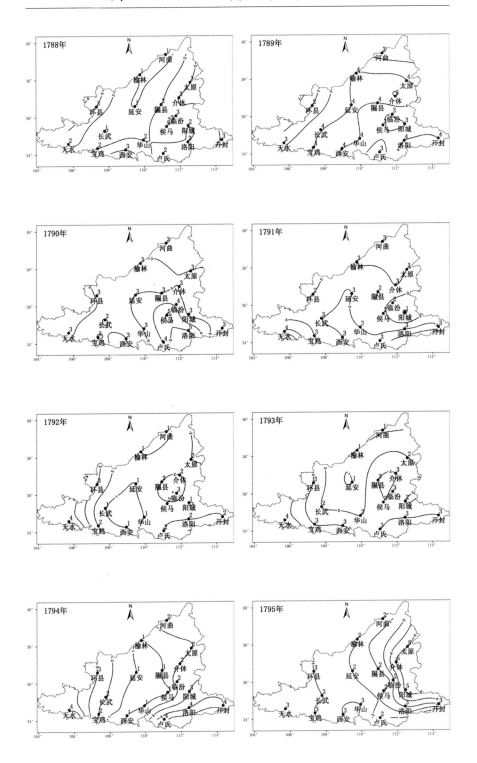

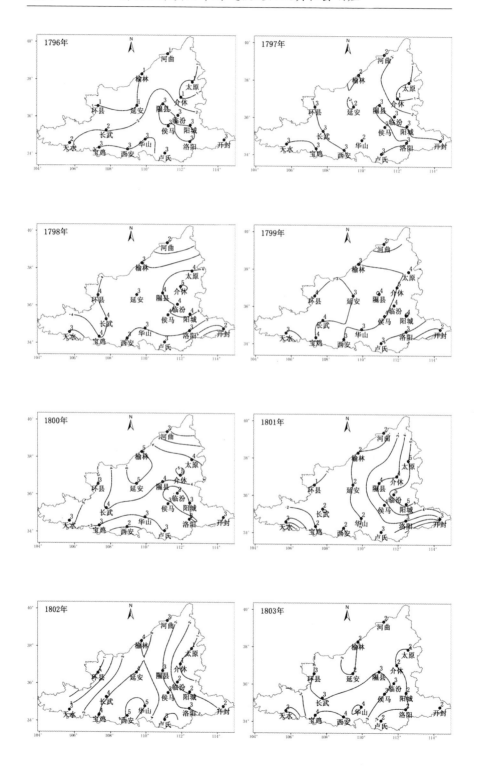

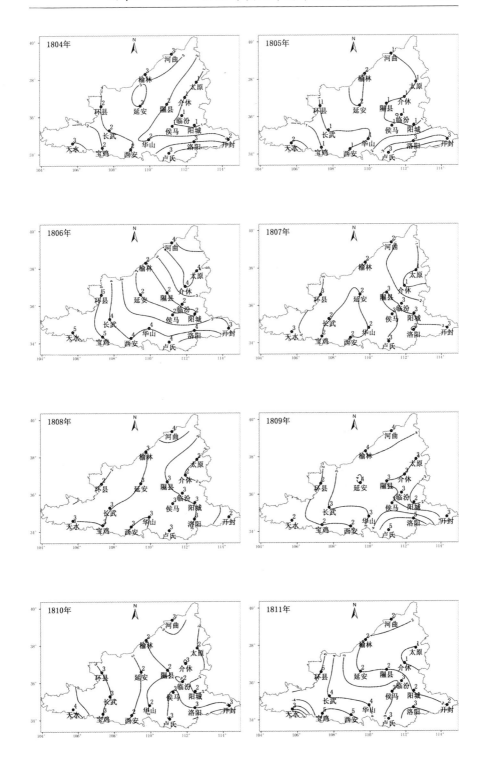

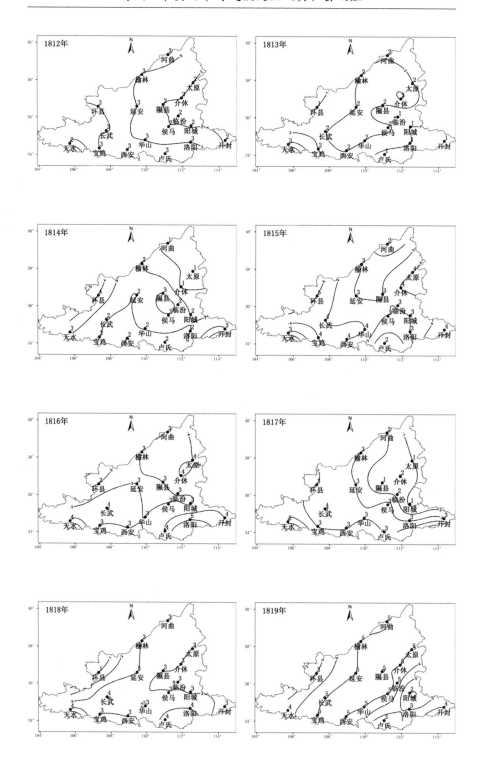

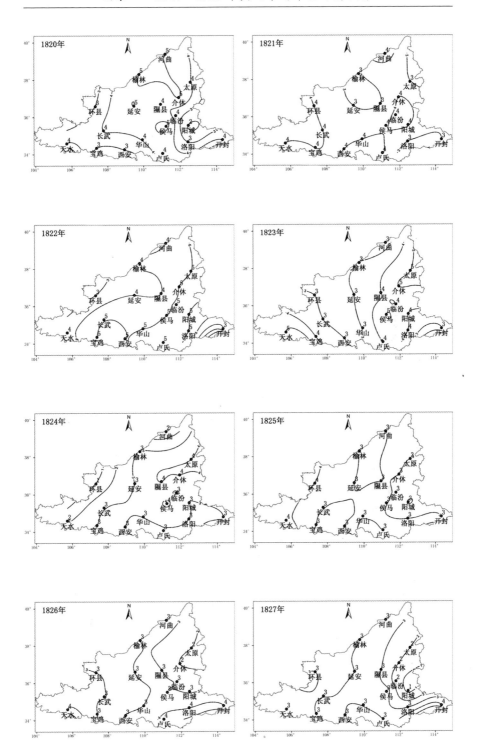

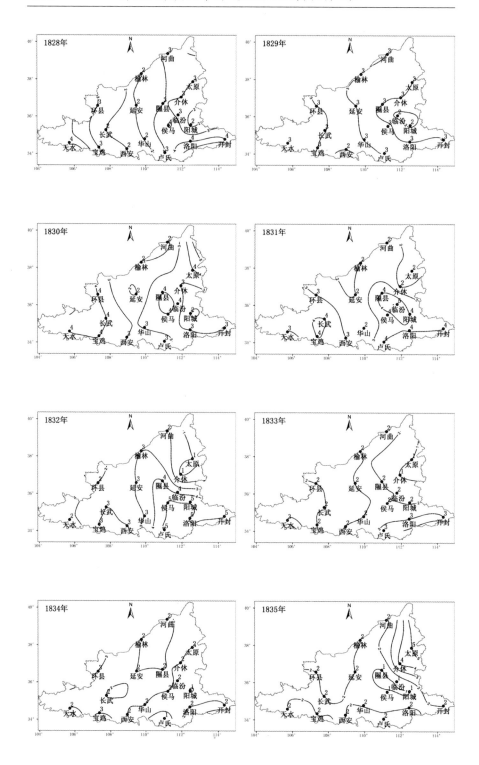

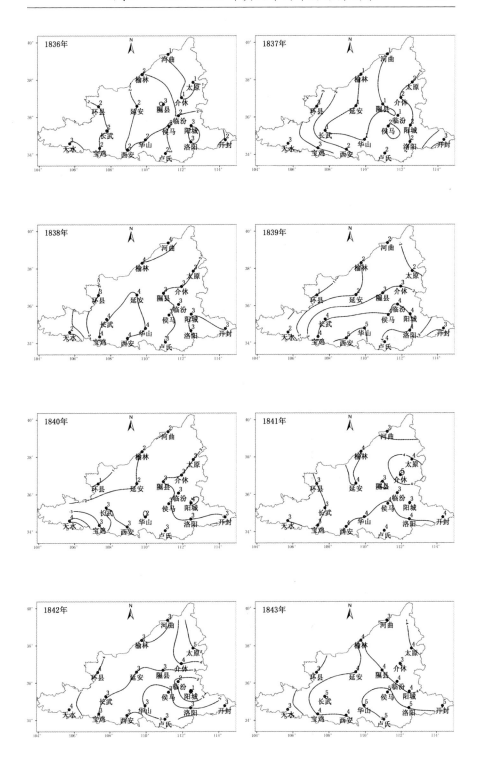

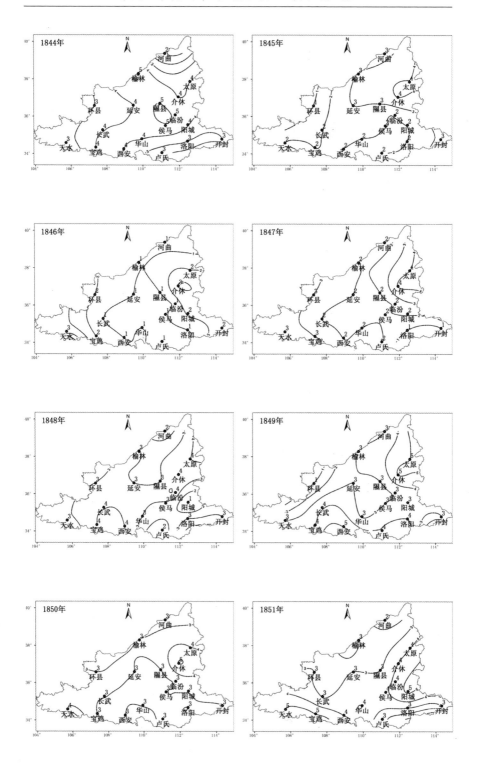

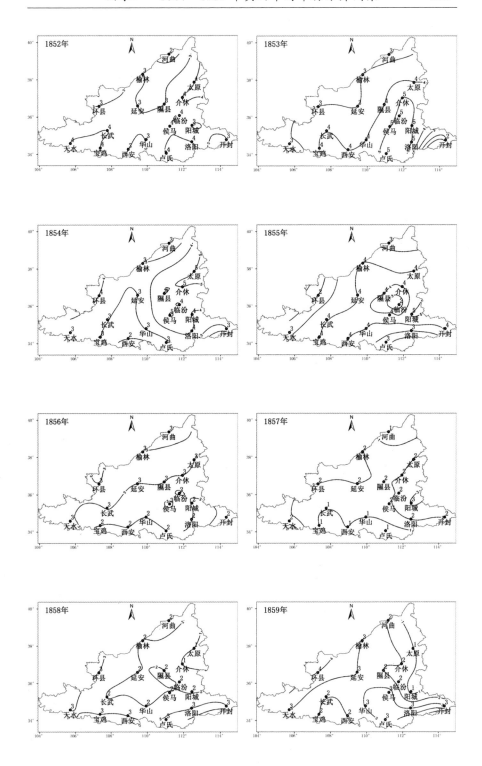

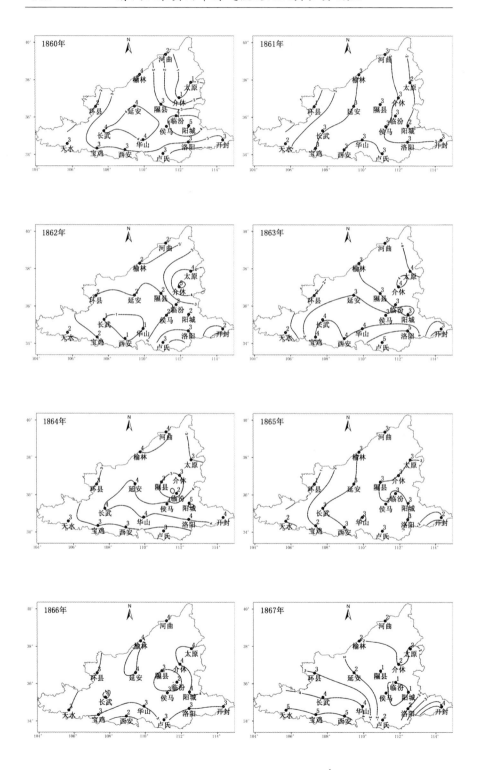

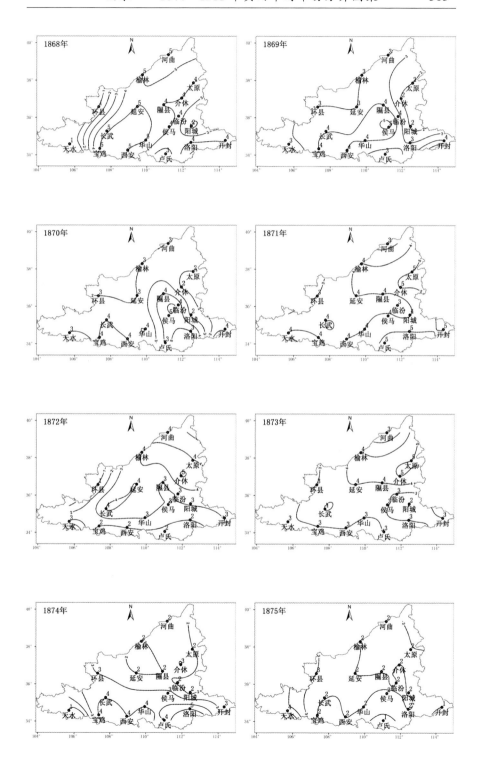

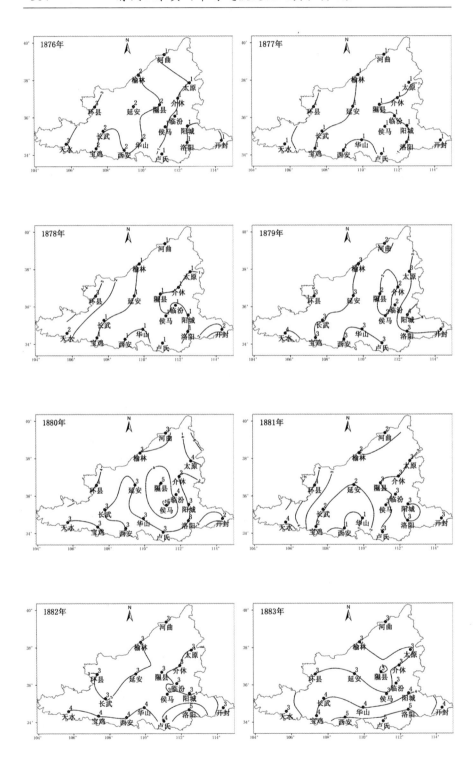

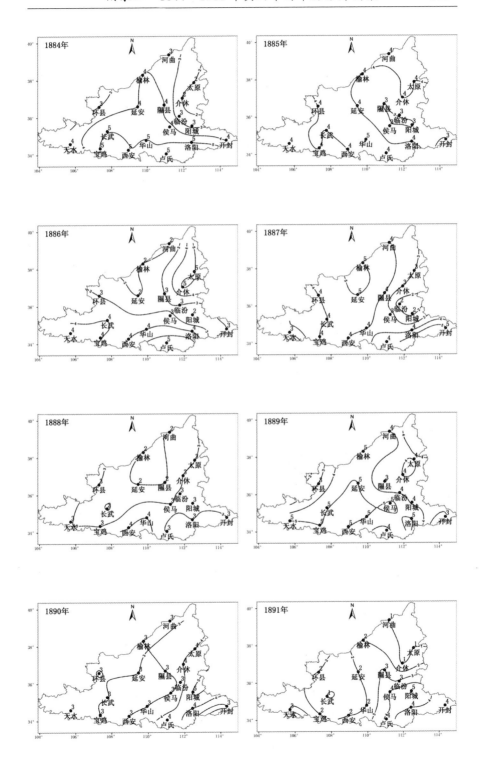

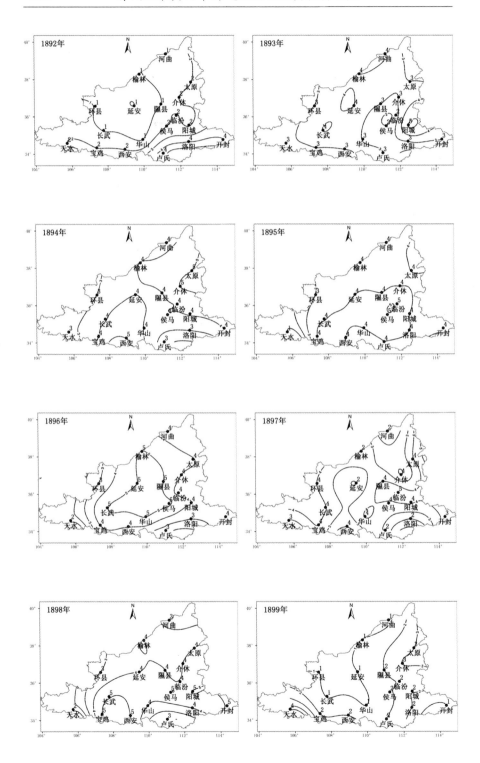

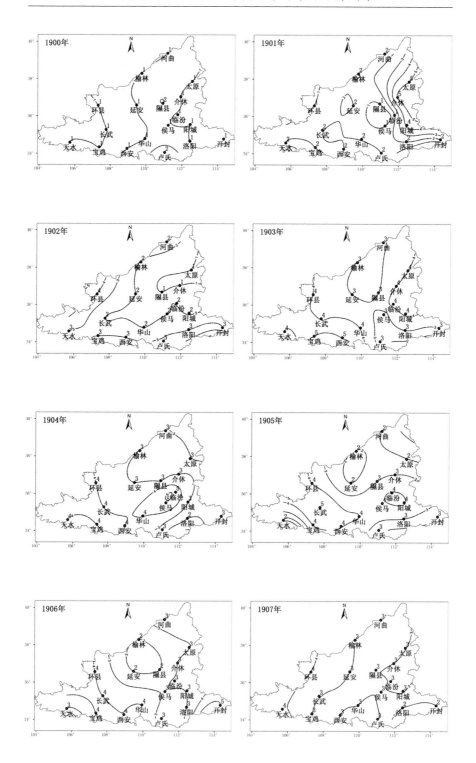

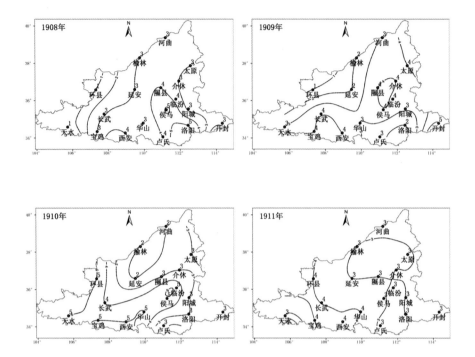

参考文献

一、基本史料

1. 正史、政书、实录

[1]（民国）赵尔巽. 清史稿. 北京：中华书局，1977.

[2]（清）刘锦藻撰. 清朝续文献通考. 杭州：浙江古籍出版社，2000.

[3]（清）乾隆官修. 清朝文献通考. 杭州：浙江古籍出版社，2000.

[4]（清）蒋良骐撰. 东华录. 北京：中华书局，1980.

[5]大清五朝会典. 北京：线装书局，2006.

[6]清会典事例. 北京：中华书局，1991.

[7]清实录. 北京：中华书局，2008.

2. 方志

[1]（康熙）朝邑县后志. 中国地方志集成·陕西府县志辑（第21册），南京：凤凰出版社，2007.（以下简称"中国地方志集成陕西（21），2007."）

[2]（康熙）岢岚州志. 中国地方志集成·山西府县志辑（第17册），南京：凤凰出版社，2005.（以下简称"中国地方志集成山西（17），2005."）

[3]（康熙）麟游县志. 中国地方志集成陕西（34），2007.

[4]（康熙）陇州志. 中国地方志集成陕西（37），2007.

[5]（康熙）孟津县志. 中国方志丛书·华北地方·第461号，台北：成文出版社，1976.（以下简称"中国方志丛书华北（461），1976."）

[6]（康熙）米脂县志. 中国地方志集成陕西（43），2007.

[7]（康熙）蒲城县志. 中国地方志集成陕西（26），2007.

[8]（康熙）潼关卫志. 中国地方志集成陕西（29），2007.

[9]（康熙）文水县志. 中国地方志集成山西（28），2005.

[10]（康熙）隰州志. 中国地方志集成山西（33），2005.

［11］（康熙）夏县志．中国地方志集成山西（63），2005.

［12］（康熙）徐沟县志．中国地方志集成山西（3），2005.

［13］（康熙）续华州志．中国地方志集成陕西（23），2007.

［14］（康熙）延绥镇志．中国地方志集成陕西（38），2007.

［15］（康熙）永宁州志．中国地方志集成山西（25），2005.

［16］（雍正）蓝田县志．中国地方志集成陕西（16），2007.

［17］（雍正）平阳府志．中国地方志集成山西（44），2005.

［18］（雍正）沁源县志．中国地方志集成山西（40），2005.

［19］（雍正）神木县志．中国地方志集成陕西（37），2007.

［20］（雍正）石楼县志．中国地方志集成山西（26），2005.

［21］（雍正）朔平府志．中国地方志集成山西（9），2005.

［22］（雍正）朔州志．中国地方志集成山西（10），2005.

［23］（雍正）武功县后志．中国地方志集成陕西（36），2007.

［24］（雍正）猗氏县志．中国地方志集成山西（70），2005.

［25］（雍正）宜君县志．中国地方志集成陕西（49），2007.

［26］（雍正）泽州府志．中国地方志集成山西（32），2005.

［27］（乾隆）白水县志．中国地方志集成陕西（26），2007.

［28］（乾隆）宝鸡县志．中国地方志集成陕西（32），2007.

［29］（乾隆）朝邑县志．中国地方志集成陕西（21），2007.

［30］（乾隆）澄城县志．中国地方志集成陕西（22），2007.

［31］（乾隆）淳化县志．中国地方志集成陕西（7），2007.

［32］（乾隆）登封县志．中国方志丛书华北（462），1976.

［33］（乾隆）汾州府志．中国地方志集成山西（27），2005.

［34］（乾隆）凤台县志．中国地方志集成山西（37），2005.

［35］（乾隆）凤翔府志．中国地方志集成陕西（31），2007.

［36］（乾隆）伏羌县志．中国方志丛书华北（552），1976.

［37］（乾隆）府谷县志．中国地方志集成陕西（41），2007.

［38］（乾隆）富平县志．中国地方志集成陕西（14），2007.

［39］（乾隆）高平县志．中国地方志集成山西（36），2005.

［40］（乾隆）韩城县志．中国地方志集成陕西（27），2007.

［41］（乾隆）合水县志．中国方志丛书华北（345），1970.

［42］（乾隆）合阳县志．中国地方志集成陕西（22），2007.

［43］（乾隆）鄠县新志．中国地方志集成陕西（4），2007.

［44］（乾隆）华阴县志．中国地方志集成陕西（24），2007.

［45］（乾隆）获嘉县志．中国方志丛书华北（490），1976.

［46］（乾隆）济源县志．中国方志丛书华北（492），1976.

［47］（乾隆）绛县志．中国地方志集成山西（61），2005.

［48］（乾隆）解州安邑县运城志．中国地方志集成山西（58），2005.

［49］（乾隆）解州安邑县志．中国地方志集成山西（58），2005.

［50］（乾隆）解州平陆县志．中国地方志集成山西（64），2005.

［51］（乾隆）解州芮城县志．中国地方志集成山西（63），2005.

［52］（乾隆）解州夏县志．中国地方志集成山西（63），2005.

［53］（乾隆）介休县志．中国地方志集成山西（24），2005.

［54］（乾隆）泾阳县志．中国地方志集成陕西（7），2007.

［55］（乾隆）静宁州志．中国方志丛书华北（333），1970.

［56］（乾隆）醴泉县志．中国地方志集成陕西（10），2007.

［57］（乾隆）临汾县志．中国地方志集成山西（46），2005.

［58］（乾隆）临晋县志．中国地方志集成山西（65），2005.

［59］（乾隆）临潼县志．中国地方志集成陕西（15），2007.

［60］（乾隆）陇州续志．中国地方志集成陕西（37），2007.

［61］（乾隆）潞安府志．中国地方志集成山西（30），2005.

［62］（乾隆）蒲城县志．中国地方志集成陕西（26），2007.

［63］（乾隆）蒲县志．中国地方志集成山西（50），2005.

［64］（乾隆）蒲州府志．中国地方志集成山西（66），2005.

［65］（乾隆）沁州志．中国地方志集成山西（39），2005.

［66］（乾隆）清水县志．中国方志丛书华北（328），1970.

［67］（乾隆）荣河县志．中国地方志集成山西（69），2005.

［68］（乾隆）三水县志．中国地方志集成陕西（10），2007.

［69］（乾隆）三原县志．中国地方志集成陕西（8），2007.

［70］（乾隆）商南县志．中国地方志集成陕西（29），2007.

［71］（乾隆）嵩县志．中国方志丛书华北（489），1976.

［72］（乾隆）绥德州直隶州志．中国地方志集成陕西（41），2007.

［73］（乾隆）太谷县志．中国地方志集成山西（19），2005.

［74］（乾隆）同官县志．中国地方志集成陕西（27），2007.

［75］（乾隆）闻喜县志．中国地方志集成山西（60），2005.

［76］（乾隆）武乡县志．中国地方志集成山西（41），2005.

［77］（乾隆）西安府志．中国地方志集成陕西（1），2007.

［78］（乾隆）咸阳县志．中国地方志集成陕西（4），2007.

［79］（乾隆）乡宁县志．中国地方志集成山西（57），2005.

［80］（乾隆）孝义县志．中国地方志集成山西（25），2005.

［81］（乾隆）新修曲沃县志．中国地方志集成山西（48），2005.

［82］（乾隆）兴平县志．中国地方志集成陕西（6），2007.

［83］（乾隆）兴县志．中国地方志集成山西（23），2005.

［84］（乾隆）续商州志．中国地方志集成陕西（30），2007.

［85］（乾隆）续修曲沃县志．中国地方志集成山西（48），2005.

［86］（乾隆）续耀州志．中国地方志集成陕西（27），2007.

［87］（乾隆）延长县志．中国地方志集成陕西（47），2007.

［88］（乾隆）偃师县志．中国方志丛书华北（442），1976.

［89］（乾隆）阳城县志．中国地方志集成山西（38），2005.

［90］（乾隆）宜川县志．中国地方志集成陕西（45），2007.

［91］（乾隆）再续华州志．中国地方志集成陕西（23），2007.

［92］（乾隆）直隶秦州新志．中国方志丛书华北（563），1976.

［93］（乾隆）直隶商州志．中国地方志集成陕西（30），2007.

［94］（乾隆）重修襄垣县志．中国地方志集成山西（33），2005.

［95］（乾隆）盩厔县志．中国地方志集成陕西（9），2007.

［96］（乾隆）庄浪县志．中国方志丛书华北（335），1970.

［97］（嘉庆）定边县志．中国地方志集成陕西（39），2007.

［98］（嘉庆）扶风县志．中国地方志集成陕西（34），2007.

［99］（嘉庆）韩城县续志．中国地方志集成陕西（27），2007.

［100］（嘉庆）葭州志．中国地方志集成陕西（40），2007.

［101］（嘉庆）介休县志．中国地方志集成山西（24），2005.

［102］（嘉庆）灵石县志．中国地方志集成山西（20），2005.

［103］（嘉庆）洛川县志．中国地方志集成陕西（47），2007.

［104］（嘉庆）咸宁县志．中国地方志集成陕西（3），2007.

［105］（嘉庆）续武功县后志．中国地方志集成陕西（36），2007.

［106］（嘉庆）续修潼关厅志．中国地方志集成陕西（29），2007.

［107］（嘉庆）续修中部县志．中国地方志集成陕西（49），2007.

［108］（嘉庆）长安县志．中国地方志集成陕西（2），2007.

［109］（嘉庆）重修延安府志．中国地方志集成陕西（44），2007.

［110］（道光）安定县志．中国地方志集成陕西（45），2007.

［111］（道光）大荔县志．中国地方志集成陕西（20），2007.

［112］（道光）鄜州志．中国地方志集成陕西（47），2007.

［113］（道光）河内县志．中国方志丛书华北（475），1976.

［114］（道光）偏关志，中国地方志集成山西（57），2005.

［115］（道光）清涧县志．中国地方志集成陕西（42），2007.

［116］（道光）神木县志．中国地方志集成陕西（37），2007.

［117］（道光）太平县志．中国地方志集成山西（52），2005.

［118］（道光）太原县志．中国地方志集成山西（2），2005.

［119］（道光）吴堡县志．中国地方志集成陕西（42），2007.

［120］（道光）武陟县志．中国方志丛书华北（481），1976.

［121］（道光）续修咸阳县志．中国地方志集成陕西（4），2007.

［122］（道光）阳曲县志．中国地方志集成山西（2），2005.

［123］（道光）伊阳县志．中国方志丛书华北（446），1976.

［124］（道光）榆林府志．中国地方志集成陕西（38），2007.

［125］（道光）赵城县志．中国地方志集成山西（52），2005.

［126］（道光）直隶霍州志．中国地方志集成山西（54），2005.

［127］（道光）重辑渭南县志．中国地方志集成陕西（13），2007.

［128］（道光）重修泾阳县志．中国地方志集成陕西（7），2007.

［129］（道光）重修汧阳县志．中国地方志集成陕西（34），2007.

［130］（道光）重修延川县志．中国地方志集成陕西（47），2007.

［131］（咸丰）保安县志．中国地方志集成陕西（45），2007.

［132］（咸丰）朝邑县志．中国地方志集成陕西（21），2007.

［133］（咸丰）同州府志．中国地方志集成陕西（18），2007.

［134］（同治）浮山县志．中国地方志集成山西（55），2005.

[135]（同治）高平县志.中国地方志集成山西（36），2005.

[136]（同治）河曲县志.中国地方志集成山西（16），2005.

[137]（同治）稷山县志.中国地方志集成山西（62），2005.

[138]（同治）三水县志.中国地方志集成陕西（10），2007.

[139]（同治）续猗氏县志.中国地方志集成山西（70），2005.

[140]（同治）阳城县志.中国地方志集成山西（38），2005.

[141]（同治）榆次县志.中国地方志集成山西（16），2005.

[142]（光绪）安邑县续志.中国地方志集成山西（58），2005.

[143]（光绪）保安县志略.中国地方志集成陕西（45），2007.

[144]（光绪）补修徐沟县志.中国地方志集成山西（3），2005.

[145]（光绪）大荔县续志.中国地方志集成陕西（20），2007.

[146]（光绪）大宁县志.中国地方志集成山西（57），2005.

[147]（光绪）汾西县志.中国地方志集成山西（44），2005.

[148]（光绪）汾阳县志.中国地方志集成山西（26），2005.

[149]（光绪）凤台县续志.中国地方志集成山西（37），2005.

[150]（光绪）浮山县志.中国地方志集成山西（55），2005.

[151]（光绪）富平县志稿.中国地方志集成陕西（14），2007.

[152]（光绪）乾州志稿.中国地方志集成陕西（12），2007.

[153]（光绪）高陵县续志.中国地方志集成陕西（6），2007.

[154]（光绪）河津县志.中国地方志集成山西（62），2005.

[155]（光绪）吉州全志.中国地方志集成山西（45），2005.

[156]（光绪）绛县志.中国地方志集成山西（61），2005.

[157]（光绪）交城县志.中国地方志集成山西（25），2005.

[158]（光绪）解州志.中国地方志集成山西（56），2005.

[159]（光绪）靖边县志稿.中国地方志集成陕西（37），2007.

[160]（光绪）岢岚州志.中国地方志集成山西（17），2005.

[161]（光绪）蓝田县志.中国地方志集成陕西（16），2007.

[162]（光绪）临潼县续志.中国地方志集成陕西（15），2007.

[163]（光绪）灵宝县志.中国方志丛书华北（491），1976.

[164]（光绪）卢氏县志.中国方志丛书华北（478），1976.

[165]（光绪）米脂县志.中国地方志集成陕西（43），2007.

［166］（光绪）平定州志．中国地方志集成山西（21），2005.

［167］（光绪）平定州志补．中国地方志集成山西（21），2005.

［168］（光绪）平陆县续志．中国地方志集成山西（64），2005.

［169］（光绪）平遥县志．中国地方志集成山西（17），2005.

［170］（光绪）蒲城县志．中国地方志集成陕西（26），2007.

［171］（光绪）蒲县续志．中国地方志集成山西（50），2005.

［172］（光绪）祁县志．中国地方志集成山西（23），2005.

［173］（光绪）岐山县志．中国地方志集成陕西（33），2007.

［174］（光绪）沁水县志．中国地方志集成山西（6），2005.

［175］（光绪）沁源县续志．中国地方志集成山西（40），2005.

［176］（光绪）清源乡志．中国地方志集成山西（3），2005.

［177］（光绪）三续华州志．中国地方志集成陕西（23），2007.

［178］（光绪）三原县志．中国地方志集成陕西（8），2007.

［179］（光绪）神池县志．中国地方志集成山西（17），2005.

［180］（光绪）寿阳县志．中国地方志集成山西（22），2005.

［181］（光绪）绥德直隶州志．中国地方志集成陕西（41），2007.

［182］（光绪）太平县志．中国地方志集成山西（53），2005.

［183］（光绪）通渭县新志．中国方志丛书华北（330），1970.

［184］（光绪）同州府续志．中国地方志集成陕西（19），2007.

［185］（光绪）文水县志．中国地方志集成山西（28），2005.

［186］（光绪）闻喜县志．中国地方志集成山西（60），2005.

［187］（光绪）闻喜县志补．中国地方志集成山西（60），2005.

［188］（光绪）闻喜县志续．中国地方志集成山西（60），2005.

［189］（光绪）武功县续志．中国地方志集成陕西（36），2007.

［190］（光绪）夏县志．中国地方志集成山西（65），2005.

［191］（光绪）孝义厅志．中国地方志集成陕西（32），2007.

［192］（光绪）新续渭南县志．中国地方志集成陕西（13），2007.

［193］（光绪）兴县续志．中国地方志集成山西（23），2005.

［194］（光绪）续高平县志．中国地方志集成山西（36），2005.

［195］（光绪）续刻直隶霍州志．中国地方志集成山西（54），2005.

［196］（光绪）续太原县志．中国地方志集成山西（3），2005.

［197］（光绪）续修稷山县志．中国地方志集成山西（63），2005.

［198］（光绪）续修临晋县志．中国地方志集成山西（65），2005.

［199］（光绪）续修曲沃县志．中国地方志集成山西（49），2005.

［200］（光绪）续修隰州志．中国地方志集成山西（33），2005.

［201］（光绪）续修乡宁县志．中国地方志集成山西（57），2005.

［202］（光绪）续阳城县志．中国地方志集成山西（38），2005.

［203］（光绪）续猗氏县志．中国地方志集成山西（70），2005.

［204］（光绪）宜阳县志．中国方志丛书华北（117），1968.

［205］（光绪）翼城县志．中国地方志集成山西（47），2005.

［206］（光绪）永济县志．中国地方志集成山西（67），2005.

［207］（光绪）永寿县志．中国地方志集成陕西（11），2007.

［208］（光绪）榆次县续志．中国地方志集成山西（16），2005.

［209］（光绪）榆社县志．中国地方志集成山西（18），2005.

［210］（光绪）虞乡县志．中国地方志集成山西（68），2005.

［211］（光绪）垣曲县志．中国地方志集成山西（61），2005.

［212］（光绪）增续汧阳县志．中国地方志集成陕西（34），2007.

［213］（光绪）长子县志．中国地方志集成山西（8），2005.

［214］（光绪）直隶绛州志．中国地方志集成山西（59），2005.

［215］（宣统）鄜县志．中国地方志集成陕西（35），2007.

［216］（宣统）长武县志．中国地方志集成陕西（11），2007.

［217］（宣统）重修泾阳县志．中国地方志集成陕西（7），2007.

［218］（民国）安塞县志．中国地方志集成陕西（42），2007.

［219］（民国）宝鸡县志．中国地方志集成陕西（32），2007.

［220］（民国）邠州县新志稿．中国地方志集成陕西（10），2007.

［221］（民国）澄城县附志．中国地方志集成陕西（22），2007.

［222］（民国）崇信县志．中国方志丛书华北（336），1970.

［223］（民国）大荔县新志存稿．中国地方志集成陕西（20），2007.

［224］（民国）浮山县志．中国地方志集成山西（56），2005.

［225］（民国）巩县志．中国方志丛书华北（116），1968.

［226］（民国）韩城县续志．中国地方志集成陕西（27），2007.

［227］（民国）横山县志．中国地方志集成陕西（39），2007.

［228］（民国）洪洞县水利志补．中国地方志集成山西（51），2005.

［229］（民国）洪洞县志．中国地方志集成山西（51），2005.

［230］（民国）华阴县续志．中国地方志集成陕西（25），2007.

［231］（民国）黄陵县志．中国地方志集成陕西（49），2007.

［232］（民国）获嘉县志．中国方志丛书华北（474），1976.

［233］（民国）葭县志．中国地方志集成陕西（40），2007.

［234］（民国）解县志．中国地方志集成山西（58），2005.

［235］（民国）临汾县志．中国地方志集成山西（46），2005.

［236］（民国）临晋县志．中国地方志集成山西（65），2005.

［237］（民国）临潼县志．中国地方志集成陕西（15），2007.

［238］（民国）灵宝县志．中国方志丛书华北（477），1976.

［239］（民国）灵石县志．中国地方志集成山西（20），2005.

［240］（民国）隆德县志．中国方志丛书华北（555），1976.

［241］（民国）洛川县志．中国地方志集成陕西（48），2007.

［242］（民国）马邑县志．中国地方志集成山西（10），2005.

［243］（民国）孟县志．中国方志丛书华北（445），1976.

［244］（民国）米脂县志．中国地方志集成陕西（43），2007.

［245］（民国）岐山县志．中国地方志集成陕西（33），2007.

［246］（民国）沁源县志．中国地方志集成山西（40），2005.

［247］（民国）荣河县志．中国地方志集成山西（69），2005.

［248］（民国）芮城县志．中国地方志集成山西（64），2005.

［249］（民国）陕县志．中国方志丛书华北（114），1968.

［250］（民国）太谷县志．中国地方志集成山西（19），2005.

［251］（民国）同官县志．中国地方志集成陕西（28），2007.

［252］（民国）潼关县新志．中国地方志集成陕西（29），2007.

［253］（民国）万泉县志．中国地方志集成山西（70），2005.

［254］（民国）闻喜县志．中国地方志集成山西（60），2005.

［255］（民国）武乡县志．中国地方志集成山西（41），2005.

［256］（民国）咸宁长安两县续志．中国地方志集成陕西（3），2007.

［257］（民国）乡宁县志．中国地方志集成山西（57），2005.

［258］（民国）襄陵县新志．中国地方志集成山西（50），2005.

［259］（民国）襄垣县志.中国地方志集成山西（34），2005.

［260］（民国）新绛县志.中国地方志集成山西（59），2005.

［261］（民国）新修曲沃县志.中国地方志集成山西（49），2005.

［262］（民国）新修阌乡县志.中国方志丛书华北（119），1968.

［263］（民国）新修岳阳县志.中国地方志集成山西（8），2005.

［264］（民国）续武陟县志.中国方志丛书华北（107），1968.

［265］（民国）续修大荔县旧志存稿.中国地方志集成陕西（20），2007.

［266］（民国）续修蓝田县志.中国地方志集成陕西（17），2007.

［267］（民国）续修醴泉县志稿.中国地方志集成陕西（10），2007.

［268］（民国）续荥阳县志.中国方志丛书华北（105），1968.

［269］（民国）延长县志书.中国地方志集成陕西（47），2007.

［270］（民国）偃师县风土志略.中国方志丛书华北（115），1968.

［271］（民国）阳武县志.中国方志丛书华北（336），1976.

［272］（民国）宜川县志.中国地方志集成陕西（46），2007.

［273］（民国）永和县志.中国地方志集成山西（47），2005.

［274］（民国）虞乡县新志.中国地方志集成山西（68），2005.

［275］（民国）镇原县志.中国方志丛书华北（558），1976.

［276］（民国）中牟县志.中国方志丛书华北（96），1968.

［277］（民国）重修鄠县志.中国地方志集成陕西（4），2007.

［278］（民国）重修灵台县志.中国方志丛书华北（556），1976.

［279］（民国）重修咸阳县志.中国地方志集成陕西（5），2007.

［280］（民国）重修兴平县志.中国地方志集成陕西（6），2007.

［281］（民国）盩厔县志.中国地方志集成陕西（7），2007.

3.档案

［1］（清）富呢扬阿.陕甘总督任内奏稿.北京：全国图书馆文献缩微复制中心，2005.

［2］（清）黄赞汤.河东河道总督奏事折底.北京：全国图书馆文献缩微复制中心，2005.

［3］"国立故宫博物院"故宫文献编辑委员会编辑.宫中档雍正朝奏折.台北："国立故宫博物院"，1977.

［4］"国立故宫博物院"故宫文献编辑委员会编辑.宫中档乾隆朝奏

折.台北:"国立故宫博物院",1982.

［5］"国立故宫博物院"故宫文献编辑委员会编辑.宫中档光绪朝奏折.台北:"国立故宫博物院".1973.

［6］水利部黄河水利委员会编.清代黄河流域河湖水势档(内部资料).

［7］水利部黄河水利委员会编.清代黄河流域水情档(内部资料).

［8］水利部黄河水利委员会编.清代黄河流域雨雪档(内部资料).

［9］水利部黄河水利委员会编.清代黄水泛滥灾情档(内部资料).

［10］水利部黄河水利委员会编.清代沿黄各省自然灾情档(内部资料).

［11］张伟仁主编.明清档案.台北:联经出版事业公司,1994.

［12］中国第一历史档案馆编.乾隆朝上谕档.北京:档案出版社,1991.

［13］中国第一历史档案馆编.嘉庆朝上谕档.桂林:广西师范大学出版社,2008.

［14］中国第一历史档案馆编.道光朝上谕档.桂林:广西师范大学出版社,2008.

［15］中国第一历史档案馆编.咸丰朝上谕档.桂林:广西师范大学出版社,2008.

［16］中国第一历史档案馆编.同治朝上谕档.桂林:广西师范大学出版社,2008.

［17］中国第一历史档案馆编.光绪朝上谕档.桂林:广西师范大学出版社,2008.

［18］中国第一历史档案馆编.宣统朝上谕档.桂林:广西师范大学出版社,2008.

［19］中国第一历史档案馆编.康熙朝汉文硃批奏折汇编.北京:档案出版社,1984.

［20］中国第一历史档案馆编.雍正朝汉文硃批奏折汇编.南京:江苏古籍出版社,1991.

［21］中国第一历史档案馆译编.康熙朝满文朱批奏折全译.北京:中国社会科学出版社,1996.

［22］中国第一历史档案馆译编.雍正朝满文朱批奏折全译.合肥:黄山书社,1998.

4. 整编资料

[1]（清）傅洪泽：行水金鉴.上海：商务印书馆，1936.

[2]（清）黎世序：续行水金鉴.上海：商务印书馆，1936.

[3]白尔恒,[法]蓝克利,魏丕信编著.沟洫佚闻杂录（陕山地区水资源与民间社会调查资料集第一集）.北京：中华书局，2003.

[4]董晓萍,[法]蓝克利.不灌而治——山西四社五村水利文献与民俗（陕山地区水资源与民间社会调查资料集第四集）.北京：中华书局，2003.

[5]甘肃省气象局资料室.甘肃省近五百年气候历史资料（内部资料）.1980.

[6]葛全胜.清代奏折汇编：农业·环境.北京：商务印书馆，2005.

[7]"国立中央研究院"气象研究所编.中国气候资料（雨量编）."国立中央研究院"气象研究所，1943.

[8]河南省水文总站编.河南省历代旱涝等水文气候史料（内部资料）.1982.

[9]黄竹三,冯俊杰等编著.洪洞介休水利碑刻辑录（陕山地区水资源与民间社会调查资料集第三集）.北京：中华书局，2003.

[10]李文海,夏明方,朱浒.中国荒政书集成.天津：天津古籍出版社，2010.

[11]秦建明,[法]吕敏编著.尧山圣母庙与神社（陕山地区水资源与民间社会调查资料集第二集）.北京：中华书局，2003.

[12]陕西省气象局气象台编.陕西省自然灾害史料（内部资料）.1976.

[13]水利部黄河水利委员会.1919—1970年黄河流域水文特征值统计（第4册）（内部资料）.1957.

[14]水利部黄河水利委员会.黄河流域水文特征值（黄河中游上、下段）（内部资料）.1976.

[15]水利部黄河水利委员会.黄河流域水文资料：降水量、蒸发量（第一、二、三册）（内部资料）.1957.

[16]水利电力部水管司科技司,水利水电科学院编.清代黄河流域洪涝档案史料.北京：中华书局，1993.

[17]谭其骧.清人文集地理类汇编.杭州：浙江人民出版社，1987.

［18］张波,冯风.中国农业自然灾害史料集.西安:陕西科学技术出版社,1994.

［19］张德二.中国三千年气象记录总集.南京:凤凰出版社,2004.

［20］中国社会科学院历史研究所资料编纂组:中国历史自然灾害及历代盛世农业政策资料.北京:农业出版社,1988.

［21］中国水利水电科学研究院水利史研究室编校.再续行水金鉴.武汉:湖北人民出版社,2004.

5.文集及其他

［1］(清)白钟山.豫东宣防录.扬州:广陵书社,2006.

［2］(清)包世臣.包世臣全集.合肥:黄山书社,1993.

［3］(清)陈梦雷.古今图书集成.北京:中华书局,1934.

［4］(清)丁蕚亭.治河要语.扬州:广陵书社,2006.

［5］(清)方寿畴.豫抚奏稿.北京:全国图书馆文献缩微复制中心影印,2005.

［6］(清)佚名.南河成案.北京:线装书局,2004.

［7］(清)贺长龄.清经世文编.北京:中华书局,1992.

［8］(清)嵇曾筠.河防奏议.郑州:河南人民出版社,1991.

［9］(清)嘉庆帝.清高宗纯皇帝圣训.台北:文海出版社,2005.

［10］(清)靳辅.文襄奏疏.台北:文海出版社,1967.

［11］(清)靳辅.治河方略(故宫珍本丛刊).海口:海南出版社,2001.

［12］(清)康基田.河渠纪闻.北京:北京出版社,1998.

［13］(清)凌鸣喈.疏河心镜.扬州:广陵书社,2006.

［14］(清)谈迁.北游录.北京:中华书局,1960.

［15］(清)田文镜撰.抚豫宣化录.郑州:中州古籍出版社,1995.

［16］(清)痛定思痛居士.汴梁水灾纪略.开封:河南大学出版社,2006.

［17］(清)汪胡桢,吴慰祖.清代河臣传.台北:文明书局,1985.

［18］(清)王先谦.东华续录.上海:上海古籍出版社,2008.

［19］(清)魏源.魏源集.北京:中华书局,1976.

［20］(清)徐端.安澜纪要.北京:线装书局,2004.

［21］(清)佚名.河工随见录,水利部黄河水利委员会藏(内部资料).

［22］(清)佚名.河工杂考,水利部黄河水利委员会藏(内部资料).

[23]（清）张霭生撰.河防述言.台北:商务印书馆,1986.

[24]（清）张丙嘉.河渠汇览.北京:线装书局,2004.

二、研究论著

1.专著

[1]安介生.历史地理与山西地方史新探.太原:山西人民出版社,2008.

[2]白虎志,董安祥,郑广芬等.中国西北地区近500年旱涝分布图集
（1470—2008）.北京:气象出版社,2010.

[3]卜风贤.农业灾荒论.北京:中国农业出版社,2006.

[4]曹树基.中国人口史（第五卷）.上海:复旦大学出版社,2001.

[5]曹树基主编.田祖有神——明清以来的自然灾害及其社会应对机
制.上海:上海交通大学出版社,2007.

[6]岑仲勉.黄河变迁史.北京:中华书局,2004.

[7]钞晓鸿.生态环境与明清社会经济.合肥:黄山书社,2004.

[8]陈菊英.中国旱涝的分析和长期预报研究.北京:农业出版社,1991.

[9]邓云特.中国救荒史.上海:上海书店,1984.

[10]冯佩芝等编.中国主要气象灾害分析（1951—1980年）.北京:气
象出版社,1985.

[11]高绍凤等.应用气候学.北京:气象出版社,2001.

[12]葛全胜等.中国历朝气候变化.北京:科学出版社,2011.

[13]葛全胜等.中国自然灾害风险综合评估初步研究.北京:科学出版
社,2008.

[14]龚高法等.历史时期气候变化研究方法.北京:科学出版社,1983.

[15]郭文韬等.中国农业科技发展史略.北京:中国科学技术出版社,
1988.

[16]国家气象局气象科学研究院编.气象科学技术集刊（气候与旱涝）
第4集.北京:气象出版社,1983.

[17]国家自然科学基金委员会.全球变化:中国面临的机遇和挑战.北
京:高等教育出版社,1998.

[18]郝平,高建国主编.多学科视野下的华北灾荒与社会变迁研究.太
原:北方文艺出版社,2010.

［19］郝治清主编.中国古代灾害史研究.北京:中国社会科学出版社,
2007.

［20］河南省地方史志编委会.黄河志.郑州:河南人民出版社,1991.

［21］侯甬坚.历史地理学探索.北京:中国社会科学出版社,2004.

［22］胡明思,骆承政.中国历史大洪水.北京:中国书店,1992.

［23］胡一三主编.黄河防洪.郑州:黄河水利出版社,1996.

［24］蓝勇.中国历史地理学.北京:高等教育出版社,2002.

［25］李克让等.华北平原旱涝气候.北京:科学出版社,1990.

［26］李令福.关中水利开发与环境.北京:人民出版社,2004.

［27］李文海,夏明方主编.天有凶年——清代灾荒与中国社会.北京:
生活·读书·新知三联书店,2007.

［28］李文海,周源.灾荒与饥馑:1840—1919.北京:高等教育出版社,
1991.

［29］李文海.近代中国灾荒纪年.长沙:湖南教育出版社,1990.

［30］李文海.中国近代十大灾荒.上海:上海人民出版社,1994.

［31］刘东生.黄土与环境.北京:科学出版社,1985.

［32］满志敏.中国历史时期气候变化研究.济南:山东教育出版社,2009.

［33］牟重行.中国五千年气候变迁的再考证.北京:气象出版社,1996.

［34］彭凯翔.清代以来的粮价:历史学的解释与再解释.上海:上海人
民出版社,2006.

［35］彭信威.中国货币史.上海:上海人民出版社,1958.

［36］森田明.清代水利社会史研究.郑樑生译,台北:"国立编译馆",
1996.

［37］申丙.黄河通考.台北:台湾书店,1960.

［38］史念海.黄土高原历史地理研究.郑州:黄河水利出版社,2001.

［39］水利部黄河水利委员会黄河水利史述要编写组.黄河水利史述
要.北京:水利电力出版社,1982.

［40］水利部治淮委员会淮河水利简史编写组.淮河水利简史.北京:水
利电力出版社,1990.

［41］水利电力部黄河水利委员会.黄河埽工.北京:中国工业出版社,
1964.

[42]水利水电科学研究院中国水利史稿编写组.中国水利史稿.北京：水利电力出版社,1989.

[43]宋正海,高建国,孙关龙等.中国古代自然灾异动态分析.合肥：安徽教育出版社,2002.

[44]谭其骧.黄河史论丛.上海：复旦大学出版社,1986.

[45]谭其骧.中国历史地图集(第八册).北京：地图出版社,1987.

[46]王乔年编.河工要义(铅印本).1918.

[47]王文圣,丁晶,李跃清.水文小波分析.北京：化学工业出版社,2005.

[48]魏风英.现代气候统计诊断预测技术.北京：气象出版社,2007.

[49]吴祥定等.历史时期黄河流域环境变迁与水沙变化.北京：气象出版社,1994.

[50]萧一山.清代通史.北京：商务印书馆,1931.

[51]熊达成,郭涛.中国水利科学技术史概论.成都：成都科技大学出版社,1989.

[52]徐福龄,胡一三.黄河埽工与堵口.北京：水利电力出版社,1989.

[53]徐福龄.河防笔谈.郑州：河南人民出版社,1993.

[54]许大龄.清代捐纳制度.北京：燕京大学哈佛燕京学社,1950.

[55]姚汉源.中国水利史纲要.北京：水利电力出版社,1987.

[56]叶青超.黄河流域环境演变与水沙运行规律研究.济南：山东科学技术出版社,1994.

[57]袁林.西北灾荒史.兰州：甘肃人民出版社,1984.

[58]张含英.历代治河方略探讨.北京：水利电力出版社,1982.

[59]张含英.明清治河概论.北京：水利电力出版社,1986.

[60]张家诚,林之光.中国气候.上海：上海科学技术出版社,1985.

[61]张建民,宋俭.灾害历史学.长沙：湖南人民出版社,1998.

[62]张丕远主编.中国历史气候变化.济南：山东科学技术出版社,1996.

[63]赵冈.中国历史上生态环境之变迁.北京：中国环境科学出版社,1996.

[64]郑肇经.河工学.上海：商务印书馆,1934.

[65]中国科学院地理研究所渭河研究组.渭河下游河流地貌.北京：科

学出版社,1983.

[66]中国科学院黄土高原综合科学考察队.黄土高原地区农业气候资源的合理利用.北京:中国科学技术出版社,1991.

[67]中国科学院中国自然地理编辑委员会.中国自然地理·历史自然地理.北京:科学出版社,1982.

[68]中国水利水电科学研究院水利史研究室编.历史的探索与研究:水利史研究文集.郑州:黄河水利出版社,2006.

[69]中国水利学会水利史研究会.黄河水利史论丛.西安:陕西科学技术出版社,1997.

[70]中央气象局气象科学研究院.中国近五百年旱涝分布图集.北京:地图出版社,1981.

[71]庄威凤.中国古代天象记录的研究与应用.北京:中国科学技术出版社,2009.

[72]邹逸麟主编.500年来环境变迁与社会应对丛书.上海:上海人民出版社,2008.

2.论文

[1]布雷特·辛斯基著.蓝勇,刘建,钟春来等译.气候变迁和中国历史.中国历史地理论丛,2003,18(2):5-65.

[2]曹树基.坦博拉火山爆发与中国社会历史——本专题解说.学术界,2009,138:37-41.

[3]陈家其,施雅风,张强等.从长江上游近500年历史气候看1860、1870年大洪水气候变化背景.湖泊科学,2006,18(5):476-483.

[4]陈建徽,陈发虎,张家武等.中国西北干旱区小冰期的湿度变化特征.地理学报,2008,63(1):23-34.

[5]陈玉琼.近500年华北地区最严重的干旱及其影响.气象,1991,17(3):17-21.

[6]程海.全球气候突变研究:争论还是行动?.科学通报,2004,49(13):1339-1344.

[7]程杨,李海蓉,杨林生.中国明清时期疫病时空分布规律的定量研究.地理研究,2009,28(4):1059-1068.

[8]仇立慧,黄春长.黄河中游古代瘟疫与环境变化的关系及其对城市

发展影响研究.干旱区资源与环境,2007,21(4):37-41.

[9]邓辉.区域历史地理学研究的经和纬.史学月刊,2004(4):5-7.

[10]邓自旺,尤卫红,林振山.子波变换在全球气候多时间尺度变化分析中的应用.南京气象学院学报,1997,20(4):505-510.

[11]丁仲礼等.中国科学院"应对气候变化国际谈判的关键科学问题"项目群简介.中国科学院院刊,2009,24(1):8-17.

[12]董安祥,冯松,张存杰.500年来中国东部雨带的南北摆动.气象学报,2002,60(3):378-383.

[13]方修琦,陈莉,李帅.1644—2004年中国洪涝灾害主周期的变化.水科学进展,2007,18(5):656-661.

[14]方修琦,葛全胜,郑景云.环境演变对中华文明影响研究的进展与展望.古地理学报,2004,6(1):85-94.

[15]方修琦,叶瑜,曾早早.极端气候事件—移民开垦—政策管理的互动——1661—1680年东北移民开垦对华北水旱灾的异地响应.中国科学D辑,2006(7):680-688.

[16]方修琦.从农业气候条件看我国北方原始农业的衰落与农牧交错带的形成.自然资源学报,1999,14(3):212-218.

[17]丰岛静英.中国西北部における水利共同体について.历史学研究,1956,201:23-35.

[18]冯松,汤懋苍.2500多年来的太阳活动与温度变化.第四纪研究,1997(1):28-35.

[19]高建国.自然灾害基本参数研究(一).灾害学,1994(4):65-73.

[20]高升荣.清中期黄泛平原地区环境与农业灾害研究——以乾隆朝为例.陕西师范大学学报(哲学社会科学版),2006(4):78-84.

[21]高秀山.黄河中下游一七六一年洪水分析.人民黄河,1983(2):6-10.

[22]高治定,马贵安.黄河中游河—三区间近200年区域性暴雨研究——等级指标系列的建立和演变规律.水科学进展,1993,4(1):17-22.

[23]葛剑雄,华林甫.二十世纪的中国历史地理研究.历史研究,2002(3):145-165.

[24]葛全胜等.1736年以来长江中下游梅雨变化.科学通报,2007,52

（23）:2092-2097.

[25]葛全胜,王维强.人口压力、气候变化与太平天国运动.地理研究,1995,14（4）:32-41.

[26]葛全胜,张丕远.历史文献中气候信息的评价.地理学报,1990,45（1）:22-30.

[27]龚胜生.18世纪两湖粮价时空特征研究.中国农史,1995,14（1）:48-59.

[28]龚胜生.中国疫灾的时空分布变迁规律.地理学报,2003,58（6）:870-878.

[29]郭其蕴,蔡静宁,邵雪梅等.1873—2000年东亚夏季风变化的研究.大气科学,2004（28）:206-215.

[30]韩茂莉.2000年来我国人类活动与环境适应以及科学启示.地理研究,2000,19（3）:324-331.

[31]韩茂莉.中国北方农牧交错带环境研究与思考.见:李根蟠等主编.中国经济史上的天人关系,北京:中国农业出版社.2002:83-94.

[32]郝志新等.长江中下游地区梅雨与旱涝的关系.自然科学进展,2009（19）:877-882.

[33]郝志新,郑景云,葛全胜.1736年以来西安气候变化与农业收成的相关性分析.地理学报,2003,58（5）:73-742.

[34]郝志新,郑景云,葛全胜.黄河中下游地区降水变化的周期分析.地理学报,2007,62（5）:537-544.

[35]郝志新等.1876—1878年华北大旱:史实、影响及气候背景.科学通报,2010（55）:2321-2328.

[36]洪业汤等.近5000a的气候波动与太阳变化.中国科学D辑,1998,28（6）:491-497.

[37]黄河水利委员会勘测规划设计院.1843年8月黄河中游洪水.水文,1985（3）:57-63.

[38]匡正,季仲贞,林一骅.华北降水时间序列资料的小波分析.气候与环境研究,2000,5（3）:312-317.

[39]蓝勇.从天地生综合研究角度看中华文明东移南迁的原因.学术研究,1995（6）:71-76.

［40］李伯重.“道光萧条”与“癸未大水”——经济衰退、气候剧变及
　　　 19世纪的危机在松江.社会科学,2007（6）:173-178.

［41］李伯重.气候变化与中国历史上人口的几次大起大落.人口研究,
　　　 1999,23（1）:15-19.

［42］李红春等.陕南石笋稳定同位素记录中的古气候和古季风信
　　　 息.地震地质,2000,22（S）:63-78.

［43］李向军.试论中国古代荒政的产生与发展历程.中国社会经济史
　　　 研究,1994（2）:7-18.

［44］李玉尚.黄海鲱的丰歉与1816年之后的气候突变——兼论印度尼
　　　 西亚坦博拉火山爆发的影响.学术界,2009,138:42-55.

［45］李兆元,李莉,全小伟.西安地区（380—1983年）旱涝气候变
　　　 化.地理研究,1988,7（4）:64-69.

［46］刘洪滨,邵雪梅,黄磊.中国陕西关中及周边地区近500年来初夏
　　　 干燥指数序列的重建.第四纪研究,2002,22（3）:220-229.

［47］刘永强,李月洪,贾朋群.低纬和中高纬度火山爆发与我国旱涝的
　　　 联系.气象,1993,19（11）:3-7.

［48］卢锋,彭凯翔.我国长期米价研究（1644-2000）.经济学,2005,4
　　　 （2）:427-460.

［49］卢秀娟,张耀存,王国刚.黄河流域代表水文站径流和降水量变化
　　　 的初步分析.气象科学,2003,23（2）:192-199.

［50］鲁西奇.历史地理研究中的“区域”问题.武汉大学学报（哲社版）,
　　　 1996（6）:81-86.

［51］鲁西奇.再论历史地理研究中约“区域”问题.武汉大学学报（哲社
　　　 版）,2000（3）:222-228.

［52］陆日宇.华北汛期降水量年际变化与赤道东太平洋海温.科学通
　　　 报,2005,50（11）:1131-1135.

［53］马宗晋,高庆华.中国第四纪气候变化和未来北方干旱灾害分
　　　 析.第四纪研究,2004,24（3）:243-251.

［54］满志敏,葛全胜,张丕远.气候变化对历史上农牧过渡带影响的个
　　　 例研究.地理研究,2000,19（2）:141-147.

［55］满志敏,李卓仑,杨煜达.王文韶日记记载的1867—1872年武汉

和长沙地区梅雨特征.古地理学报,2007,9(4):431-438.

[56]满志敏.光绪三年北方大旱的气候背景.复旦学报(社会科学版),2000(5):28-35.

[57]满志敏.历史自然地理学发展和前沿问题的思考.江汉论坛,2005(1):95-97.

[58]满志敏.黄淮海平原仰韶温暖期的气候特征探讨.历史地理(10),1992:261-272.

[59]潘永地,姚益平.地面雨量计结合卫星水汽通道资料估算面降水.气象,2004,30(9):28-30.

[60]森田明.明清時代の水利団体——その共同体の性格につい て.历史教育,1965,139:32-37.

[61]邵晓梅,许月卿,严昌荣.黄河流域降水序列变化的小波分析.北京大学学报(自然科学版),2006,42(4):503-509.

[62]施少华.气候变化和人类活动对历史时期黄河决溢的影响.中国人口·资源·环境,1994,4(2):44-48.

[63]史念海.黄土高原主要河流流量的变迁.中国历史地理论丛,1992(2):1-36.

[64]史培军.三论灾害研究的理论与实践.自然灾害学报,2002,11(3):1-9.

[65]史培军.中国北方农牧交错地带的降水变化与"波动农牧业".干旱区资源与环境,1989,3(3):3-9.

[66]谭明,侯居峙,程海.定量重建气候历史的石笋年层方法.第四纪研究,2002,22(3):209-219.

[67]谭其骧.何以黄河在东汉以后会出现一个长期安流的局面.学术月刊,1962(2):23-25.

[68]汤懋苍,柳艳香,郭维栋.天时、气候与中国历史(a):太阳黑子周长与中国气候.高原气象,2001,20(4):368-373.

[69]汤懋苍,汤池.天时、气候与中国历史(b):"好(坏)天时"与历史上的"顺(乱)世".高原气象,2002,21(1):15-19.

[70]汤仲鑫.保定地区近五百年旱涝相对集中期分析.见:气候变迁和超长期预报文集.北京:科学出版社,1977:45-49.

［71］汪铎,张镡.历史时期"大型环流－天气气候－作物年景"系统低
频振动的模拟试验.大气科学,1990,14（3）:318-328.

［72］汪前进.黄河河水变清年表.广西民族学院学报(自然科学版),
2006,12（2）:13-27.

［73］王国安等.黄河三门峡水文站 1470—1918 年径流量的推求.水科
学进展,1999（2）:170-176.

［74］王会昌.2000 年来中国北方游牧民族南迁与气候变化.地理科学,
1996,16（3）:274-279.

［75］王俊荆.历史时期气候变迁与中国战争关系研究.浙江师范大学
硕士学位论文,2007.

［76］王尚义等.历史时期流域生态安全研究——以汾河上游为例.地
理研究,2008,27（3）:556-564.

［77］王绍武等.中国西部年降水量的气候变化.自然资源学报,2002,
17（4）:415-422.

［78］王绍武,王国学,张作梅.公元 1380—1989 年长江黄河流域的旱
涝变化.见:王绍武,黄朝迎等主编.长江黄河旱涝灾害发生规律及
其经济影响的诊断研究.北京:气象出版社,1993:41-54.

［79］王绍武,赵宗慈.近五百年我国旱涝史料的分析.地理学报,1979,
34（4）:329-340.

［80］王绍武.地球气候对太阳活动周期的响应.见:章基嘉等编.长期
天气预报和日地关系研究.北京:海洋出版社,1992:42-53.

［81］王绍武.小冰期气候的研究.第四纪研究,1995（3）:202-212.

［82］王绍武等.全球变暖预估的不确定性.气候变化研究进展,2012,8
（5）:387-390.

［83］王社教.明清时期西北地区环境变化与农业结构调整.陕西师范
大学学报,2006,35（1）:73-81.

［84］王英杰.历史时期气候变化对黄河下游故道的影响.见:左大康主
编.黄河流域环境演变与水沙运行规律研究文集(第三集).北京:
地质出版社,1992:30-38.

［85］王涌泉.1662 年黄河大水的气候变迁背景.见:中央气象局气象科
学研究院天气气候研究所编.全国气候变化学术讨论会文集(1978

年）.北京:科学出版社,1981:95-106.

[86]王铮,张丕远,周清波.历史气候变化对中国社会发展的影响——兼论人地关系.地理学报,1996,51（4）:329-339.

[87]王铮等.19世纪上半叶的一次气候突变.自然科学进展,1995,5（3）:69-75.

[88]吴宏岐.黄土高原地区水环境的变迁及启示.光明日报,2000,12（19）.

[89]吴十洲.先秦荒政思想研究.中华文化论坛,1999（1）:45-52.

[90]许靖华.太阳、气候、饥荒与民族大迁移.中国科学D辑,1998,28（4）:366-384.

[91]许炯心.黄河下游历史泥沙灾害的宏观特征及其与流域因素及人类活动的关系(Ⅰ)——历史气候及植被因素的影响.自然灾害学报,2001,10（2）:6-11.

[92]许月卿,李双成,蔡运龙.基于小波分析的河北平原降水变化规律研究.中国科学D辑,2004,34（12）:1176-1183.

[93]杨保.小冰期以来中国十年尺度气候变化时空分布特征的初步研究.干旱区地理,2001（24）:67-73.

[94]杨梅学,姚檀栋.小波气候突变的检测——应用范围及应注意的问题.海洋地质与第四纪地质,2003,23（4）:73-76.

[95]杨煜达,满志敏,郑景云.嘉庆云南大饥荒（1815-1817）与坦博拉火山喷发.复旦学报(社会科学版),2005（1）:79-85.

[96]杨煜达,满志敏,郑景云.清代云南雨季早晚序列的重建与夏季风变迁.地理学报,2006,61（7）:705-712.

[97]杨煜达,王美苏,满志敏.近三十年来中国历史气候研究方法的进展——以文献资料为中心.中国历史地理论丛,2009（2）:5-13.

[98]杨煜达,郑微微.1849年长江中下游大水灾的时空分布及天气气候特征.古地理学报,2008,10（6）:657-664.

[99]叶依能.清代荒政述论.中国农史,1998（4）:59-68.

[100]叶瑜等.从动乱与水旱灾害的关系看清代山东气候变化的区域社会响应与适应.地理科学,2004,2（6）:680-686.

[101]于革,刘健.全球12000aBP以来火山爆发记录及对气候变化影

响的评估.湖泊科学,2003,15（1）:14-23.

［102］于希贤.近四千年来中国地理环境几次突发变异及其后果的初步
研究.中国历史地理论丛,1995（2）:45-63.

［103］张春山,张业成,胡景江.华北平原北部历史时期古气候演化与发
展趋势分析.地质灾害与环境保护,1996,7（4）:28-33.

［104］张德二,李小泉,梁有叶.中国近五百年旱涝分布图集的再续补
（1993—2000年）.应用气象学报,2003,14（3）:379-388.

［105］张德二,刘传志:中国近500年旱涝分布图集续补（1980—1992
年）.气象,1993,19（11）:41-45.

［106］张德二,刘月巍.北京清代"晴雨录"降水记录的再研究——应用
多因子回归方法重建北京（1724—1904年）降水量序列.第四纪研
究,2002,22（3）:199-208.

［107］张德二,陆龙骅.历史极端雨涝事件研究——1823年我国东部大
范围雨涝.第四纪研究,2011,31（1）:29-35.

［108］张德二,薛朝晖.公元1500年以来ElNino事件与中国降水分布
型的关系.应用气象学报,1994,2（5）:168-175.

［109］张德二,王宝贵.18世纪长江中下游梅雨活动的复原研究.中国
科学B辑,1990,20（12）:1333-1339.

［110］张德二.历史记录的西北环境变化与农业开发.气候变化研究进
展,2005,1（2）:58-64.

［111］张德二.相对温暖气候背景下的历史旱灾——1784—1787年典
型灾例.地理学报,2000,55（S）:106-112.

［112］张德二.中国历史气候记录揭示的千年干湿变化和重大干旱事
件.科技导报,2004（8）:48.

［113］张德二等.18世纪南京、苏州和杭州年、季降水量序列的复原研
究.第四纪研究,2005,25（2）:121-128.

［114］张德二等.从降水的时空特征检证季风与中国朝代更替之关
联.科学通报,2010,55（1）:60-67.

［115］张富国,张先恭.强火山爆发与我国华北地区夏季旱涝的关系.
灾害学,1994,9（2）:69-73.

［116］张汉雄.黄土高原的暴雨特性及其分布规律.地理学报,1983,38

（4）:416-425.

[117] 张家诚,张先恭.近五百年我国气候的几种振动及其相互关系.气象学报,1979,37（2）:49-57.

[118] 张建民.碑石所见清代后期陕南地区的水利问题与自然灾害.清史研究,2001（2）:50-65.

[119] 张健,满志敏,张俊辉.1819年黄河中游极端降水:史实、特征及气候背景.古地理学报,2011,13（6）:687-698.

[120] 张瑾瑢.清代档案中的气象资料.历史档案,1982（2）:100-110.

[121] 张俊蜂.明清时期介休水案与"泉域社会"分析.中国社会经济史研究,2006（1）:9-18.

[122] 张丕远,龚高法.十六世纪以来中国气候变化的若干特征.地理学报,1979（34）:238-247.

[123] 张丕远等.中国近2000年来气候演变的阶段性.中国科学B辑,1994,24（9）:998-1008.

[124] 张丕远,葛全胜.气候突变:有关概念的介绍及一例分析——我国旱涝灾情的突变.地理研究,1990,9（2）:92-100.

[125] 张文.两宋赈灾救荒措施的市场化与社会化进程.西南师范大学学报(人文社会科学版),2003,29（1）:124-129.

[126] 张先恭.中国东半部近五百年干旱指数的分析.见:中央气象局气象科学研究院天气气候研究所编.全国气候变化学术讨论会文集.北京:科学出版社,1978:46-51.

[127] 张晓虹,张伟然.太白山信仰与关中气候——感应与行为地理学的考察.自然科学史研究,2000,19（3）:197-205.

[128] 张自银等.近500年南极涛动指数重建及其变率分析.地理学报,2010,65（3）:259-269.

[129] 章典等.气候变化与中国的战争、社会动乱和朝代变迁.科学通报,2004,49（23）:2468-2474.

[130] 长江流域规划办公室,重庆市博物馆历史枯水调查组.长江上游宜渝段历史枯水调查——水文考古专题之一.文物,1974（8）:76-90,103-104.

[131] 赵会霞,郑景云,葛全胜.1755、1849年苏皖地区重大洪涝事件复

原分析 . 气象科学, 2004, 24（4）: 460-467.

[132] 赵淑贞, 任伯平 . 关于黄河在东汉以后长期安流问题的再探讨 . 地理学报, 1998, 53（5）: 463-469.

[133] 赵文骏, 杨新才 . 黄河青铜峡（硤口）清代洪水考证及分析 . 水文, 1992（2）: 29-35.

[134] 赵振国 . 厄尔尼诺现象对北半球大气环流和中国降水的影响 . 大气科学, 1996, 20（4）: 422-428.

[135] 赵宗慈 . 黄河流域旱涝物理成因模拟与分析 . 应用气象学报, 1990（1）: 415-421.

[136] 郑景云等 . 1736—1999 年西安与汉中地区年冬季平均气温序列重建 . 地理研究, 2003, 22（3）: 343-348.

[137] 郑景云, 郝志新, 葛全胜 . 黄河中下游地区过去 300 年降水变化 . 中国科学 D 辑, 2005, 35（8）: 765-774.

[138] 郑景云, 郝志新, 葛全胜 . 山东 1736 年来逐季降水重建及其初步分析 . 气候与环境研究, 2004, 9（4）: 551-566.

[139] 郑景云, 郝志新, 葛全胜 . 重建清代逐季降水的方法与可靠性——以石家庄为例 . 自然科学进展, 2004, 14（4）: 475-480.

[140] 郑景云等 . 过去 2000a 中国东部干湿分异的百年际变化 . 自然科学进展, 2001, 11（1）: 65-70.

[141] 郑景云, 张丕远, 周玉孚 . 利用旱涝县次建立历史时期旱涝指数序列的试验 . 地理研究, 1993, 12（3）: 1-9.

[142] 郑斯中, 冯丽文 . 我国冷的时期气候超常不稳定的历史证据 . 中国科学 B 辑, 1985（11）: 1038-1044.

[143] 郑斯中, 张福春, 龚高法 . 我国东南地区近两千年气候湿润状况的变化 . 见: 气候变迁和超长期预报文集 . 北京: 科学出版社, 1977: 29-32.

[144] 郑斯中 . 我国历史时期冷暖年代的干旱型 . 地理研究, 1983, 2（4）: 32-41.

[145] 周旗, 卫旭东 . 影响历史黄河水患因素的综合分析 . 水土保持通报, 2003, 23（4）: 50-54.

[146] 周书灿 . 20 世纪中国历史气候研究述论 . 史学理论研究, 2007

（4）:127–137,160.

［147］朱士光,王元林,呼林贵.历史时期关中地区气候变化的初步研
究.第四纪研究,1998（1）:1–11.

［148］竺可桢.中国近五千年来气候变迁的初步研究.考古学报,1972
（1）:15–38.

［149］庄宏忠,潘威.清代志桩及黄河“水报”制度运作初探.清史研究,
2012（1）:87–99.

［150］邹逸麟.东汉以后黄河下游长期安流局面问题的再认识.人民黄
河,1989（2）:60–66.

［151］邹逸麟.明清时期北部农牧过渡带的推移和气候寒暖变化.复旦
学报(社会科学版),1995（1）:25–33.

［152］邹逸麟.我国环境变化的历史过程及其特点初探.安徽师范大学
学报(人文社会科学版),2002,30（3）:292–297.

［153］Acuna-Soto R., Romero L.C., McGuire J.H.. Large Epidemics of
Hemorrhagic Fevers in Mexico: 1545-1815. *American Journal of
Tropical Medicine and Hygiene*, 2000, 62（6）:733-739.

［154］Bernice de Jong Boers. Mount Tambora in 1815: A Volcanic
Eruption in Indonesia and Its Aftermath. *Indonesia*, 1995, 60
（Oct）:52.

［155］Bradley R. S.. High Resolution Record of Past Climate from
Monsoon Asia, The Last 2000 Years and Beyond, Recommendations
for Research. *PAGES Workshop Report*, Series 93-1, 1993, 1-24.

［156］Büntgen U.,Tegel W.,Nicolussi K. et al.. 2500 Years of European
Climate Variability and Human Susceptibility. *Science*, 2011, 331
（6017）:578-582.

［157］Chuan, H. S., Kraus, R. A.. *Mid-Ch'ing Rice Markets and Trade:
An Essay in Price History*. East Asian Research Center, Harvard
Universlity, 1975.

［158］Cullen H.M., deMenocal P.B., Hemming S. et al.. Climate Change
and the Collapse of the Akkadian Empire: Evidence from the Deep
Sea. *Geology*, 2000, 28（4）:379-282.

［159］Duplessy J. C., Overpeck J.. The PAGES/CLIVAR Intersection-Providing Paleoclimatic Perspective Needed to Understand Climate Variability and Predictability, Coordinated Research Objectives of the IGBP and WCRP Programs.Venice, Italy, 1994.9.

［160］Edward Skeen C.. The Year without a Summer: A Historical View. *Journal of the Early Republic*, 1981, 1（1）:51-67.

［161］Gergana Yancheva, et al.. Influence of the Intertropical Convergence Zone on the East Asian Monsoon. *Nature 445*, 2007, pp. 74-77.

［162］IPCC. Climate Change 2007: The Physical Science Basis, Contribution of Working Group I to the Fourth Assessment Report of the Intergovernmental Panel on Climate Change. Cambridge University Press, Cambridge, United Kingdom and New York, USA, 2007, 996 pp.

［163］Kelly, P. M.,Sear,C. B.. Climatic Impact of Explosive Volcanic Eruptions. *Nature*, 1984, 311:740-743.

［164］Kiladis G. N., Diaz H. F.. Global Climate Anomalies Associated with Extremes in the Southern Oscillation. *Climate*, 1989, 2:791-802.

［165］Magny M.. Holocene Climate Variability as Reflected by Mid-European Lake-Level Fluctuations and Its Probable Impact on Prehistoric Human Settlements. *Quaternary International*, 2003, 113:65-79.

［166］Neff H., Pearsall D.M., Jones J.G. et al.. Climate Change and Population History in the Pacific Lowlands of Southern Mesoamerica. *Quaternary Research*, 2006, 65:390-400.

［167］Nils-Axel Mörner. ENSO-Events, Earth's Rotation and Global Changes. *Journal of Coastal Research*, 1989, 5（4）:857-862.

［168］Nordli P Ø.Reconstruction of Nineteenth Century Summer Temperatures in Norway by Proxy Data from Farmers' Diaries. *Climatic Change*, 2001, 48:201-218.

［169］Obasi GOP. WMO's Role in the International Decade for Natural

Disaster Reduction. *Bull Amer Meteor Soc*, 1994, 75 （9）: 1655-1661.

[170]PAGES. *Science Plan and Implementation Strategy. IGBP Report No. 57.* IGBP Secretariat, Stockholm. 2009, 67pp.

[171]Quinn W. H., Neal V. T.. The Historical Record of El Niño Events, In: Bradley R. S., Jones P. D. eds. Climate since A.D. 1500. London and New York: Rout ledge, 1992, PP.623-648.

[172]Richard B., Stothers. The Great Tambora Eruption in 1815 and Its Aftermath. *Science*, 1984,224 （4654）:1191.

[173]Richard S. J., Wagner T. S.. Climate Change and Violent Conflict in Europe over the Last Millennium. *Climatic Change*, 2010, 99: 65-79.

[174]Robock A.. The Dust Cloud of the Century. *Nature*, 1983, 301: 373-374.

[175]Ropelewski C. F., Halpert M. S.. Global and Regional Scale Precipitation Patterns Associated with the El Niño Southern Oscillation. *Mon. Wea.* Rev., 1987, 125:1606-1626.

[176]Simkin T., Siebert L.. Volcanoes of the World. Arizona: Geoscience Press Inc, 1994. 26-33.

[177]Van Geel B., Bokovenko N.A., Burova N.D. et al.. Climate Change and the Expansion of the Scythian Culture after 850BC: A Hypothesis. *Journal of Archaeological Science*, 2004, 31: 1735-1742.

[178]Wang H. J., Fan K. Central-north China Precipitation as Reconstructed from the Qing Dynasty: Signal of the Antarctic Atmospheric Oscillation. *Geophys Res Lett*, 2005, 32: L24705, doi:10.1029/2005GL024562.

[179]Woodhouse C. A., Overpeck J. T.. Two Thousand Years of Drought Variability in Central United States. *Bull Amer Meteor Soc*, 1998, 79:2693-2714.

[180]Yancheva G., Nowaczyk N.R., Mingram J. et al.. Influence of the Intertropical Convergence Zone on the East-Asian Monsoon. *Nature*, 2007,445: 74-77. Doi:10.1038/nature 05431.

［181］Zhang De'er,Lu Longhua. Anti-Correlation of Summer/Winter Monsoons. 2007, *NATURE 450*, pp. 7-8.

［182］Zhang Renhe, Akimasa S., Masahide K.. A Diagnostic Study of the Impact of El Niño on the Precipitation in China. *Advances in Atmospheric Sciences*, 1999,16（2）:229-241.

［183］Zheng J Y, Wang W C, Ge Q S, et al.. Precipitation Variability and Extreme Events in Eastern China during the Past 1500 Years. *Terr Atmos Ocean Sci*, 2006（17）:579-592.

后　记

　　自 2009 年考入复旦大学历史地理研究中心开始,我拜入满志敏教授门下,攻读历史地理学博士学位,并选定历史气候变化作为主要研究方向,而这正是本书研究内容构建过程中有最粗浅想法的发端。历经博士论文撰写过程,之后初稿草就,是为本书雏形。在此基础上不断修改完善,至 2019 年国家社科基金后期项目结项书稿完成,目前书稿付梓,即将面世。倏忽之间,不觉已十余年矣,而这期间学习与研究的主要成果,也基本集中在本书之中,算作对自己这一阶段学术生涯的一个交代,亦算作叩开学术大门的半块砖头,此后仍将继续追随诸位方家足迹研习进步。

　　岁月不居,时节如流,攻博生涯渐成往事,再回首,仍历历在目,感慨良多……曾记否,拙文之题目确立、撰写修改,皆得益于满志敏教授悉心指点。忝列满师门下,深感恩师风度儒雅,宽和里带有严肃、幽默中不失谨慎,国际化研究视野与学术造诣,一直是我崇拜之偶像。

　　手捧书稿,掩卷沉思,选取以史料为代用指标研究历史气候变化相关题目,对当初的我而言确实有些难,可谓老虎吃天无处下爪。这个难主要是运用多种方法,梳理史料并挖掘关键信息,将感性的语言描述之史料与理性的气候理论相结合,得出合乎科学逻辑的论证体系,从而道出有内容有意思的故事。而所有这些难,对缺乏历史文献学系统科班训练的我而言,学习过程无异于“路漫漫,其修远”。同样也因为这些难,使我对史学与历史地理学一直怀着莫大敬畏之感,每每下笔写作,便如履薄冰。非常幸运的是,我有缘得到满志敏先生每每的耳提面命,恩师教诲让我避免了很多次走弯路的可能。记得刚入师门就曾听老师提及:“我们做历史气候变化研究工作,还是要先从历史文献资料出发,必须对文献资料信息进行梳理和理解,把握这些是首当其冲的,根据文献记录信息的详细程度差异,确定不同时空尺度的研究问题,就如同看菜下饭一样。”正是在恩师如此之多的引导和教诲之下,愚钝的我才逐渐

"开悟"。

　　读博期间，常惦念恩师身体一直欠佳，故基本每周去办公室，问安之余为老师分担一些日常杂务。我毕业工作后，满老师在2015年3月来过西安一次，是作为张萍老师重大项目学术顾问来开会的；记得傍晚时分我去师大宾馆拜见老师，当时见他一只手挂着绷带，面色颇显憔悴，而我一时间竟未忍住，泪湿眼眶，老师却淡然一笑："没事没事，之前不小心摔了一下，现在已经好了，没顾上拆。"再之后，2018年满老师65岁寿诞，我前往上海为恩师祝寿，同门相聚之时，老师询问我们各自近期情形，并为我们分切蛋糕，相谈甚欢。之后2019年底原本计划再去看望老师，可惜杂事缠身未能出行，因惦记老师身体虚弱，先寄去一副护腰与护膝，待春节过后再邀约同门拜望老师，可惜临近春节，新冠疫情爆发了！2020年2月28日凌晨时分，在师门微信群里突然看到满老师于27日22:00病逝的噩耗，顿觉五雷轰顶，复读信息数十遍，疑似梦魇，一夜辗转反侧。谁能想到，2018年那次与满老师的见面，竟成永诀……拙著出版面世之际，首先必须要感谢的便是满老师对我的栽培，可惜恩师已溘然长逝，谨以此书缅怀恩师！

　　除导师满老师之外，其他诸多师长亦对论文有不可计数之提携。读书期间，承蒙张晓虹教授赐教良多，直至工作以后，遇到问题仍常向张老师求教，每每能得到热诚反馈和耐心指导。在博士论文外审过程中，感谢陕西师范大学西北历史环境与经济社会发展研究院侯甬坚教授、北京师范大学地理科学学部方修琦教授、中国科学院地理科学与资源研究所郑景云研究员等诸位评审专家，以及匿名评审专家给予的意见和建议。其中，侯甬坚教授是我的硕士导师，最初将我引入历史地理学研究之门，之后在我去复旦读博期间，以及后来返回西安工作，给予了诸多提点和鞭策。

　　博士论文答辩时，得到华东师范大学地理科学学院刘敏教授、华东师范大学城市与区域科学学院林拓教授，以及复旦大学历史地理研究中心安介生教授、吴松弟教授、张晓虹教授等诸位师长提出的诸多修改意见与建议，促使论文质量得到了较多的提升与完善。后来以博士论文为基础申报2015年国家社科基金后期资助项目时，陕西师范大学西北历史环境与经济社会发展研究院张萍教授、王社教授和李令福教授三位师长给予了推荐与支持,之后项目评审和结项验收过程中,又得到多位匿名评审专家的肯定与鼓励,在此一并致谢。

回望读硕与读博阶段漫漫求学之路,要感谢母校陕西师范大学张萍教授(现就职于首都师范大学)、王社教教授、李令福教授、唐亦功教授、刘景纯教授、张莉研究员、崔建新副研究员、高升荣副研究员等诸位老师,以及复旦大学葛剑雄教授、周振鹤教授、姚大力教授、吴松弟教授、张伟然教授、张晓虹教授、安介生教授、杨煜达教授、韩昭庆教授、李晓杰教授、王建革教授、段伟教授、杨伟兵教授、费杰教授、徐建平副研究员、邹怡副教授、孙涛老师、孟刚老师等诸位老师,或有授课赐教之恩,或有点拨提携之惠,此厚意浓情常使我感恩于怀,一直以来在学习和工作中不敢有丝毫怠慢。与此同时,也要感谢诸位师姐师妹、师兄师弟们,有幸与诸君数载同窗相伴,求学路上不至枯燥孤单,工作之后每每偶遇诸君,更令人倍感亲切;然情长纸短,请恕无法一一罗列诸君大名。

2012年工作以来,西北大学西北历史研究所吕卓民教授、文化遗产学院徐为民教授和钱耀鹏教授、丝绸之路研究院卢山冰教授、历史学院李军教授曾给予了诸多帮助。2014年在职进入西北大学城市与环境学院地理学博士后流动站,感谢博士后合作导师李同昇教授,以及杨新军教授和宋进喜教授等老师给予的诸多帮助。

有幸一直从事历史地理学的教学与科研工作,尤其是环境变迁与重建的相关研究;更有幸的是,近年来国家相继启动了系列全球变化研究国家重大科学研究计划,以及国家推进黄河流域生态保护和高质量发展研究规划,可见历史时期黄河环境变化及其相关问题的重要性,以此来看,拙著研究内容也具有了些许学术价值和意义。本书内容涉及历史文献梳理解读与史料信息量化分析,在学习与研究实践过程中,我对历史地理学不同研究方向有了更多理解和认识,也对不少问题产生了兴趣与思索,但本书内容客观上具有跨学科交叉性质,故所涉部分问题的研究结论也就难以达到完备,不仅因其存在不确定性,也因难以符合某个统一的评价标准,尤其若将之置于相关不同学科视角之下审视,由此可供讨论的余地自然也就比较多。当然,我也清楚地知道,受制于自己现有学识与眼界,目前重建研究所得结果,可能与历史真相之间存有偏差,甚至可能是某种假象,倘若果真如此,待来日敬祈教正。

唐代著名诗人杜甫曾说:"文章千古事,得失寸心知!"拙著或有冗繁,或有疏忽,甚或有舛误之处,仍会不少,敬请诸位读者朋友不吝赐教!

张　健

2022 年 5 月 22 日于西北大学